Das Aussterben von Arten ist eng mit der Entwicklung des Lebens auf der Erde verwoben – so die nüchterne Erkenntnis der Evolutionsforschung. Brauchen wir deshalb gar nicht zu erschrecken, wenn beispielsweise unsere Singvögel von Jahr zu Jahr weniger werden und immer mehr Tier- und Pflanzenarten auf den Roten Listen bedrohter Lebewesen erscheinen? Biologische Katastrophen hat es in der Erdgeschichte immer wieder gegeben. Als Gründe für die Massensterben der Vergangenheit werden Meteoriteneinschläge, große Vulkanausbrüche und Veränderungen des Klimas angegeben. Dagegen ist für das heutige große Artensterben weitgehend der Mensch verantwortlich. Niles Eldredge erörtert in diesem Buch nicht allein die Ursachen; seine Untersuchung geht von der Fragestellung aus, welche Umweltbedingungen damals und heute identisch waren und zu Veränderungen der Lebensräume und damit auch der Lebensgemeinschaften geführt haben. Aus der Antwort leitet er seine interessante und provokative Theorie ab, die unabhängig von der Zeit das Entstehen und Zusammenbrechen von Ökosystemen erklärt. Unsere heutige Situation ist in vielem ein Spiegel der Verhältnisse der Vergangenheit.

Der Paläontologe und Evolutionsforscher Niles Eldredge ist Kurator am Museum of Natural History in New York. Zusammen mit Stephen Jay Gould entwickelte er das Konzept des »Unterbrochenen Gleichgewichts«, einer Neuinterpretation von Darwins Evolutionstheorie. Eldredge ist Autor mehrerer Sachbücher.

insel taschenbuch 1935
Niles Eldredge
Wendezeiten des Lebens

Niles Eldredge
Wendezeiten des Lebens

Katastrophen in Erdgeschichte
und Evolution

Aus dem Englischen
von Erich Lange

Insel Verlag

insel taschenbuch 1935
Erste Auflage 1997
Insel Verlag Frankfurt am Main und Leipzig
© der Originalausgabe Prentice Hall, New York
(Simon & Schuster, Inc.) 1991
© der deutschsprachigen Ausgabe
Spektrum Akademischer Verlag
Heidelberg – Berlin – Oxford 1994
Alle Rechte vorbehalten
Lizenzausgabe mit freundlicher Genehmigung
des Spektrum Verlags
Hinweise zu dieser Ausgabe am Schluß des Bandes
Vertrieb durch den Suhrkamp Taschenbuch Verlag
Umschlag nach Entwürfen von Hermann Michels
Druck: Nomos Verlagsgesellschaft, Baden-Baden
Printed in Germany

1 2 3 4 5 6 – 02 01 00 99 98 97

Für Norman D. Newell,
der uns die Realität des Massenaussterbens
in der geologischen Vergangenheit begreifen lehrte.
Und für alle, die den zerstörenden Einfluß des *Homo sapiens*
auf die Ökosysteme unseres Planeten
mildern möchten.

Danksagung

Ich danke meinen Kollegen am American Museum of Natural History. Viele von ihnen lieferten mir wertvolle Informationen. Sie alle inspirierten mich durch ihre leidenschaftliche Beschäftigung mit der vergangenen und gegenwärtigen Welt der Lebewesen. Besonders danke ich Ian Tattersall, daß er mich mit Madagaskar vertraut gemacht hat, sowohl auf der Insel selbst als auch später in New York – und für seine vielen ökologischen und evolutionären Einsichten.

Inhalt

Aussterben ist eine Tatsache in der Geschichte des Lebens: Die überwiegende Mehrzahl der Arten, die jemals gelebt haben, ist bereits ausgestorben – viele verschwanden in Massenaussterben der geologischen Vergangenheit. Heute sind zahlreiche Ökosysteme und Arten gefährdet. Anscheinend befinden wir uns kurz vor einem neuen Massenaussterben.

Aussterben bedeutet den Verlust biologischer Vielfalt. Jene Faktoren, welche die Vielzahl der Arten in den verschiedenen Ökosystemen entstehen und überleben lassen, geben uns Hinweise darauf, was schiefläuft, wenn Lebensgemeinschaften in Aussterbewellen zugrunde gehen.

Aussterben hat seit dem Beginn des Lebens vor 3,5 Milliarden Jahren eine große Rolle gespielt. In diesem Kapitel suchen wir nach Schlüsseln für das Verständnis der Ursachen des Aussterbens unter den Überresten der frühesten Lebensgemeinschaften unserer Erde.

Bei genauer Betrachtung der Aussterbeereignisse von vor 510 bis vor 245 Millionen Jahren ergeben sich Hinweise auf die Wichtigkeit klimatischen Wandels für das Aussterben.

Das große Zeitalter der Reptilien sah auch viele bedeutende Aussterbeereignisse, darunter den berühmten Untergang der Dinosaurier und vieler anderer Lebensformen in einem Ereignis, woran höchstwahrscheinlich der Zusammenprall der Erde mit einem Kometen oder Meteor beteiligt war.

Massenaussterben sind gleichbedeutend mit dem Zusammenbruch von Ökosystemen in großem Ausmaß. Allen Massenaussterben liegt ein Wandel der Natur und der Größe des Lebensraumes zugrunde, ein Wandel, der in den meisten Fällen durch einen weltweiten Temperaturabfall ausgelöst wird. Weitere Faktoren, einschließlich der Einschläge extraterrestrischer Körper, tragen manchmal dazu bei, eine bereits prekäre Situation noch zu dramatisieren.

Die frühen Phasen der menschlichen Evolution sind durch die gleichen Aussterbeereignisse und entwicklungsgeschichtlichen Vorgänge gekennzeichnet, die wir auch bei anderen Arten erkennen. Nachdem vor mehr als 100 000 Jahren *Homo sapiens* erschienen war, wurde er zu einem aktiven Auslöser für das Aussterben anderer Arten – anfänglich offensichtlich durch die Jagd und später in noch beunruhigenderer Weise durch die Zerstörung von Lebensraum durch die Landwirtschaft.

Macht es wirklich etwas aus, wenn die meisten auf der Welt lebenden Arten aussterben? Wenn ja, was können wir dann tun, um die gegenwärtige Phase des ständig zunehmenden Aussterbens zu bremsen, die diesmal nicht auf die Kollision der Biosphäre mit einem Meteoriten, sondern auf das Zusammentreffen mit uns selbst zurückgeht.

Geologische Zeittafel

		Ära	Periode	Epoche	Beginn vor Millionen Jahren	
Känozoikum			Pleistozän	1,6	
	Tertiär	Jungtertiär	Pliozän	5	
			Miozän	23	
		Alttertiär	Oligozän	35	
			Eozän	56	
			Paläozän	65	←Massenausterben→
Mesozoikum			Kreide	146	
			Jura	208	←Massenausterben→
			Trias		

Paläozoikum

Karbon

←Massenaussterben→

Devon

Silur

←Massenaussterben→

Ordovizium

←Massenaussterben→

Kambrium

Präkambrium

290

362

408

439

510

570

4550

Vorwort

Vor den Zeiten ausgeklügelter Sensortechnologie nahmen die Bergleute oft Kanarienvögel mit, wenn sie sich ins Innere der Erde hinabwagten. Die Tiere dienten ihnen als Frühwarnsystem zur Erkennung giftiger Gase. Ihr Befinden zeigte, ob sich die Bergleute in akuter Lebensgefahr befanden. Das war einfach und zweckdienlich, wenn auch etwas makaber.

Schon seit jeher interessierten sich die Menschen für den Zustand ihrer unmittelbaren Umgebung. Auch heute, da wir uns von Mitgliedern örtlicher Lebensgemeinschaften zu einer allgegenwärtigen Art wandeln, die mit dem gesamten ökologischen System der Erde in Wechselbeziehung tritt, machen wir uns hierüber Gedanken. Denn wir erkennen die – nur allzu oft negativen – Auswirkungen, die wir auf grundlegende Elemente des globalen Naturhaushalts haben. Wir zerstören Lebensräume zugunsten eigener kurzfristiger ökonomischer Vorteile. Wir verändern das Verhältnis der Gase in der Atmosphäre, verdünnen die Ozonschicht und erhöhen die globale Temperatur. Verschiedene Tiere und Pflanzen beuten wir übermäßig aus und treiben sie damit an den Rand des Aussterbens oder sogar darüber hinweg.

Wir brauchen nur in den Himmel zu schauen und den drastischen Rückgang der Singvögel zu verfolgen, die im Frühjahr aus ihren ständig schrumpfenden Winterquartieren in den tropischen Wäldern auf einer von Jahr zu Jahr gefährlicheren Route in ihre immer seltener und unwirtlicher werdenden Brutgebiete der nördlichen Hemisphäre zurückkehren. Ziehende Singvögel spielen weltweit gesehen die gleiche Rolle wie einst die Kanarienvögel für die Bergleute. Heute ist es jedem, der diese „globalen Kanarienvögel" beobachtet, klar, daß nicht alles zum besten bestellt ist.

Die Beunruhigung über den Zustand der Umwelt ist natürlich nicht neu. Jede Generation brachte Beobachter hervor, welche die „alte Leier" wiederholten: „Die Dinge sind nicht so, wie sie sein sollten." Einige von ihnen verabscheuten überhaupt jeglichen Wandel. Diese Leute können wir getrost ignorieren. Aber andere verwiesen auf Veränderungen, die wir nach allen vernünftigen Maßstäben als negativ – letztlich als Bedrohung unser aller Existenz – bewerten müssen. Nirgends fand ich dieses Problem prägnanter und aufschlußreicher formuliert als in den eleganten Argumenten für die Erhaltung der Natur in Aldo Leopolds Klassiker von 1949 *A Sand County Almanac* (deutsche Ausgabe 1992: *Am Anfang war die Erde*).

Sämtliche Gründe zur Beunruhigung sowie alle – seien es ästhetische oder utilitaristische –, die dafür sprechen, daß wir zu retten versuchen sollten, was vom Reichtum der Erde, von ihrer Lebensvielfalt erhalten blieb – Gründe, die wir auch heute immer wieder hören –, finden sich in diesem dünnen Band von Leopold. Der einzige Unterschied zwischen heute und damals ist, daß gegenwärtig viel mehr Menschen beunruhigt sind. Die grüne Bewegung wirkt jetzt in vielen Ländern als aktiver politischer Faktor – vielleicht das bedeutendste Zeichen des gewachsenen Bewußtseins über den Zustand unserer Umwelt und der Bereitschaft, etwas für sie zu tun.

Ich bin ausgebildeter Paläontologe, auch meine wissenschaftlichen Erfahrungen liegen vor allem auf diesem Gebiet. Ich bin es gewohnt, mich in Einzelheiten der Anatomie, der Evolution, der Klassifikation und der Ökologie von Lebewesen zu vertiefen, die vor 380 Millionen Jahren lebten. Alle Arten, die ich untersuchte, sind natürlich schon längst verschwunden. Jene Großgruppe, der ich die meiste Zeit meiner Studien widmete – die Trilobiten, primitive, den Krebsen und Insekten verwandte Gliederfüßer –, starb tatsächlich vollständig aus. Soweit wir wissen, verschwand sie vor 240 Millionen Jahren!

Aussterben ist für einen Paläontologen ein ganz natürliches Ereignis. Lange Zeit habe ich ihm keine große Aufmerksamkeit geschenkt und bevorzugte, meinen Daten etwas Positives darüber zu entnehmen, was uns die Trilobiten über die Natur des Evolutionsprozesses sagen. Aber ich bin auch ein lebendiger und anteilnehmender Erdenbürger. Ich kann die Beunruhigung meiner Kollegen vom American Museum of Natural History über den Zustand der verschiedenen Ökosysteme der Welt verstehen, der zum Verlust einer ihrer Lieblingsarten nach der anderen führt. Auch fühle ich mich wie jeder andere ganz einfach gezwungen, auf das ununterbrochene Bombardement der Medien zu reagieren, auf die ständige Flut unverändert schlimmer Nachrichten über den Zustand der ganz speziellen örtlichen Umwelt, in der ich mit meiner Familie und meinen Freunden lebe.

Gegenwärtig verwende ich ebensoviel Zeit dafür, durch Felder, Wälder und Sümpfe zu wandern und dabei Vögel zu beobachten, wie für das Sammeln und Untersuchen von Trilobiten. Ich beobachte die Vögel aus vielerlei Gründen. Freude und Entspannung stehen dabei an erster Stelle. Aber die Vogelwelt und besonders diejenigen Vögel, die in meiner Umgebung leben oder leben *müßten*, wurden schnell zu meinem persönlichen Grubenkanarienvogel.

Ich erkannte, daß zwei anscheinend getrennte Stränge – die ferne Vergangenheit und die heutige Welt – zusammengehören. Sie stammen schlicht vom selben Seil.

Aussterben – wirklich massives, globales Aussterben – ist ganz einfach eine Tatsache der Geschichte des Lebens. Vor allem durch den Untergang der Dinosaurier vor etwa 65 Millionen Jahren – auch dank des Interesses, das die kühne Hypothese fand, dieser Vorgang beruhe auf der Kollision der Erde mit einem Asteroiden – wurde die Öffentlichkeit wenigstens am Rande mit der Vorstellung vom Massenaussterben vertraut. Auch sind wir uns alle mehr oder weniger der Tatsache bewußt, daß Arten gerade heute mit einem alarmierenden Tempo verschwinden. Aussterben gehört in der heutigen Welt zum Leben.

Aber was ist die Ursache des Aussterbens? Weil es die biologische Vielfalt, weil es die Anzahl der Arten verringert, müssen wir fragen: Was erzeugt und erhält die Muster der Vielfalt zunächst einmal? Warum gibt es so viele Käferarten und so wenige Primaten? Warum leben auf einem Morgen Land in den Tropen weit mehr Arten als auf einem Morgen in der Tundra? Haben die natürlichen Prozesse, die diese Muster der Vielfalt schaffen und erhalten, etwas mit ihrem Zusammenbruch während der katastrophalen Aussterbewellen zu tun? Und wie steht es mit unserer Bereitschaft, nahezu alle Schuld für den bedrohlichen Zustand der Umwelt auf uns selbst zu nehmen? Immerhin gab es sporadisches Massenaussterben schon während der vergangenen 3,5 Millionen Jahre, während Geschöpfe, die wir wirklich als „Menschen" bezeichnen können, erst seit 150 000 Jahren (das ist das Alter unserer Art *Homo sapiens*) existieren. Oder, um den Begriff etwas weiter zu fassen und ausgestorbene Arten unserer eigenen Entwicklungslinie mit einzubeziehen, vielleicht seit vier bis fünf Millionen Jahren. Können wir sagen, was ein Aussterben ohne menschliche Einwirkung hervorrief und was dabei herauskommt, berücksichtigen wir dazu noch den Einfluß des Menschen? Läßt sich eine allgemeine Theorie des Aussterbens formulieren, welche die Vergangenheit mit der Gegenwart verknüpft und uns hilft, unsere gegenwärtige Situation etwas besser zu verstehen?

Ich denke, ja. Ich begann dieses Buch mit dem Ziel (eigentlich nur mit der Hoffnung), eine einfache und dennoch umfassende Theorie des Aussterbens zu finden. Ich bin überzeugt, sie gefunden zu haben. Sie ist aus vielen bekannten Fäden gewoben. Den Zusammenbruch von Ökosystemen und das Aussterben von Arten sieht sie vor allem als Folgen irdischer Ursachen. Diese sind einfach die Kehrseite derselben Kräfte, die Ökosysteme hervorbringen und erhalten und die in erster Linie zum Entstehen von Arten führten. In diesem Szenarium spielt auch der Mensch eine Rolle (was wir allerdings sowieso schon wußten). Unsere Aktivitäten stören das Gefüge auf ähnliche Weise, wie es bei der überwiegenden Mehrzahl der Massenaussterben in der erdgeschichtlichen Vergangenheit ohne unsere Mitwirkung der Fall war.

Die wenigsten von uns haben die Formationstabelle im Kopf. Die geologische Zeitskala ist, wie wir sehen werden, vor allem auf den Massenaussterben in ferner Vergangenheit begründet. Auf den Seiten 12 und 13 finden Sie eine Tabelle der erdgeschichtlichen Zeitalter, die Sie bei unserem Überblick über die Katastrophen in der Geschichte des Lebens zu Rate ziehen können.

Ich lade Sie ein, zusammen mit mir die Geheimnisse des Aussterbens zu lüften, die Kräfte zu erforschen, die in der Natur wirken, und herauszufinden, wie es das Leben geschafft hat, bis ins 20. Jahrhundert zu existieren. Die daraus gewonnenen Erkenntnisse werden einiges Licht darauf werfen, was uns im 21. Jahrhundert erwartet.

1

Aussterben ist Realität

Gute 60 Kilometer südlich von Kopenhagen liegt das verschlafene Dörfchen Stevns Klint. Ein eigenartiges kleines Museum, vollgestopft mit einem eklektischen Sammelsurium aus vergangenen Jahrhunderten, ragt dort zwischen den Feldern und wenigen einfachen Häusern hervor. Das ist alles, abgesehen von den Ruinen einer alten Kirche, die nun schon gefährlich nahe an dem die Ostsee überragenden Kliff thronen, dessen kreidiger Kalkstein sich aus den Ablagerungen der Zeiten bildete.

Die Kreide ist verhältnismäßig jung, jedenfalls unter Berücksichtigung dessen, was in diesem Zusammenhang eben jung heißt. Sie entstand vor etwa 65 Millionen Jahren. Eine robuste hölzerne Treppe, die zum felsigen Ufer hinabführt, geleitet uns rückschreitend durch die Zeitalter. Allerdings weiß niemand genau, wie viele Jahrmillionen die 60 Meter freistehenden Kalksteines repräsentieren. Kreide lagert sich nur langsam ab. Ihre hauptsächlichen Bestandteile sind submikroskopisch kleine Kalkplättchen aus einzelligen gepanzerten Algen – winzigen Organismen mit der Fähigkeit zur Photosynthese, die, solange sie leben, nahe der Meeresoberfläche im Plankton schweben und nach ihrem Tod zu Boden sinken. Wieviel Zeit steckt in diesen 60 Metern Kreide und kreidigem Kalkstein? Ganz sicher mehr als eine Million Jahre. Wahrscheinlich aber viel mehr, vielleicht drei oder vier Millionen.

Aber welcher Zeitraum auch immer im Kliff von Stevns Klint versteinerte, eines ist gewiß: Während sich die Ablagerungen in aller Ruhe anhäuften, passierte etwas Ungewöhnliches. Irgend etwas, das im übertragenen – einige meinen auch im wörtlichen – Sinne die Welt erschütterte. Denn auf halbem Wege die Kliffwand herab zeigt ein schmales, sich farblich abhebendes grüngraues Band aus Ton von höchstens etwa zweieinhalb Zentimeter Stärke den Zeitpunkt an, an dem sich das Bild des Lebens dramatisch wandelte – nicht nur des Lebens in der Gegend des heutigen nordöstlichen Dänemark, sondern des Lebens auf der ganzen Welt. Und nicht nur unter Wasser, sondern auch auf dem Land. Diese schmale Tonschicht, wegen einiger in ihr liegender Gräten und Schuppen von den Dänen „Fischton" genannt, markiert eine der einschneidendsten Wandlungen in der gesamten Geschichte des Lebens.

Erschreckend viele der Arten, die gelebt hatten, bevor sich die Tonschicht ablagerte, verschwanden für immer. Ihre Plätze nahmen in den neuen Ökosystemen, die sich nach dem Fischton herausbildeten, andere Arten ein. Chemische Hinweise in diesem Fischton legen nahe, daß die Erde damals mit einem außerirdischen Körper kollidierte. Zwar können wir die dramatischen Auswirkungen in den fossilarmen Felsen unter der dünnen Schicht grünen Tones nicht erkennen, doch lenkte der Ton selbst unsere Aufmerksamkeit auf das Massenaussterben und entzündete endlose Debatten über die Ursachen des nahezu vollständigen und weltweiten Zusammenbruchs der Ökosysteme.

Bereits vor diesem 65 Millionen Jahre zurückliegenden Massenaussterben mußte die Erde einige kritische Augenblicke der Geschichte des Lebens mit ansehen. Der bemerkenswerteste war die „Erfindung" des Lebens selbst vor wenigstens 3,5 Milliarden Jahren. Vollständig ausgebildete echte Zellen erschienen zwei Milliarden Jahre später. Vor etwa 600 Millionen Jahren stieg dann die Zahl komplexer Lebensformen plötzlich an. Danach kam es zur größten aller Revolutionen im Verlauf der Geschichte des Lebens: zum großen Sterben vor 245 Millionen Jahren am Ende der Permzeit, das den dramatischen Schluß des Paläozoikum und den Beginn der darauf folgenden mesozoischen Ära markierte. Sehr viel später – ganz am Ende der Kreidezeit, am Schluß des Mesozoikum und direkt am Beginn des Känozoikum, der Erdneuzeit, in der die Säugetiere vorherrschend wurden und die letztlich auch *unsere* Zeit ist – lagerten sich die Sedimente von Stevns Klint ab. Vorher, während der 180 Millionen Jahre des Mesozoikum, beherrschten Dinosaurier und ihre beschuppten Verwandten die Erde, und das Leben im Meer sah ganz anders aus als das heutige.

Fossilien, zumindest solche, die sich leicht finden und sammeln lassen, wie Muscheln und Seeigel, sind bei Stevns Klint keineswegs häufig, weder über noch unter dem Fischton. Gelegentliche Besucher, sogar welche mit großer Erfahrung im Sammeln von Fossilien, würden niemals darauf kommen, daß dieses Kliff die Spuren eines bedeutsamen und kritischen Augenblickes der Geschichte des Lebens birgt. Die kalkigen Meeresböden, aus denen letztlich die Kreideablagerungen hervorgehen, sind oft äußerst ungeeignet für tierliches und pflanzliches Leben und manchmal so unbewohnbar, daß sie als das ozeanische Äquivalent trockener Wüsten gelten. Aber die Geologen wissen schon seit mehr als 150 Jahren, daß damals etwas geschah, das den Charakter des Lebens auf dem Land und im Meer gleichermaßen veränderte: Dieser Wandel scheint überall, wo wir seine Spuren erkennen, recht abrupt. Er zeigt sich in einer völlig neuen Zusammensetzung der Tier- und Pflanzengemeinschaften sowohl des Festlandes als auch – wie bei Stevns Klint – unter Wasser. Kombinieren wir alle diesbezüglichen Spuren, erkennen wir, daß sich das Leben während der Zeit, da sich der Fischton von Stevns Klint bildete, radikal änderte.

Daß Aussterben ein häufiger und für die Entwicklung des Lebens entscheidender Vorgang war, wissen wir schon seit sehr langer Zeit. Baron Georges Cuvier, ein Adliger, der es schaffte, seinen Kopf und seine berufliche Laufbahn unbeschadet über die französische Revolution hinwegzubringen, veröffentlichte 1812 seinen *Discours sur les Révolutions de la Surface du Globe (Abhandlung über die Revolutionen der Erdoberfläche)*. Cuvier, der Vater der Wirbeltierpaläontologie, war ein Anatom, der seine Studien auf die fossilen Wirbeltiere ausdehnte, wie man sie häufig in den Steinbrüchen der Umgebung von Paris fand. Zusammen mit Alexandre Brongniart veröffentlichte er eine der ersten geologischen Karten. Derartige Karten geben die Verteilung der Gesteine eines Gebiets wieder. Entscheidend für das Anlegen einer solchen Karte ist eine Vorstellung davon, wie die Gesteine verschiedener Orte zusammengehören oder in anderer Weise identisch sind. Schließlich liegen die Gesteinsschichten nur selten über so weite Flächen frei zutage wie am Grand Canyon. Vielmehr finden wir gewöhnlich ein Stück freiliegenden Sandsteines an einer Bergspitze hier, freiliegenden Schiefer in einem Bachbett dort und Kalksteinablagerungen im Steinbruch eines Zementwerkes an ganz anderer Stelle.

Eine einfache Methode, eine Karte anzufertigen, besteht darin, alle Punkte miteinander zu verbinden, an denen ähnliche Gesteine lagern: allen Sandstein, allen Schiefer, allen Kalk. Das Problem hierbei ist nur, daß die Sedimentgesteine aufeinanderliegende Schichten bilden. Im Gegensatz zur ziemlich monotonen Kreide von Stevns Klint finden wir gewöhnlich buntscheckige Schichtenfolgen, beispielsweise Schiefer über Sandstein, dann vielleicht noch Kalk über dem Schiefer, gefolgt von weiterem Schiefer und wiederum Sandstein an der oberen Kante des Kliffes. Derselbe Gesteinstyp erscheint in verschiedenen Schichten immer und immer wieder, wenn wir deren Folge in einer bestimmten Region von unten nach oben ermitteln.

Obgleich bereits verschiedene frühe Wissenschaftler die Natur der Sedimentgesteine grundsätzlich erkannten, formulierte erst der dänische Arzt Niels Steensen (Nicolaus Steno in latinisierter Form) die einfachen Prinzipien, mit denen sich die Erdgeschichte entschlüsseln läßt. Er fand heraus, daß Sandstein, Kalkstein und Schiefer einfach die erhärteten Zustände von Sand, Kalk und tonigen Schlammablagerungen sind. Und da er wußte, daß Flüsse all dies in Seen, Flußmündungen und Meeresarme tragen, schloß er, die unteren Schichten eines Felsens müßten zuerst und die oberen später abgelagert worden sein. Damit war der erste eindeutige Zusammenhang zwischen den Gesteinsschichten und der Vorstellung von einer Zeit in der Erdgeschichte hergestellt. Seitdem ist es das Ziel der Geologen, nicht nur einfach ähnliche Gesteinstypen in Beziehung zu setzen, sondern vor allem gleichaltrige Schichten – solche, die an verschiedenen Orten freiliegen und etwa zur selben Zeit gebildet wurden.

Cuvier und Brongniart kartierten die Gesteinsschichten der Pariser Umgebung (vor allem Kreide und Kalk) entsprechend ihrer Deutung des Alters der Felsen. Dazu brauchten sie eine Methode, um dieses Alter zu bestimmen, zu entscheiden, welche Gesteine zur gleichen Zeit abgelagert wurden. Die Technik, auf die sie stießen, war die Einfachheit selbst: Sie erkannten, daß die in den Gesteinen in großer Zahl zutage kommenden Fossilien gewöhnlich in der gleichen allgemeinen Folge auftreten. Sie erkannten weiterhin, daß es sich bei den Fossilien um ausgestorbene Organismen handelte – sowohl um marine als auch terrestrische Tiere, die heute nicht mehr auf der Erde existieren. Wie Linné und anderen Forschern vor ihnen entging es auch Cuvier und Brongniart nicht, daß sich Fossilien genauso wie heutige Organismen klassifizieren lassen. Sie brauchten nur noch einen weiteren Schluß zu ziehen, nämlich daß Fossilien gleicher Art aus verschiedenen Steinbrüchen der Pariser Region Reste von Tieren sein müssen, die etwa zur gleichen Zeit gelebt haben. Ähnliche Fossilien, so folgerten sie, bedeuten ähnliches Alter.

Aber das war noch nicht alles. Cuviers *Revolutionen* waren nicht einfach die Projektion der jüngsten politischen Ereignisse in Frankreich auf die Geschichte der Organismenwelt. Cuviers

Beschäftigung mit der Naturgeschichte von Paris überzeugte ihn, daß diese aus einer Serie von Schöpfungen bestand. Jede endete mit einer katastrophenhaften Vernichtungswelle, die Raum für die nächste Schöpfung freimachte. Er glaubte, insgesamt mehr als 30 solcher Katastrophen zu erkennen.

In der ersten Hälfte des vorigen Jahrhunderts vermehrten die Geologen ihre Aktivitäten geradezu explosionsartig. Sie sammelten Fossilien, betrieben Feldforschung, suchten Zusammenhänge und entwickelten die Grundstruktur unserer modernen geologischen Zeitskala. Die frühesten Forschungen führte man – wie es fast selbstverständlich scheint – in Europa durch, wo die Pionierleistungen von Cuvier und Brongniart in Frankreich und von William Smith in England fortgesetzt wurden. Bis Mitte des Jahrhunderts waren die wesentlichen Untereinheiten der geologischen Zeitskala im großen und ganzen festgelegt.

Ihre damals geprägten Bezeichnungen benutzen wir noch heute, obwohl sie den Geologiestudenten der ersten Semester trotz mancher mnemotechnischer Hilfsmittel das Leben schwer machen. Denn sie müssen sich Namen einprägen wie Kambrium, Ordovizium, Silur, Devon, Karbon, Perm, Trias, Jura, Kreide, Paläozän, Eozän, Oligozän, Miozän, Pliozän, Pleistozän und Holozän. Die ersten sechs dieser Untergliederung fassen wir heute wie damals als Paläozoikum zusammen. Mesozoikum bezieht sich auf die nächsten drei – Trias, Jura und Kreide –, die gewaltige Mitte der Geschichte des Lebens, die Zeit der Dinosaurier, die auf halber Höhe des Kreidekliffes von Stevns Klint endet. Känozoikum bezeichnet die Zeit vom Paläozän bis zur Gegenwart (oder bis zum Holozän, was „ganz und gar gegenwärtig" bedeutet).

Heutzutage verfügen wir über einige stichhaltige Zahlen, mit denen wir Anfang und Ende dieser Unterabschnitte markieren können. Beispielsweise wissen wir, daß das Kambrium vor etwa 570 Millionen Jahren begann. Das Paläozoikum endete mit dem Schluß seiner letzten Formation, des Perm, vor rund 245 Millionen Jahren – dem ungefähren Beginn des Mesozoikum. Mit der

Kreidezeit war es vor 65 Millionen Jahren zu Ende. Wir wissen weiterhin, daß sich die Erde, ganz grob geschätzt, vor 4,5 Millionen Jahren bildete und das Leben vor wenigstens 3,5 Milliarden Jahren entstand. Das ist eine Minimalschätzung; denn es handelt sich dabei um das Alter der ältesten Fossilien (Bakterien), die man bisher gefunden hat.

Die ersten vier Milliarden Jahre der Erdgeschichte sind allerdings kaum untergliedert und daher für den Anfänger kein Problem. Daß sich die vielen Namen der geologischen Zeittafel, die er sich einprägen muß, auf das letzte Neuntel der Erdgeschichte beziehen, hat einen ganz einfachen Grund: Erst während dieses Abschnitts herrschte das makroskopische Leben (vielzelliger, ohne Mikroskop sichtbarer Pflanzen und Tiere) vor und dominierte alle Ökosysteme innerhalb der Haupttypen der physikalischen Umwelt auf der Erdoberfläche. All diese Untergliederungen sollte man zweckmäßigerweise als Cuviersche Einheiten bezeichnen. Dies wären somit Abschnitte der geologischen Zeit mit Beginn und Ende, gekennzeichnet durch jeweils charakteristische Faunen und Floren, die allerdings nicht, wie Cuvier damals glaubte, gesondert geschaffen wurden, sondern von den Überbleibseln der vorhergegangenen Einheit abstammten. Sie waren selbst wiederum zum Verschwinden verurteilt und gaben durch ihre eigenen Überreste den Lebensfunken weiter, um die Saat für die nächste evolutionäre und ökologische Aufspaltung zu liefern, die den Erdball neu bevölkerte. Aber Cuvier hatte zumindest grundsätzlich recht: Das Leben existierte tatsächlich in Einheiten – in Lebensgemeinschaften, die sich vervielfältigten und weltweit aufblühten, nur um wieder zu verschwinden und von der nachfolgenden Gemeinschaft ersetzt zu werden.

Die Aussterbephasen sind Realität. Sie hatten eine außerordentlich wichtige praktische Nebenwirkung. Nur weil es sie gab, erkennen wir die geologische Zeit. Die Kreationisten, denen zufolge die Geschichte des Lebens das Werk eines übernatürlichen Schöpfers ist, beschuldigen die Geologen gerne, sie hätten die erdgeschichtliche Zeitskala als ein Mittel erdacht, um die Vorstellung von der Evolution zu stützen. Nichts könnte weiter von der Wahrheit entfernt sein. Cuvier und viele seiner damaligen Kollegen waren selbst Kreationisten. Darwin wurde erst drei Jahre vor dem Erscheinen von Cuviers *Révolutions* geboren. Als 1859 seine *Entstehung der Arten* herauskam, waren dank der eifrigen Bemühungen dieser frühen Geologen mit ihrer kreationistischen Ideologie fast alle Elemente unserer modernen Zeitskala bekannt. Diese Forscher dokumentierten einfach die Folge der Cuvierschen Lebenseinheiten, aber damit offenbarten sie nicht nur den Verlauf der Geschichte des Lebens, sondern zunächst einmal das Vorhandensein dieser Geschichte selbst. Sie zeigten, daß es eine Geschichte gab, die, wie es Cuvier zuerst demonstrierte, von Revolutionen unterbrochen war – von Revolutionen, die zum Aussterben führten, das periodisch den *status quo* veränderte.

Einige dieser Aussterbephasen waren, wie man sich vorstellen kann, verheerender und umfassender als andere. Wiederum brauchen wir nur einen Blick auf eine geologische Zeittafel zu werfen, um zu sehen, daß das zutrifft. Nehmen wir zum Beispiel die drei Hauptabschnitte (Ären) des Phanerozoikums: das Paläozoikum, das Mesozoikum und das Känozoikum. Ihre Namen sagen es: „Phanerozoikum" bedeutet „Zeit des sichtbaren Lebens" – das damals aufgehört hatte, sich auf einzelne mikroskopisch kleine Zellen (Bakterien, Algen und Urtiere) zu beschränken. Nun umfaßte es größere Geschöpfe wie Quallen, verschiedene Würmer, Wirbeltiere, Weichtiere, Gefäßpflanzen und Gliederfüßer. „Paläo" bedeutet alt, „Meso" mittel und „Käno" modern. Vielleicht verwundert es nicht allzusehr, das zwei der (bisher) größten Massenaussterben in der Geschichte des Lebens die Trennlinien bilden: jene zwischen Paläo- und Mesozoikum (das große Sterben am Ende des Perm, das vernichtendste von allen, dem 90, vielleicht sogar 96 Prozent aller Arten zum Opfer fielen) und zwischen Meso- und Känozoikum (dem verheerenden Ereignis Ende der Kreidezeit, das bei Stevns

Klint und manch anderen über den Globus verteilten Orten dokumentiert ist).

Dies waren weltumspannende Ereignisse, die eine Ära beendeten und eine neue eröffneten. Wie sich herausstellte, war der Unterschied zwischen den verschwundenen Ökosystemen und denjenigen, die letztlich an ihre Stelle traten, um so größer, ein je größerer Anteil der Welt erfaßt wurde, je mehr Ökosysteme einbezogen und je mehr Organismengruppen betroffen waren. Aussterben beeinflußt den Verlauf der Evolution tiefgreifend. Je mehr Organismen aussterben, umso deutlicher unterscheiden sich die neuen von den verschwundenen, deren Plätze sie einnehmen. Evolution hängt so sehr vom Aussterben ab, daß es beinahe eine schöpferische Rolle in der Geschichte des Lebens spielt.

Eine solche Botschaft klingt mehr als nur ein wenig verwirrend. Wie wir noch sehen werden, wurde sie als Ausrede genutzt, *nicht* zu versuchen, uns der Flut des gegenwärtigen Aussterbens entgegenzustemmen. Dabei wurde etwa folgendermaßen argumentiert: Aussterben sei ein natürlicher Vorgang, und bisher hätten sich immer wieder neue Arten entwickelt, die den Platz ihrer dahingeschwundenen Vorgänger einnahmen. Also brauchten wir die Verluste um uns herum nicht zu fürchten; denn auch sie würden auf lange Sicht ersetzt werden. (Ich werde mich später noch ausführlich mit dieser Denkweise auseinandersetzen.) Andererseits empfahlen verschiedene führende Naturschützer, unser aktuelles Aussterbeproblem unbedingt zu lösen – und zwar aus dem genau entgegengesetzten Grund. Sie sagen: Aussterben wird weitere Evolution verhindern, weil es hierfür wesentliche genetische Information beseitigt.

Dieses Problem ist eines der kniffligsten, mit denen wir es zu tun bekommen, befassen wir uns mit der Natur – und Bedeutung – des Aussterbens. Wir werden es besser beleuchten können, wenn wir tiefer in die Natur dieses Vorgangs eindringen und uns mit den Fragen auseinandersetzen, wodurch er herbeigeführt wird und welche spezifische Struktur biologischer Gemeinschaften Stabilität und Wandel fördert. Aber hier müssen wir erst einmal die Behauptungen gegeneinander abwägen, Aussterben sei absolut entscheidend für den Fortgang der Evolution, und die gleicherweise zwingende, der Verlust genetischer Information infolge des Aussterbens verringere zukünftige evolutionäre Möglichkeiten erheblich.

Evolution erscheint oft als etwas Gutes, zumindest denen, die sie nicht aus ideologischen Gründen ablehnen. Vor allem verknüpft man sie seit den ersten Tagen ihrer Anerkennung Mitte des vergangenen Jahrhunderts eng mit dem Fortschrittsbegriff. »Wandel ist in einem fortschrittlichen Land unvermeidlich«, schrieb Benjamin Disraeli 1867. *Fortschritt, Wandel, Verbesserung* – diese viktorianischen Schlagwörter unterstützten Darwins Vorstellung von der Evolution durch natürliche Auslese und wurden wiederum von ihr unterstützt. Darwin selbst sah in der Evolution vor allem einen langsamen, gleichmäßigen, sanften Wandel und sogar – analog den Bemühungen von Züchtern, verschiedene Eigenschaften ihrer Schweine, Hunde, Rinder und Kulturpflanzen zu vervollkommnen – eine Verbesserung. Die Darwinisten meinten, was wir durch Auslese in wenigen Generationen bei Kulturpflanzen und Haustieren zu erreichen vermögen, sei nichts im Vergleich zu dem, was die Natur durch den Wettbewerb um begrenzte Ressourcen im Verlauf von Jahrmillionen zustande bringt.

Daß natürliche Auslese eine starke Naturkraft ist, läßt sich nicht ernsthaft anzweifeln. Lebewesen unterscheiden sich tatsächlich voneinander. Einige kommen besser mit ihrer Umwelt zurecht und können dabei mehr Energie gewinnen, sich besser erhalten und schneller wachsen als andere. Insgesamt werden die kräftigeren Individuen, die ein rationelleres Leben führen, mehr Nachkommen hinterlassen als weniger begünstigte. Lebewesen neigen dazu, ihren Eltern zu ähneln (heute haben wir eine viel klarere Vorstellung von den zugrundeliegenden genetischen Mechanismen als Darwin), daher werden diejenigen Eigenschaften, die den Eltern einen Vorteil in der Ökonomie des

Daseinskampfes verleihen, bevorzugt an die Nachkommengeneration weitergegeben, genauso, wie es nach Darwins Einsicht geschehen muß.

Aber in jüngerer Zeit beginnen wir zu erkennen, daß der wirkungsvolle Mechanismus der natürlichen Auslese nicht unbedingt zu einem drastischen, wenn auch allmählichen Wandel im Verlauf der geologischen Zeit führen muß. Lebewesen sind wahre Meister darin, geeignete Lebensräume zu finden. Verändert sich die Umwelt an einem Ort, werden viele Tiere und Pflanzen versuchen, die alten Verhältnisse an anderer Stelle aufzusuchen. Sind es Fische, werden sie dorthin schwimmen. Sind es Pflanzen, werden ihre Samen sie finden. Auf diese Weise überlebten die meisten Arten der nordamerikanischen Waldbäume das Vordringen der Gletscher, die sich mindestens vier Mal in den vergangenen 1,6 Millionen Jahren bis in den Norden der heutigen Vereinigten Staaten ausdehnten. Die Tundra schob sich vor dem Gletschereis weiter nach Süden vor; die Wälder wiederum zogen sich vor der Tundra zurück. Als die Gletscher wieder schmolzen, wanderte die Tundra mit ihnen nach Norden, und die Wälder zogen wieder in ihre alte Heimat. Ihre ursprünglichen Eigenschaften hatten sie weitgehend, wenn auch nicht vollständig, beibehalten. Vor 10 000 Jahren lag eine 800 Meter starke Eisschicht über dem Staat New York. Heute wachsen dort Wälder, soweit man sie nicht durch Stahl und Beton ersetzt hat. Sollten sich die Gletscher wiederum nach Süden aufmachen, was im allgemeinen in nicht mehr als 2 000 Jahren erwartet wird, werden sich die Gürtel der Lebensräume wieder einmal gemächlich, aber wohlkoordiniert in Bewegung setzen.

Dieses Spiel heißt Lebensraumnachfolge (*habitat tracing*). Diejenigen Arten, denen es nicht gelingt, ihrem Lebensraum zu folgen, erwartet gewöhnlich das Aussterben. Die natürliche Auslese wird nur selten – wenn überhaupt – solche Lebewesen an Ort und Stelle erhalten und so umformen, daß sie den veränderten Anforderungen genügen. Arten versuchen, solange es möglich ist, einen entsprechenden Lebensraum zu finden. Daher gibt es keinen Grund, sich unter solchen Umständen zu verändern. Arten verändern sich auch dann nicht, wenn sich ihr Lebensraum beträchtlich verlagert. G. R. Coope, ein Paläontologe und Spezialist für eiszeitliche (pleistozäne) Käfer, dokumentierte großräumige Verlagerungen der Verbreitungsgebiete einiger dieser Käferarten – Arten, die auch gegenwärtig noch existieren, deren Lebensräume aber stark zerrissen wurden, als die europäischen Gletscher kamen und gingen. Die Käfer jedoch scheinen trotz all dieser Vorgänge bis heute die gleichen geblieben zu sein, die sie schon im Pleistozän waren.

Zum Aussterben kommt es häufig, wenn sich kein geeigneter Lebensraum finden läßt. Die geologische Überlieferung zeigt eindeutig, daß es zu allen Zeiten stattfand. Die physische Umwelt auf der Erde bleibt *niemals* unverändert. Finden Arten nicht immer wieder einen geeigneten Lebensraum oder müssen sie starker Konkurrenz durch andere Arten um Lebensräume oder Ressourcen begegnen, führt das oft zum Aussterben. Diese Form des Erlöschens nannte der Paläontologe David Jablonski von der Universität Chicago Hintergrundaussterben. Wiederum stellen wir fest, daß Aussterben nicht nur stattfindet, sondern etwas Alltägliches ist – ein Bestandteil des regulären Lebensrhythmus. Aber es bedeutet nicht unbedingt etwas Gutes.

Nach der ursprünglichen darwinistischen Annahme hält evolutionärer Wandel mit den sich verändernden Verhältnissen Schritt. Viele Biologen vertreten noch heute die Ansicht, das Leben sei so etwas wie ein Pferderennen. Die Umwelt wandele sich, und der heilige Gral perfekter Anpassung an ihre Erfordernisse sei ein niemals zu erreichendes Ideal. Gerade wenn sich eine Art an bestimmte Verhältnisse angepaßt habe, änderten sich diese. Arten entwickelten sich über Generationen hinweg durch die Wirkung natürlicher Auslese auf ein Ziel zu, das ständig zurückweicht. Sie könnten den Wettlauf nie gewinnen. Daher wandelten sich die Arten im Verlauf geologischer Zeiträume ständig. Obwohl dies nicht unbedingt Fortschritt sei, führe es doch zu fortwährenden Veränderungen.

Aber diese Metaphorik ist mit einem Problem behaftet. Die fossile Überlieferung zeigt eindeutig, daß sich Arten, sind sie erst einmal da, gewöhnlich kaum verändern. Das wissen die Paläontologen schon seit Darwin. Zwar wandeln sich Arten im Laufe der Zeit ein wenig, aber nur selten so, wie einige Evolutionsforscher von Darwin bis zur Gegenwart anscheinend meinen, daß sie sich wandeln *müßten*. Natürliche Auslese ist tatsächlich eine starke, aber vor allem eine konservative Kraft. Suchen Organismen, wenn sich ihre Umwelt verändert, nach neuen Lebensräumen, bewahren sie weitgehend den Zustand ihrer Vorfahren. Die Alternative lautet nicht, sich zu entwickeln oder zu sterben, sondern, einen geeigneten Lebensraum zu entdecken oder vom Erdboden zu verschwinden.

Soviel zum Zusammenhang von Evolution und Verbesserung oder Fortschritt. Leben scheint letztendlich auf Überleben ausgerichtet zu sein; denn die Tierarten der Meere existieren gewöhnlich viele Millionen, die des Landes Hunderttausende bis einige Millionen Jahre. Sie überleben vor allem durch das Auffinden geeigneter Lebensräume und nicht dadurch, daß sie in ständigem Wandel ihre Feinabstimmung mit der sich verändernden Umwelt erhalten.

Andererseits scheint Evolution – jedenfalls markante, echte und erkennbare Veränderung in einer oder mehreren adaptiven Eigenschaften von Organismen – hauptsächlich als Reaktion auf eine sich bietende neue Gelegenheit zu erfolgen. Daraus ergibt sich, daß die Ökosysteme der Erde, welcher Art sie auch immer sein und wo sie sich auch immer befinden mögen, gewöhnlich ziemlich ausgefüllt sind. Dann und wann entwickeln sich neue Arten, andere sterben gelegentlich aus: Hintergrundartbildung und Hintergrundaussterben. Wahrscheinlich passiert bei all dem nichts wirklich Wesentliches.

Doch neue Gelegenheiten ergeben sich immer wieder. Als sich die gerade entstandenen ersten Urorganismen ausbreiteten, gab es sie in Hülle und Fülle. Niemand war diesen Lebensformen vorausgeeilt. Das Leben mußte die Ökosysteme erst erfinden. Gleiches war der Fall, als die Organismenwelt am Ende des Silur zum ersten Mal das Land besiedelte. Verhältnismäßig schnell erschlossen viele verschiedene Entwicklungslinien in einer frühen adaptiven Radiation zahlreiche unterschiedliche Lebensräume, nachdem die Pflanzen erst einmal eine ökologische Ausgangsbasis geschaffen hatten.

Aber was passiert, wenn Ökosysteme vollständig ausgefüllt sind? Wo gibt es dann Gelegenheiten? Aussterben stellt die evolutionäre Uhr durch das Vernichten vorhandener Ökosysteme zurück, aber Gott sei Dank nicht auf Null. Glücklicherweise wurde das Leben niemals völlig ausgelöscht. Dieser Vorgang erlaubt es, daß sich neue Ökosysteme bilden und neue Arten entstehen, zumindest zum Teil als Reaktion auf diese Freiräume. Je mehr verschwindet, desto mehr Gelegenheiten ergeben sich, und desto mehr evolutionärer Wandel wird erfolgen.

Doch zurück zu unserer Frage. Wie läßt sich dieses Bild mit der Besorgnis der Naturschützer vereinbaren, Evolution werde durch Aussterben behindert, weil es genetische Information vernichtet? Die Antwort – davon bin ich überzeugt – wird sich finden, gehen wir davon aus, daß es ein Fehler ist zu denken, Evolution sei etwas Gutes. Wir sollten erkennen, daß Leben zwar ständig um seine Existenz kämpft, aber nicht darum, sich zu verändern. Evolution ist letztlich ein historischer Vorgang, der die Geschichte des Lebens hervorbrachte (wobei Aussterben eine wesentliche Rolle spielte), und der auch die Zukunft des Lebens bestimmen wird, in welcher Form auch immer. Ich denke, die Botschaft ist eindeutig: Das Leben wird eine evolutionäre Zukunft haben. Wie diese im einzelnen verläuft, wird sehr davon abhängen, was zwischenzeitlich ausstirbt und was überlebt. Aber das betrifft die Zukunft. Wir sollten uns vor allem mit dem Hier und Jetzt befassen.

Der Name des Spieles – desjenigen, das vom Leben seit jeher gespielt wurde – ist nicht künftige Evolution, sondern Überleben. So ist es immer gewesen. Wir sind Geschöpfe mit gesunden Trieben. Das befähigt uns, auch bewußt zu erkennen, was wir tun sollten, und wozu wir genau wie jeder andere Organismus berechtigt sind: nämlich *überleben*. Ironischerweise wird genau das, sollten wir es schaffen, und könnten wir den Komponenten aller Ökosysteme ebenfalls zum Überleben verhelfen (was wir unseres eigenen Erfolgs wegen tun müssen), die Evolution mehr dämpfen als unser Aussterben oder das irgendeiner anderen Art. Wir müssen die genetische Vielfalt erhalten – unsere eigene und diejenige anderer Arten – um den *status quo* zu bewahren, und nicht wegen irgendeiner vermutlichen Wirkung, den sie auf die evolutionäre Zukunft haben wird.

Ich habe mich mehr als 20 Jahre beruflich mit der Evolution auseinandergesetzt. Im Aussterben sehe ich einen faszinierenden Antrieb für die Evolution – einen so wesentlichen, daß die heutigen Lebensgemeinschaften und gewiß auch wir selbst niemals auf der Welt erschienen wären, hätte es nicht die Angehörigen früherer Ökosysteme allesamt ausgelöscht. Hätten die Dinosaurier das Ende der Kreidezeit überlebt, dann huschten wir Säugetiere noch, mit den Worten des Paläontologen Al Romer, wie die »Ratten der mesozoischen Welt« umher, die wir einst waren. Aber da wir nun einmal existieren, ist es nur natürlich, daß wir das Aussterben vermeiden möchten – unseres und das aller unserer Mitgeschöpfe im globalen Ökosystem.

Madagaskar heute und damals

Die in den Felsen von Stevns Klint versteinerten Ereignisse liegen weit zurück. Die Entwicklung des Lebens, unterbrochen von gelegentlichen Episoden massiven Aussterbens, so fesselnd sie auch mancher von uns finden mag, interessierte die Menschheit insgesamt wohl doch nur wenig, würde es nicht immer offensichtlicher, daß auch wir uns in einer solchen Episode befinden – vielleicht sogar schon mittendrin. Vergangene Aussterbeperioden spielen eine große Rolle, versuchen wir, unsere gegenwärtigen Umweltprobleme zu verstehen und einen Ausweg zu finden.

Eine Wanderung durch einen tropischen Regenwald ist eine weitaus eindrucksvollere Erfahrung als der gelegentliche Besuch von Stevns Klint. Hier sehen wir Kreideschichten mit wenigen, schwer zu bergenden Fossilien, die durch eine dünne Tonschicht getrennt sind, deren unheilschwangere Botschaft ihr erst durch eine Laboranalyse ihres unverhältnismäßig geringen Gehalts an seltenen exotischen Metallen abgerungen werden muß. Im starken Gegensatz dazu offenbart ein tropischer Regenwald eine üppige Lebensfülle: ein Pflanzengewirr von Hunderten Arten auf wenigen Hektar. Eine Kakophonie von Gesängen verrät die Anwesenheit vieler verschiedener Vogelarten, obgleich alle Ornithologen wissen, wie frustrierend die Versuche sein können, ihre Ziele im Regenwald auch tatsächlich zu *sehen*. Das Leben in seiner überquellenden Fülle verhüllt in den Tropen auf den ersten Blick die tiefgreifenden Probleme der meisten heutigen Regenwälder.

Madagaskar ist ein herrlicher Mikrokosmos der Wunder tropischer Natur, daneben auch ein faszinierendes Laboratorium, sowohl der Evolution als auch des Aussterbens – ein Fenster, das uns einen Einblick erlaubt in das, was in der Vergangenheit geschah, und in das, was sich gegenwärtig vollzieht. Sozusagen auf dem Wendekreis des Steinbocks reitend, liegt der größte Teil Madagaskars tief in den Tropen. Die viertgrößte Insel der Welt (ungefähr 1 600 Kilometer lang und etwa 500 Kilometer breit) beherbergt in ihren verschiedenen Habitaten ein reiches Spektrum an Lebensformen. Doch ihre Tiere und Pflanzen unterscheiden sich auffallend von denen ihrer nächsten großen Nachbarn. An der engsten Stelle der sie trennenden Straße von Moçambique liegt Ostafrika nur rund 350 Kilometer von Madagaskar entfernt. Aber die Insel trennte sich vor wenigstens 150 Millionen Jahren von Afrika, und niemand, der Madagaskar zum ersten Mal besucht, würde es mit der Serengetisteppe von Tansania verwechseln. Hier gibt es keine Löwen oder Leoparden, keine fleischfressenden Säugetiere von auch nur annähernd dieser Größe. Der Fossa, einer Schleichkatze von etwa der Größe eines Basset, kommt die Ehre zu, Madagaskars größtes Raubtier zu sein.

Große Raubtiere leben von großen Pflanzenfressern, und die gibt es einfach nicht auf Madagaskar – keine Giraffen, keine Elefanten, keine Büffel oder Antilopen. Hier existierte bis in die jüngste Vergangenheit nur ein Zwergflußpferd, das ein wenig an die Lebewesen des afrikanischen Festlandes erinnerte. Aber das ist schon alles. Außer den Fossilien des Flußpferdes finden wir keine weiteren Reste bekannter afrikanischer Tiere, nur Knochen heutiger (oder kürzlich ausgestorbener) rein madagassischer Säuger tauchen auf. Obwohl in allerjüngster Vergangenheit auf Madagaskar Tiere ausstarben (mehr darüber später), war das Leben dort auch vor nicht allzuferner Zeit genauso unafrikanisch und rein madagassisch wie heutzutage.

Manchmal werden die in einem Ökosystem fehlenden großen fleischfressenden Säuger von anderen Wirbeltieren vertreten. Der Komodowaran ist ein riesiges gefährliches Raubtier (durch seine furchteinflößende Gefährlichkeit wirklich aufregend), das auf der indonesischen Insel Komodo und ihren nächsten Nachbarn Hirsche, Schweine, Haustiere und (gelegentlich) Menschen angreift und verzehrt. Gewaltige Pythonschlangen spielen manchmal die gleiche Rolle. Auf Sulawesi sind Netzpythons die größten Raubtiere; sie haben sich dort auf zwei Wildschweinarten und andere Säuger (wiederum gelegentlich auch Menschen) spezialisiert. Aber noch einmal: Das Fehlen wirklich großer Säugetiere bedeutet im allgemeinen, daß die fleischfressenden Räuber – welcher Art sie auch sein mögen – nicht übermäßig groß sind. Auf Madagaskar leben viele Schlangen (keine davon ist giftig – was an Irland, eine andere Insel, erinnert), aber nur wenige werden zwei Meter lang.

Während es für den größten Teil der Welt gilt, daß die für den Menschen gefährlichsten Lebewesen andere Menschen sind (was wohl auch für Madagaskar zutrifft), gefährden unter den nichtmenschlichen Lebewesen Madagaskars die zahlreiche Malariastämme übertragenden Moskitos dessen Wohlergehen am meisten. Viele dieser Stämme werden gegenüber dem üblichen Arsenal medizinischer Hilfsmittel gegen diese Krankheit immer widerstandsfähiger. Nebenbei bemerkt ist dies ein Evolutionsprozeß, aber kaum ein Fortschritt, wenigstens nicht in unseren Augen: Die Moskitos übertragen die krankheitserregenden Organismen. Gegenüber Chinin und anderen Medikamenten unempfindliche Stämme dieser Erreger werden durch den einfachen Vorgang natürlicher Auslese von Jahr zu Jahr immer häufiger.

Doch auf Madagaskar wimmelt es von tierischem und pflanzlichem Leben. Das kontinentale Afrika beherbergt einen einzigen Baum der Gattung *Adansonia*, den bizarren Affenbrotbaum oder Baobab, mit seinem massiven dicken Stamm und den lächerlich kümmerlichen Ästen, wodurch er aussieht, als wäre seine Krone im Erdboden versenkt und als ragten seine Wurzeln in die Luft. Die übrigen der neun *Adansonia*-Arten wachsen auf Madagaskar. Dessen Säugetierfauna ist ebenfalls bemerkenswert. Dort trippeln nicht weniger als 30 Arten von Borstenigeln oder Tanreks, primitiven Insektenfressern, eilig über den Waldboden.

Aber von allen Säugern Madagaskars am bekanntesten sind die Lemuren. Diesen bemerkenswerten Tieren, die oberflächlich langschnauzigen Niederen Affen ähneln, fehlen einige der Eigenschaften echter Affen. Daher gelten sie als primitive Angehörige der Primaten. Lemuren kennen wir nur von Madagaskar (eine Art gelangte zu den nahegelegenen Komoren). Es gibt 13 Gattungen und 24 Arten mit zahlreichen Unterarten, so daß dort heute etwa 46 verschiedene Lemuren leben. Noch immer werden neue Formen entdeckt. Das ist bemerkenswert, bedenken wir die verhältnismäßig bescheidene Größe der Insel, das Interesse, das sie bei den Naturforschern seit mehr als 200 Jahren erregt, sowie die Tatsache, daß die Madagassen, wie die meisten Naturvölker in aller Welt, ihre heimische Fauna und deren Leben sehr genau kennen. Der kürzlich entdeckte Goldene Bambuslemur war den Einheimischen im Regenwald in der Nähe von Ramonafana durch seine ungewöhnlichen Laute bekannt. Sie vermuteten aber nicht, daß sie von einer besonderen, deutlich unterscheidbaren Lemurenform stammen.

Die Lemuren liefern einen entscheidenden Schlüssel zum Verständnis, wie Ökologie und Evolution auf Madagaskar zusammenwirken. Zahlreiche, wenn auch nicht sehr alte Fossilien aus der jüngsten Vergangenheit der Insel tragen dazu bei, den gegenwärtigen Stand ihres Kampfes gegen das Aussterben im Vergleich zu dem großen Artenschwund der Eiszeit zu bestimmen und sagen auch einiges über die Rolle des Menschen beim madagassischen Artensterben aus. Hierauf werden wir zurückkommen, wenn wir uns darüber im klaren sind, was Aussterben eigentlich ist und welche Gemeinsamkeiten zwischen vergangenen und gegenwärtigen ökologischen Krisen bestehen.

Madagaskar ist für seinen verblüffenden Reichtum an Endemismen bekannt. Einen erstaunlichen Prozentsatz der Tiere und Pflanzen dieser Insel findet man nirgendwo anders auf der Welt. Dies gilt beispielsweise für die Lemuren. Vier verschiedene Familien, die man gewöhnlich zur Oberfamilie der Lemuroidea vereinigt, leben ausschließlich auf Madagaskar. Acht der neun *Adansonia*-Arten gibt es hier und sonst nirgends. Sogar Vögel, die ja fliegen können, und von denen wir erwarten sollten, daß sie bei gleichen Lebensbedingungen auch an anderen Orten in Erscheinung treten, entsprechen in erstaunlichem Maße diesem Muster. Etwa 250 Vogelarten hat man bisher nur auf Madagaskar nachgewiesen. Hiervon sind 150 vollkommen endemisch, brüten also ausschließlich auf dieser Insel. Einige wenige, wie der Zimtroller, können außerhalb der Brutzeit nach Ostafrika ziehen.

Die Endemismen bei Vögeln sind nicht auf Arten beschränkt. Es gibt mehrere rein madagassische Gruppen – Familien oder Unterfamilien. Sie entwickelten sich hier und beschränken sich vollkommen auf diese Insel. Die Couas oder Seidenkuckucke (eine Unterfamilie der Kuckucke) umfassen neun Arten, von denen eine wohl als ausgestorben gelten kann. Es sind imponierende, ziemlich große und voluminöse Vögel mit blauen Flecken um ihre Augen herum. Außerdem leben auf Madagaskar 14 Arten von Vangawürgern, die – wie man unlängst erkannte – mit den echten Würgern verwandt sind, einer andernorts, vor allem in der alten Welt, sehr vielfältigen Familie. Schließlich gibt es die drei Arten der Stelzenrallen – Vögel, von denen im Grunde keiner weiß, wie sie im weitverzweigten Stammbaum der Vögel einzuordnen sind.

Madagaskar war tatsächlich ein Labor der Evolution. Aufgrund seiner langen und offensichtlich wirkungsvollen Trennung von Afrika (und sonstigen Landgebieten) und weil seine gegenwärtige Tierwelt nur von einem kleinen Teil der verschiedenen Typen von Geschöpfen abstammt, welche die afrikanischen Ökosysteme für Millionen Jahre bevölkerten, unterscheidet sich die heutige Fauna Madagaskars deutlich von jeder anderen. Weil die ökologische Mischung von Beginn an ungewöhnlich war, brachte die Evolution einige interessante Ergebnisse hervor. Nicht weniger als vier getrennte Entwicklungslinien von Vögeln wurden gänzlich oder zumindest überwiegend zu Bodenbewohnern. Eine solche Art, ein truthahnähnliches Perlhuhn, kommt auch auf dem afrikanischen Festland vor. Aber der Riesenseidenkuckuck ist – ebenso wie die anderen Arten der Unterfamilie – ein hausgemachtes Produkt, das oberflächlich einem Fasan ähnelt. Die seltsamen Erdracken sind ebenfalls auf Madagaskar beschränkt. Wie die eben erwähnten Stelzenrallen bewohnen sie, je nach Art, den Wald oder trockene Gegenden. Warum kamen so viele Vögel von den Bäumen herab, um ihr Leben auf dem Boden zu riskieren? Wahrscheinlich weil es dort nur wenige gefährliche Verfolger gab.

Das Leben auf Madagaskar ist einzigartig. Aber das ist es überall, weil es an allen Orten Pflanzen, Tiere, Pilze und Mikroorganismen gibt, die dort und nur dort gefunden werden. Madagaskar ist jedoch ganz besonders ungewöhnlich. Es hat einen sehr hohen Grad von Endemismen, wie es im Fachjargon heißt.

Schon bei unserem kleinen kurzen Besuch haben wir genug gesehen, um zu erkennen, daß diese Insel in zweierlei Hinsicht außerordentlich ist: Sehr viele ihrer Pflanzen und Tiere sind auf sie beschränkt. Daraus folgert ein Evolutionsbiologe oder Naturschützer, daß ein beträchtlicher Anteil der genetischen Vielfalt unseres Erdballes auf Arten entfällt, die an ein ziemlich begrenztes und bedrohtes Gebiet gebunden sind. Aber Madagaskar ist auch ökologisch einzigartig: Die unterschiedlichen Typen funktionierender Ökosysteme – Lebensräume, deren verschiedene Populationen auf unendlich vielen Wegen aufeinander einwirken und dabei oft Energie austauschen – sind ebenfalls recht außergewöhnlich miteinander verknüpft.

Ökosysteme bauen sich aus vorhandenen Komponenten auf. Sie bestehen aus Anteilen jedweder verfügbaren Art, die in einer bestimmten Umwelt existieren kann. Die Struktur ökologischer Gemeinschaften hängt davon ab, was die Evolution hervorgebracht hat und welche Arten es geschafft haben, bis heute zu überleben. Doch das Spiel des Lebens wird in der ökologischen Arena von Tag zu Tag, von Minute zu Minute ausgefochten. Das Ergebnis der Spielzüge bestimmt in einem nicht geringen Maße, welche Art überleben und welche aussterben wird. In der ökologischen Arena entscheidet sich auch das zukünftige Erscheinungsbild der überlebenden Arten. Denn die Richtung natürlicher Auslese, durch die kommende Generationen aller Arten geformt werden, wird dadurch festgelegt, was in diesen Ökosystemen geschieht. Ökologie und Evolution sind eng miteinander verbunden. Wollen wir die Natur dieser Beziehung verstehen, helfen uns Orte wie Madagaskar, dieses Problem einzukreisen.

Es muß uns beunruhigen, daß wir selbst die Ursache der gegenwärtigen Existenzbedrohung so vieler Ökosysteme oder so vieler Arten auf dieser Welt sind (beides ist zwar nicht dasselbe, aber es sind zwei sinnvolle Möglichkeiten, das Problem zu betrachten). Aber bevor wir die Verantwortung für alle gegenwärtigen Übel allein auf unsere eigenen Schultern laden, sollten wir verstehen, welche Faktoren, die sowohl zum Aussterben als auch zur Evolution führen könnten, tatsächlich innerhalb von Ökosystemen wirken. Madagaskar und andere heutige, vor Leben vibrierende, wenn auch bedrohte, Ökosysteme werden uns dabei helfen. Dabei helfen wird uns auch die fossile Überlieferung von Massenaussterben und Artenvermehrung – das Pulsieren der Geschichte des Lebens in großem Maßstab, einer Geschichte, die (für komplexe Organismen) über eine halbe Milliarde Jahre hinweg in Abwesenheit des Menschen verlief. Wir mögen die Wurzel zahlreicher heutiger Übel sein, aber während einer unermeßlich langen Zeit gab es Aussterben auch ohne unser Zutun.

Es besteht kein Zweifel, daß Madagaskar große Probleme hat – jedenfalls, was die Zukunft seiner Tierwelt betrifft. Die freudige Erregung, die uns auf einem flüchtigen ersten Gang durch einen verhältnismäßig unberührten Regenwald erfaßt, mit seiner üppigen Ansammlung von Tieren und Pflanzen, wird bald durch die kaum zu übersehenden Anzeichen von Problemen gedämpft: Die Pfade, die geschlagen werden, um die Lemurentrupps besser verfolgen zu können, sind bald von einem Durcheinander eingewanderter fremder Pflanzen überwuchert. Weit schlimmer, die Waldränder scheinen überall in Flammen zu stehen. Bauern roden und brennen den Wald nieder, um Kulturland zu gewinnen. Das ist teils ökonomisch notwendig, teils vielleicht einfach eine kulturelle Gewohnheit. Sogar die steilsten Berghänge sind kahlgeschlagen, weil die Ortsansässigen versuchen, ihnen ihren Lebensunterhalt abzuringen – auf Kosten anderer Arten, die ihrerseits das gleiche anstreben. Aber auch an dieser Stelle sei nochmals betont: Madagaskar ist nur ein Beispiel für ein Problem, das sich überall auf der Welt ausbreitet.

Wir Bewohner der Industrieländer haben unsere Mitmenschen in den Tropen in der notwendigen und völlig verständlichen Absicht, uns zu ernähren, beim Zerstören der ursprünglichen Lebensräume weit überholt. Daß die Bewohner tropischer Länder sich vollkommen der Heuchelei und der Anmaßung unserer Moralpredigten bewußt sind, sollte uns nicht überraschen. So sieht die realistische und faszinierende Politik der Landnutzung und des Naturschutzes aus. Wiederum dient Madagaskar als Versuchsfeld, als Mikrokosmos dieser entscheidendsten aller Arenen, die wir im letzten Kapitel bis ins Einzelne untersuchen werden.

Aber zunächst müssen wir besser verstehen, wie die Natur strukturiert ist, wie sie funktioniert und wie ihre Geschichte mit dem jetzigen Zustand verknüpft ist. Wir müssen mehr darüber wissen, wie dieses System zusammenbrechen und sich wieder aufbauen kann, wie auch ohne unser Zutun ein Massenaussterben möglich ist. Erst dann vermögen wir unsere eigene Rolle in unmittelbarer Vergangenheit und besonders in Gegenwart und naher Zukunft zu bewerten. Hierfür wollen wir uns erst einmal etwas genauer ansehen, was *Vielfalt* wirklich bedeutet.

2

Santa Rosalia
oder
warum gibt es so viele Arten
von Lebewesen?

Im Jahre 1959 veröffentlichte der Ökologe G. E. Hutchinson einen kurzen Beitrag in der wisenschaftlichen Zeitschrift *American Naturalist* mit dem Titel: *Homage to Santa Rosalia, or Why are There So Many Different Species (Huldigung an Santa Rosalia oder warum gibt es so viele verschiedene Arten)?* Damit wandte er sich einer uralten, für das Verständnis des Lebens auf unserem Planeten grundlegenden Frage zu. Ja, warum gibt es so viele verschiedene Arten von Pflanzen, Tieren, Pilzen und Mikroorganismen? War deren Anzahl immer annähernd gleich? Was bestimmt, wie viele Arten in einem einzelnen örtlichen Lebensraum oder Ökosystem vorkommen? Sind die Faktoren, welche die Artenzahl innerhalb elementarer taxonomischer Gruppen, beispielsweise jene der amerikanischen Drosseln, bestimmen, in irgendeiner Weise mit den Faktoren verknüpft, die über die Anzahl der verschiedenen Drosseln in einem gegebenen Lebensraum entscheiden? Die Antworten auf diese Fragen sind sehr wesentlich für unser Streben, in Erfahrung zu bringen und zu verstehen, was tatsächlich passiert und was schiefläuft, wenn Ökosysteme während einer Aussterbewelle zusammenbrechen.

Niemand hat eine wirklich begründete Vorstellung, wie viele Arten gegenwärtig tatsächlich unseren Planeten bewohnen. Einer der Gründe für die Dringlichkeit, terrestrische Lebensräume in den Tropen zu erhalten, ist, daß Tier- und Pflanzenarten dort typischerweise auf viel kleinere Flächen beschränkt sind als in höheren Breiten. Das Fällen und Abbrennen weniger Hektar Regenwald am Amazonas bedroht ganze Arten – Arten, die mit größter Wahrscheinlichkeit noch niemals gesammelt und nie sorgfältig untersucht wurden. Wir laufen Gefahr, Arten zu verlieren, bevor wir ihre Existenz nachgewiesen haben. Dies gilt besonders für Insekten, die in verschwenderischer Individuenfülle vorkommen, welche sich wiederum in zahllosen Millionen von Arten zusammenfassen läßt.

Als ich in den sechziger Jahren die Hochschule besuchte, galt für die derzeit die Erde bevölkernden Arten die Standardzahl eine Million. In den frühen Achtzigern sammelte der Entomologe Terry Erwin von der Smithsonian Institution die Insektenfauna der Baumkronen einer kleinen Fläche in Brasilien. Er entdeckte dabei eine erhebliche Anzahl von Endemismen. Die betreffenden Arten waren auf wenige Hektar beschränkt. Vor allem fand Erwin sehr viele bis dahin unbekannte Spezies, so daß er schloß, die wahre Zahl der heute existierenden Arten müsse etwa bei 30 Millionen liegen. Neuere Schätzungen schrauben sie sogar auf 80 Millionen hoch. Wir können nur annehmen, daß sich die tatsächliche Zahl irgendwo dazwischen befindet, und müssen bei diesen sehr verschiedenen Werten zugeben, daß wir in Wirklichkeit überhaupt keine vernünftige Schätzung der heutigen Vielfalt haben.

Die Aufgabe, die Vielfalt des Lebens zu registrieren, fällt Experten für die verschiedenen Organismengruppen zu – Taxonomen oder Systematikern, wie sie gewöhnlich lieber genannt werden. Systematiker gruppieren Organismen zu Arten. Neue Arten benennen sie immer dann, wenn Individuen gefunden werden, die sich keiner bereits bekannten Spezies zuordnen lassen. Neben dieser zeitaufwendigen, aber ungemein wichtigen

Aufgabe verfolgen diese Forscher das Ziel herauszufinden, wie diese Arten verwandt sind. Ihre Arbeit läuft darauf hinaus, die evolutionären Beziehungen zu erkennen, die all die vielen verschiedenen Arten miteinander verknüpfen. Die Systematiker (sowohl Paläontologen als auch jene, die sich ausschließlich mit lebenden Geschöpfen befassen) entziffern die evolutionäre Geschichte des Lebens. Als Paläontologe entdeckte und benannte ich viele Arten ausgestorbener Trilobiten und Pfeilschwanzkrebse. Damit war meine Arbeit aber nicht beendet. Ich analysierte auch die entwicklungsgeschichtlichen Beziehungen von Arten. Das führte mich zu neuen Einsichten in die Natur des Evolutionsprozesses selbst.

Eine Frucht solcher Bemühungen ist die ausführliche Klassifizierung, die wir allen Organismen zukommen lassen: Jedes Individuum gehört zu einer Art, beispielsweise eine Taufliege zur Spezies *Drosophila melanogaster*. Dies ist nur eine der vielen Arten der Gattung *Drosophila*. Die Arten der mit ihr verwandten Gattungen bilden die Familie Drosophilidae der Ordnung Diptera (Zweiflügler) der Klasse der Hexapoda (oder Insekten) innerhalb des Stammes der Arthropoda (welcher Krebse und weitere ausgestorbene oder noch lebende Organismen einschließt). Die Arthropoden schließlich gehören zum Tierreich. Stammesgeschichte riecht ziemlich nach einfacher Aufzählung der Klassifikation eines Geschöpfs. Ohne Frage brauchen wir solche taxonomischen Bezeichnungen, einfach um über die Lebewesen sprechen zu können: um zu zählen, wie viele von welcher Sorte vorhanden sind, um dann das Ergebnis mit den Resultaten ähnlicher Zählungen aus der Vergangenheit oder an anderen Orten zu vergleichen, und schließlich daraus abzuleiten, welche Gefahren – und aus welchen Gründen – diese Organismen in ihrer Existenz bedrohen.

Systematik ist ein altes, ehrwürdiges Fach. Im 19. Jahrhundert, als wir nur wenig über die Populationen von Lebewesen in aller Welt wußten, befand sie sich in vorderster Front der Wissenschaft. Damals erschienen routinemäßig Beschreibungen neuer Arten in den Annalen der American Association for the Advancement of Science und in anderen dafür bestimmten Zeitschriften in allen zivilisierten Ländern. Inzwischen wurde die Systematik von neuen Teilgebieten der Biologie überholt. Die ausgeklügelten Technologien, die wir nutzen, um in immer tiefere Bereiche der Physik und Chemie von Zellen einzudringen, bedeuten aber keineswegs, die Systematik habe in der modernen Welt keine Bedeutung mehr. Wir vermögen einfach nicht zu beurteilen, wie sich Lebensgemeinschaften verändern – oder wie sie verschwinden –, ohne eine klare und genaue Vorstellung davon, was tatsächlich vorhanden ist. Nur Systematiker können sagen, welche Arten ausgestorben sind; auch können wir nur von ihnen erfahren, ob ein neu gesammeltes Exemplar zu einer Art gehört, die noch niemand zuvor gesehen hat.

Heutzutage arbeiten die meisten Systematiker in Naturkundemuseen, obgleich man einige wenige – eine immer geringer werdende Zahl – an Universitäten oder Regierungsämtern finden kann. Sie sind stark von großen Sammlungen abhängig; denn die Grundlage ihrer Arbeit ist der Vergleich. Schließlich läßt sich allein auf diesem Wege feststellen, ob man etwas Neues vor sich hat, oder mit welcher Art eine bestimmte andere verwandt ist. Die meisten großen Naturkundemuseen der Welt wurden in der Mitte des vergangenen Jahrhunderts gegründet, während der späten Stadien europäischer (und später nordamerikanischer) kolonialer Aktivitäten. Sie sind phantastische Fundgruben der vergangenen und gegenwärtigen biologischen Vielfalt auf unserer Welt. Sie stehen Nationalschätzen in nichts nach und dokumentieren den Reichtum des Lebens, wie er zu Beginn des 19. Jahrhunderts auf der Erde zu finden war. Museumssammlungen bilden für die Wissenschaftler die Grundlage, um das, was gegenwärtig um uns herum im Organismenreich vor sich geht, zu interpretieren.

Doch G. E. Hutchinson ist Ökologe und kein Systematiker, obgleich er während seiner langen, erfolgreichen Laufbahn an der Yale University auch Beiträge zur Systematik leistete. Ökologen betrachten die Welt aus einem ganz anderen Blickwinkel als Systematiker. Systematiker, die sich beispielsweise auf Käfer spezialisiert haben, werden einen bestimmten Ort aufsuchen und eine Stichprobe aller dort lebenden Käferarten sammeln. Vielleicht beschränken sie sich nicht nur auf Käfer, sondern bringen für ihre Kollegen, die einige Türen weiter im selben Institut arbeiten, noch andere Insekten mit. Aber auf Käfer spezialisierte Systematiker interessieren sich gewöhnlich nicht für die am gleichen Ort vorhandenen Vögel, Würmer, Säuger und Weichtiere. Womöglich mit Ausnahme der Pflanzen, auf denen ihre Käfer leben, werden sie auch die Vegetation wenig beachten. Ein Käferspezialist interessiert sich für *Käfer* an dieser Stelle und anderswo. Denn die gleiche Art lebt vermutlich noch an weiteren Orten, und ihre nächsten Verwandten findet er vielleicht nicht allzuweit entfernt. Die Entwicklungsgeschichte umfaßt das gesamte geographische Verbreitungsgebiet einer einzelnen, evolutionär einheitlichen Organismengruppe.

Für einen Ökologen hat dies kaum Bedeutung. Er interessiert sich sich hingegen für *alles*, was in einem bestimmten Lebensraum vorhanden ist. Käfer fressen irgend etwas und werden ihrerseits wahrscheinlich gefressen. Ökologen möchten wissen, wie viele Arten ein bestimmter Lebensraum beherbergt, und in welchen Zahlenverhältnissen die verschiedenen Lebensformen hier auftreten. Sie beschäftigen sich mit der Stabilität und der relativen Vorherrschaft von Arten im Laufe der Zeit. Ökologen interessiert es beispielsweise, warum es in einem lokalen Ökosystem so viele Arten verschiedener Lebewesen gibt. Systematiker wollen wissen, warum es so viele Taufliegenarten auf der Welt gibt. Die Blickwinkel von Biologen dieser beiden Fachrichtungen sind also bemerkenswert verschieden.

Wie wir noch sehen werden, müssen wir Elemente *beider* Sichtweisen vereinen, wollen wir eine umfassende Theorie des Aussterbens entwickeln. Jede dieser Forschergruppen spricht von Vielfalt und davon, wodurch deren Ausmaß bestimmt wird: von ihren Anstiegen, die entweder Ökosysteme bereichern oder die Artenzahl taxonomischer Gruppen (manchmal explosionsartig) erhöhen; oder von Fluktuationen, welche die Artenzahlen verringern, wodurch Ökosysteme bedroht oder große taxonomische Einheiten, wie die Familie der Elephantidae, an den Rand des Aussterbens getrieben werden. (Von den mindestens zehn bekanntermaßen in den vergangenen 100 000 Jahren existierenden Elefantenarten blieben nur zwei bis heute übrig.)

Muster: Land im Vergleich zum Meer, Tropen im Vergleich zu hohen Breiten

Seit Jahrhunderten ist allgemein bekannt, daß die Anzahl der Tier- und Pflanzenarten zunimmt, je mehr man in Richtung der Tropen reist. Europäischen Naturforschern war dieses Muster schon lange bewußt, wie vor ihnen den Wissenschaftlern des Mittelmeerraumes. Jeder aus den kühleren Klimazonen Nordamerikas bemerkt sofort das größere Spektrum an Insekten, Blütenpflanzen und vielleicht sogar Vögeln, während er südwärts fährt, besonders wenn sich ein Urlaub auf Hawaii verwirklichen läßt. Es ist nur natürlich, daß die Menschen wissen möchten, warum es in niederen Breiten mehr verschiedene Pflanzen und Tiere gibt als in hohen.

Das Problem ist also nicht nur, warum überhaupt so viele Pflanzen und Tiere die Erde bevölkern, sondern auch, warum sie an einigen Orten konzentrierter sind als an anderen. In den Meeren, die gegenwärtig 71 Prozent der Oberfläche der Erdkugel bedecken (weniger als während der vergangenen 600 Millionen Jahre üblich), erkennen wir die gleiche Verteilung zwischen hohen und niederen Breiten. Doch es gibt noch einen weiteren Gegensatz: Man würde annehmen, weil die Meere durch ihre Ausdehnung mehr Lebensraum stellen als die terrestrischen Umwelten, müßten sie auch weit mehr Arten beherbergen als das Land.

Doch leben weit mehr Arten auf dem Land als im Meer. Allerdings müssen wir zugeben, daß es für uns Landbewohner viel leichter ist, Arten des Festlandes aufzufinden als solche im Schlamm der Ozeane auf dem lichtlosen Meeresgrund unter einer kilometerlangen Wassersäule. Die kürzlich entdeckte Tiefseefauna an Orten, wo schwefelfixierende Bakterien die Grundlage einer Nahrungskette bilden, deren Energie aus hydrothermalen Schloten (heißen Quellen), statt aus dem Sonnenlicht stammt, zeigt, wie wenig wir bisher über die Lebensvielfalt an solchen schwer erreichbaren Orten herausgefunden haben. Dennoch, ein Vergleich von Landbiotopen mit ufernahen Lebensgemeinschaften der Meere zeigt ein Muster, das Proben aus allen Ozeantiefen bestätigen – nämlich, daß es auf dem Land einfach mehr verschiedene Tier- und Pflanzenarten gibt als im Meer.

Wir müssen wissen, warum diese Regelmäßigkeiten existieren. Denn was das Muster der Vielfalt verursacht, was Artenzahlen nach Region, Ökosystem und Organismengruppe reguliert, ist für ein Verständnis der Ursachen des Niedergangs der Artenvielfalt entscheidend. Ohne diese Faktoren zu kennen, werden wir nicht wissen, welche Aussichten bestehen, daß sich solche Niedergänge wieder umkehren. Sollten wir versuchen, Arten oder Lebensräume zu retten? Was sonst ziemlich abstrakt und esoterisch erscheinen mag, hat also eine ausgesprochen praktische Bedeutung.

Ein gemeinsames Band, das beide Vergleiche verknüpft – Tropen und höhere Breiten, Land und Meer – ist die Gliederung der Lebensräume. Der Gegensatz wird deutlicher und unmittelbar offensichtlich, denken wir an den Kontrast der gewaltigen monotonen Weiten des Meeresbodens zu der Wechselhaftigkeit des Festlandes. Hügel, getrennt durch Täler, durch die sich Flüsse schlängeln, welche sich in über die Landschaft verteilte Seen entleeren oder daraus hervorkommen, bieten ein viel uneinheitlicheres Bild als die endlosen Sandböden unter dem Meeresspiegel, die nicht einmal von den mächtigsten Stürmen aufgewirbelt werden. Eine Umwelt mit jahrein, jahraus nur geringen

Schwankungen von Temperatur, Salzgehalt oder von im Wasser gelöstem Sauerstoff.

Natürlich gibt es auch auf dem Land viele monotone Umwelten. Echte Wüsten mögen für kurze Zeit in wunderschönem Blütenschmuck prangen, und die Regenzeit mag kurzfristig Herden umherziehender Antilopen und anderer Grasfresser nebst ihren Verfolgern ernähren. Aber relativ gesehen sind Wüsten biologische Einöden von recht geringer Vielfalt. Im Gegensatz dazu sind die auf die Tropen beschränkten Korallenriffe ausgesprochen heterogen. Die koloniebildenden Korallen (sowie Schwämme und andere ziemlich einfache koloniebildende Organismen, welche die eigentlichen Bausteine des Riffes sind) errichten massive, doch sehr unregelmäßige Strukturen, die vom Meeresboden aufragen. Die Winkel und Spalten solcher Riffsysteme bieten einer verschwenderischen Fülle von Organismen verschiedener Arten Unterschlupf, die wiederum einer reichen Fischfauna das Leben ermöglichen. Die Fische halten sich direkt am Riff oder davor auf und gewinnen ihren Lebensunterhalt von den in oder auf dem Riff wohnenden oder das Riff selbst aufbauenden Tieren.

Aber dies sind die Regel bestätigende Ausnahmen. Je heterogener die physische Umwelt, desto verschiedenere Lebewesen wird man finden. Dies gilt für das Festland und für das Meer, obgleich das Meer, wie wir gesehen haben, im allgemeinen einförmiger ist als das Festland. Die bunte Zusammensetzung der Umwelt oder ihr Ausmaß an Heterogenität spielen seit jeher sowohl in ökologischen als auch evolutionären Erklärungen der Verteilung der Vielfalt eine wichtige Rolle. Hierin liegt ein weiterer grundlegender Unterschied zwischen den Interessen der Evolutionsbiologen und der Ökologen. Ökologen möchten wissen, warum in einigen Lebensräumen mehr verschiedene Arten leben als in anderen. Sie fragen, wie Ökosysteme funktionieren und was die Muster der Vielfalt letztlich aufrechterhält.

Unter normalen Umständen kommen und gehen Arten in begrenzten Lebensräumen. Haarspechte können jahrelang in einem lokalen Waldstück leben, für mehrere Jahre verschwinden und dann doch wieder erscheinen – nur um etwas aus dem Lebensraum hinter meinem Haus zu erzählen, den ich am besten kenne. Populationen brechen zusammen und werden von anderen Orten her wieder aufgefüllt. Ökosysteme sind keine Maschinen, die nur funktionieren, wenn absolut jedes ihrer Bestandteile, jeder organismische Zahn im Rad, stets genau an der richtigen Stelle sitzt. Von verschiedenen Organismen gebildete Lebensgemeinschaften fluktuieren oft erheblich in ihrer Zusammensetzung von Jahreszeit zu Jahreszeit oder von Jahr zu Jahr. Die Teile eines solchen Systems – die örtlichen Populationen verschiedener Arten – mögen kommen und gehen, entweder weil sie an dieser Stelle aussterben, oder weil sie woandershin abwandern. In letzterem Fall existiert die Art an anderem Ort weiter und wird in der Regel zu gegebener Zeit wieder in dem Ökosystem auftauchen, aus dem sie verschwand.

Evolutionsbiologen, insbesondere Systematiker, sehen die Welt nicht auf diese Weise. Systematiker sind gewöhnlich mehr historisch interessiert: Sie möchten wissen, wie sich bestimmte Arten entwickelten. Evolutionsbiologen richten ihre Aufmerksamkeit besonders auf die Anpassungen der Lebewesen, auf jene Eigenschaften der Anatomie, des Verhaltens und der Physiologie, die Organismen für ihre Umwelt geeignet machen, die ihnen Zugang zu den Energieressourcen verschaffen, die es ihnen erlauben, zu wachsen und zu leben, Verfolgern auszuweichen, den Unbilden des Klimas zu trotzen und sich zu vermehren. Wie entwickelten sich einst die Haar- und die Dunenspechte (vergleichbar unseren Bunt- und Kleinspechten) mit ihren verschiedenen Schnabelgrößen, die leicht abweichenden Freßgewohnheiten angepaßt sind? Ein Ökologe fragt hingegen: Warum leben Haar- und Dunenspechte gerade jetzt in diesem besonderen Ökosystem, zusammen mit dieser Kombination anderer Arten?

Ein Evolutionsbiologe möchte wissen, wie es kam, daß sich beide Arten zunächst einmal entwickelten, wie sie es dann schafften zu überleben, und was die besondere, ja zum Teil einzigartige Kombination biologischer Anpassungen herausbildete, die jede dieser Arten charakterisiert. Der Ökologe interessiert sich für das Hier und Jetzt. Er kümmert sich kaum um die Vergangenheit: Für die Denkweise eines Ökologen liefert die augenblickliche Dynamik des Lebens die Antwort auf die Fragen nach der Vielfalt. Evolutionsbiologen bevorzugen einen weiteren Blickwinkel. Sie erklären Gestalt und Vielfalt von Organismen als Ergebnisse langfristiger, historischer evolutionärer Vorgänge. Dabei übersehen sie jedoch leicht die feinen Wechselwirkungen, die der eigentliche Gegenstand ökologischer Dynamik sind.

Verschiedenartige Fragen und verschiedenartige Antworten. Und doch, irgendwie sind die Interessen von Ökologen und Evolutionsbiologen gewiß miteinander verwandt. Schließlich könnte ein Ökologe sagen: »Es gibt hier so viele verschiedene Arten, weil jede ihre eigene Nische hat« – weil sie ihre eigene ökonomische Rolle im Ökosystem spielt. Ein Evolutionsforscher möchte andererseits das Entstehen und das Erhaltenbleiben organismischer Anpassungen erklären – derjenigen Eigenschaften, die, kommen sie zur Wirkung, genau jene ökologischen Aufgaben übernehmen, an die der Ökologe denkt, wenn er von Nischen spricht.

Evolutionsbiologen müssen unbedingt die Funktion im Hinterkopf haben, erklären sie den Wandel von Anpassungen durch langfristige natürliche Auslese: Alle heutigen Pferde, die im Miozän vor etwa 20 Millionen Jahren erschienen, sind Grasfresser mit hochkronigen, mit „Zement" ausgestatteten Zähnen, die der Abnutzung durch kieselsäurehaltige Gräser widerstehen (fast jeder von uns hat sich schon einmal mit einem Grasblatt geschnitten). Als der amerikanische Paläontologe George Gaylord Simpson noch jung und noch nicht der bekannte Evolutionsforscher und Pferdefreund war, der er bald werden sollte, analysierte er die Stammesgeschichte der Pferde. Dabei beleuchtete er ganz besonders den Übergang vom Laub- zum

Grasfressen – ein wesentliches Element der Evolution jener Tiere. Dieser Wandel von einem Ernährungstyp zum anderen verursachte einen erheblichen Anteil der anatomischen Veränderungen von Simpsons fossilen Pferden.

Simpson nutzte die Evolution der Pferde, besonders deren verhältnismäßig raschen Übergang von Laub- zu Grasfressern innerhalb einer Abstammungslinie (einige Laubfresser lebten noch eine Zeitlang weiter, bevor sie schließlich ausstarben) als zentrales Beispiel seiner berühmten Theorie von der Quantenevolution. Wie er in seinem 1944 erschienen Buch *Tempo and Mode of Evolution* (Deutsche Ausgabe: *Zeitmaße und Ablaufformen der Evolution*) darlegt, erklärt die Quantenevolution (die in der Evolutionstheorie in modifizierter Form bis heute überlebte) bedeutenden stammesgeschichtlichen Wandel durch rasche Verschiebungen der adaptiven Eigenschaften von Organismen innerhalb von Abstammungslinien. In diesem Zusammenhang ist von höchster Wichtigkeit, daß man die funktionalen Seiten – nahe verwandt mit den ökologischen Rollen – derjenigen Körperstrukturen berücksichtigt, die vom evolutionären Wandel erfaßt wurden.

Somit sind ökologische Nischen – die Rollen, die Organismen verschiedener Arten in örtlichen Ökosystemen spielen – wesentlich für beide Erklärungen – ökologische und evolutionäre. Aussterben schließt gewiß den Zusammenbruch des Ökosystems ein, was Verlust von Nischen bedeutet und zum Tod ganzer Arten führt. Natürliche Auslese leistet den wichtigsten evolutionären Beitrag zum Entstehen von Anpassungen, der Grundlagen der Aktivität eines Lebewesens in seiner Nische. Die natürliche Selektion spiegelt wider, was in der Elterngeneration am besten funktionierte: Die erfolgreichsten Lebewesen überliefern zumeist mehr Kopien ihrer Gene in die folgende Generation (ganz einfach, weil sie mehr Nachkommen hinterlassen) als weniger erfolgreiche Individuen derselben Art. *Erfolg* bedeutet in diesem Fall die relative Fähigkeit, in einer (im allgemeinen) unfreundlichen Welt zu überleben: den klimatischen Bedingungen zu trotzen, Verfolgern und damit dem Gefressenwerden zu entgehen, und vor allem, eine ausreichende Menge Nahrung zu sichern – die für das Leben einfach nötige Energie.

Natürlich vollziehen sich all diese Aktivitäten in einem ökologischen Zusammenhang, innerhalb von Lebensgemeinschaften eines lokalen Lebensraumes. Mit anderen Worten, einen Teil der Umwelt eines Lebewesens bilden andere Lebewesen – der eigenen Art und, vielleicht noch wichtiger, aller anderen im Lebensraum vorhandenen Spezies. Die natürliche Auslese stimmt die Anpassungen einer Art genauso mit den Eigenschaften der Lebewesen anderer Arten ab wie mit den Bedingungen der örtlichen physischen Umwelt. Hier treffen sich Ökologie und Evolutionsbiologie tatsächlich: Die Vorstellung von einer Koevolution (immer noch so etwas wie ein heißes Eisen in der modernen Biologie) bezieht sich auf den engen Zusammenhang, ja sogar auf die wechselseitige Abhängigkeit von Organismen verschiedener Arten – sagen wir eines Schmetterlings und einer bestimmten Pflanze, von der er sich ernährt, während die Pflanze wiederum vom Schmetterling abhängt. Denn der überträgt ihren Pollen. Beide brauchen einander. Ihre Schicksale sind eng miteinander verflochten. Allgemeiner gesagt und für weniger extreme Fälle gilt: Die Anpassungen von Lebewesen jeglicher Art werden beständig, also in jeder Generation, durch Veränderungen in anderen Arten des gleichen Ökosystems beeinflußt.

Aber was hat all dies mit der fleckenhaften Zusammensetzung der Umwelt zu tun, die so eng mit den Unterschieden in der Verteilung der Vielfalt zusammenhängt? Allgemein läßt sich in erster Näherung formulieren: Je heterogener die Umwelt, desto größer ist wahrscheinlich die Anzahl verschiedener Kleinstlebensräume oder Mikrohabitate. Damit wächst auch die Aussicht, daß mehr Lebewesen mit unterschiedlichen grundlegenden physiologischen Ansprüchen an diesen Lebensraum zusammenkommen. Und je mehr verschiedene Organismen nebeneinander existieren, desto leichter werden *weitere* Arten ihren Platz finden. Es wird mehr verschiedene Räuber geben, je größer das Spektrum an Pflanzenfressern ist; deren Vielfalt hängt wiederum von derjenigen der Pflanzen ab. Vielfalt erzeugt weitere Vielfalt, aber beruht selbst letztlich auf der Heterogenität der Umwelt – der Basis (vielleicht wäre *letztendliche Ursache* besser), die bestimmt, wie viele Nischen in einem gegebenen Ökosystem vorhanden sind.

Nun können wir schon beinahe sehen, wie ökologische und evolutionäre Erklärungen ihrer jeweiligen Diversitätsmuster tatsächlich zusammenkommen. Wir brauchen nur noch einen weiteren Punkt zu erörtern, wiederum hinsichtlich der ökologischen Nische. Es handelt sich einfach um die Vorstellung, Nischen hätten bestimmte „Breiten". Pfeilschwanzkrebse sind immer die letzten der größeren Tiere, die von verschmutzten Gestaden entlang der Ostküste Nordamerikas verschwinden; denn sie können sehr viel vertragen: Sie tolerieren große Schwankungen des Salzgehalts und der Temperatur. Sie überleben sogar längere Zeit außerhalb des Wassers, selbst wenn sie dabei im hellen Sonnenlicht liegen. (Pfeilschwanzkrebse kommen ins Flachwasser der Sandstrände, um sich zu paaren und ihre Eier abzulegen, daher ist ihnen diese Umwelt nicht fremd. Einige ihrer ausgestorbenen Verwandten aus dem Paläozoikum entwickelten sich anscheinend zu vollkommenen Landtieren, vergleichbar ihren noch heute lebenden Verwandten, den Skorpionen und Spinnen.) Um all das noch zu überbieten, können sich Pfeilschwanzkrebse auch von sehr verschiedenen Lebewesen ernähren, beispielsweise von kleinen Muscheln mannigfaltigster Art und von den unterschiedlichsten Meereswürmern. Sie sind Allesfresser und akzeptieren jedes Lebewesen, das sie auf dem Meeresboden erwischen.

Die Pfeilschwanzkrebse sind ein hervorragendes Beispiel für eine Art mit breiter Nische. Im Ökologenjargon sind sie eurytop oder euryök. Engnischige (stenotope oder stenöke) Arten sind im Gegensatz dazu Spezialisten. Manche von ihnen konzentrieren sich auf einzig und allein eine Nahrungsquelle, wie der Schmetterling, der nur auf einer bestimmten Futterpflanze lebt.

Andere tolerieren nur einen engen Temperatur-, oder – wenn es Wasserbewohner sind – Salzbereich. Natürlich sind die Begriffe *eurytop* und *stenotop* relativ. Wir sollten sie nur bei Vergleichen unter nahen Verwandten benutzen. Es gibt drei weitere Arten von Pfeilschwanzkrebsen, die alle in ostasiatischen Gewässern leben und, soweit wir das wissen, ebenfalls verhältnismäßig breite Nischen haben. Bei anderen Vergleichen nahe verwandter Arten können sich aber auch durchaus interessante Gegensätze offenbaren. Das werden wir in Kürze am Beispiel zweier einander nahestehender Gruppen afrikanischer Antilopen sehen.

Nischenbreite ist in gewissen Situationen ein problematischer, sogar irreführender Begriff. Hat man nicht zwei geeignete Arten zum Vergleich, kann, was einer für eine Art mit ziemlich breiter Nische hält, für einen anderen als Beispiel einer sehr engen Nische gelten. Schlimmer noch, Individuen der gleichen Art mögen eine breite Nische in Bezug auf ihre Nahrung, aber eine enge in anderer Hinsicht, beispielsweise in ihrer Temperaturtoleranz, aufweisen. Manche Organismen unterliegen, während sie zu Erwachsenen heranreifen, einem radikalen Wandel ihrer Ökologie. (Für Menschenkinder ist es wichtig, ihre Eltern genügend zu kennen, so daß sie in der Lage sind, ständig Hilfe von ihnen zu erlangen – eine Situation, die sich im Laufe der Jahre unausweichlich ändert.)

Wesentlicher für die sich verändernden Nischen während der verschiedenen Stadien des Lebenzyklus ist beispielsweise die bloße Auswirkung der Körpergröße: Beim Heranwachsen eines Räubers vermehren sich mit zunehmender Größe die in Frage kommenden Nahrungsquellen. Manchmal ändert sich hierbei die Ökologie total: Junge Komodowarane jagen viel auf Bäumen. Hier fangen sie kleine Beute und vermeiden gleichzeitig, von älteren Angehörigen ihrer eigenen Art gefressen zu werden. Größere Komodowarane verschlingen Hirsche, Schweine, Haustiere und gelegentlich Touristen. Gewöhnlich erweitert sich also das Beutespektrum, während ein Räuber zu seiner vollen Größe heranwächst.

Doch so verzwickt sich die Vorstellung von einer Nische auch erweisen mag, mit ihr zeichnete sich seit langem ein vielversprechendes Hilfsmittel ab, die verwirrenden Unterschiede der Vielfalt in der Organismenwelt zu verstehen, auf die Ökologen schon seit langer Zeit aufmerksam gemacht haben, insbesondere die Unterschiede zwischen Tropen und höheren Breiten. Zusammen mit der Vorstellung von der fleckenhaften Verteilung der Lebensräume führen uns Betrachtungen über die Breite von Nischen sehr wohl zum Verständnis der Dynamik, welche die Diversitätsmuster sowohl in der ökologischen Arena als auch im evolutionären Bereich beherrscht. Wir wollen jetzt etwas detailliertere Betrachtungen anstellen, um zu erkennen, wie alles zusammenpaßt, und damit sowohl ökologische als auch evolutionäre Diversitätsmuster erklären zu können, und um herauszufinden, welche gemeinsamen Fäden beide Systeme tatsächlich verbinden könnten. Was die Muster der Vielfalt zunächst einmal hervorruft, hat uns auch viel darüber zu erzählen, wie diese Muster durch Aussterben auseinanderfallen.

Die lebenden Toten und die Vielfalt der Ökosysteme

Naturschützer sind heutzutage besonders über das Schicksal der tropischen Ökosysteme beunruhigt. Auf den ersten Blick mag das verwirren, weil es in den Tropen weit mehr Arten als in höheren Breiten gibt. Man könnte versucht sein zu folgern, die Tropen seien verhältnismäßig wenig anfällig gegen das Aussterben. Statt dessen meinen die Biologen, die tropischen Ökosysteme seien empfindlicher und ihre Arten gefährdeter, als es für die Lebensgemeinschaften höherer Breiten gilt. Wir sollten uns klarmachen, warum.

Warum die heißen Länder mehr Arten – verschiedene Formen von Organismen – beherbergen, ist, wie wir gesehen haben, ein altes Problem. Der Korallenexperte Brian Rosen verwies darauf, daß die verschiedenen Deutungen dieses Phänomens im wesentlichen in zwei Kategorien fallen, die ganz genau den Unterschied zwischen ökologischen und evolutionären Erklärungen widerspiegeln. Einige Biologen betrachten das Problem vom rein historischen Standpunkt: Die Tropen sind artenreicher als die höheren Breiten, weil sie als Pumpe wirken, als Quelle einer höheren Produktionsrate neuer Arten als die kälteren Klimazonen. Oder, wiederum aus dem Lager evolutionärer Erklärungen, das Aussterben könnte in den Tropen schlicht langsamer erfolgen. Tropische Gebiete seien so etwas wie lebendige Freiluftmuseen, in denen sich im Laufe der Zeit immer mehr Arten ansammeln, vielleicht einfach, weil das Leben dort leichter und üppiger ist als anderswo. Einige historisch orientierte Biologen sehen – keineswegs überraschend – beide Vorgänge zusammenwirken: In den Tropen entstehen Arten schneller und verschwinden langsamer als in höheren Breiten.

Ein gemeinsamer Nenner all dieser verschiedenen Formen historischer Deutung ist das ständige Vorhandensein verhältnismäßig hoher Mengen verfügbarer Energie in den tropischen Breiten. Lebewesen brauchen, um sich zu erhalten, ständig eine Energiequelle. Diese ist für nahezu alle Organismen letztendlich die Sonne – die bei weitem wichtigste Quelle von Energie auf der Erdoberfläche. Die Sonne ist eine *exogene* Energiequelle. Pflanzen fangen bei der Photosynthese einen Bruchteil ihrer täglich abgestrahlten Energie ein und schaffen dadurch die Grundlage für tierliches Leben.

Nur wenige Mikroorganismen verfügen über Stoffwechselwege, die es ihnen erlauben, von den *endogenen* Energiequellen der Erde zu leben: von der Wärme, die aus dem tiefsten Erdinnern hervorströmt und letztlich aus dem radioaktiven Zerfall stammt. Diese Energie der Erde fließt beständig durch den Erdmantel und die Erdkruste nach oben. Jeder, der einen Minenschacht hinabfährt, bemerkt das. Nach einer anfänglichen Abkühlung gleich unter der Erdoberfläche wird es wärmer und wärmer, je tiefer man kommt. Die Platten der Erdkruste stoßen zusammen, driften auseinander oder gleiten aneinander vorbei. Dabei werden sie durch die endogene Energie angetrieben. Erdbeben und Vulkane setzen diese Energie stoßweise frei. In unendlicher Tiefe auf dem Meeresboden zapfen wärmeliebende Bakterien diese Energie an und spielen somit dort die gleiche Rolle wie die photosynthetischen Pflanzen für den Großteil der Ökosysteme der Welt. Die Bakterien stehen an der Basis der Nahrungskette und bilden somit die grundlegende Quelle verfügbarer Energie für die übrigen Lebewesen ihres lokalen Ökosystems. Die Hitze, die durch Schlote aufsteigt, veranlaßt die Bildung von Schwefelwasserstoff. Die bakterielle Chemosynthese gewinnt Energie durch dessen Oxidation.

Die Tropen gibt es mindestens so lange, wie komplexe Lebewesen existieren – seit gut 600 Millionen Jahren. Landkarten aus vergangenen Erdzeitaltern können auf den ersten Blick etwas verwirren. Eine Karte unserer Welt vor 380 Millionen Jahren (in der Mitte des Devon) zeigt den Äquator Nordamerika diagonal durchquerend. Er tritt etwa in der Nähe der heutigen Halbinsel Niederkalifornien ein und verläßt den Kontinent in der Nähe der Hudsonbay oder Neufundlands. Aber diese Karte bedeutet nicht, daß sich die Tropen verlagert haben. Vielmehr verschoben sich Nordamerika und alle anderen kontinentalen (und ozeanischen) Teile der Erdkruste (die tektonischen Platten) selbst.

Vor 380 Millionen Jahren lag Nordamerika „auf der Seite" und saß „rittlings auf dem Äquator". Dieser war da, wo er immer gewesen ist: genau in der Mitte zwischen den Polen. Die geographischen Pole scheinen ziemlich stabil geblieben zu sein, obgleich es einige Hinweise darauf gibt, daß sich die magnetischen Pole im Verlauf der Zeit etwas verlagerten. Nordamerika, gesegnet mit einer verschwenderischen Fülle von Fossilien der flachen Meeresarme, die den Kontinent damals überfluteten, zeigt deutlich, daß das Leben in diesen Breiten tatsächlich tropisch war. Korallenriffe gehörten im devonischen Nordamerika zum gewohnten Bild. Die Vielfalt der fossilen Lebensgemeinschaften Nordamerikas entlang des damaligen Verlaufs des Äquators war größer als in devonischen Lebensgemeinschaften höherer Breiten (kälterer Habitate). Die höhere Vielfalt in den Tropen ist also tatsächlich sehr alt, obgleich all die Arten des Devons schon lange ausgestorben sind und durch völlig neue Formen ersetzt wurden.

So scheinen die Zeit und die höheren Mengen verfügbarer Energie bei der Schaffung und Ansammlung einer größeren Vielfalt in den Tropen Hand in Hand zu arbeiten. Doch dies kann nicht alles sein; denn wir müssen auch die ökologische Perspektive berücksichtigen. Wie kommt es, daß anscheinend mehr verschiedene Typen von Lebewesen nebeneinander innerhalb desselben Ökosystems leben? Es muß irgendeinen funktionellen Grund dafür geben, daß die Tropen mehr unterschiedliche Lebensformen beherbergen können als höhere Breiten – im Meer wie auf dem Land. Dies führt uns zur Vorstellung von der Nische zurück und zu den interessanten Möglichkeiten, die durch das Spektrum der Nischenbreiten gegeben sind.

Der Ökologe George Stevens warf kürzlich neuen Zündstoff in die alte Debatte über die Vielfalt der Tropen und der höheren Breiten. Er geht dieses Thema nicht direkt, sondern über einen Umweg an und betrachtet zunächst ein anderes Muster der Mannigfaltigkeit – eines das, wie er behauptet, auch Licht auf das Problem der Vielfalt in den Tropen wirft.

Stevens nennt dieses andere Muster Rapoports Regel, nach dem Biologen, der offenbar als erster die Aufmerksamkeit auf dieses Phänomen lenkte. In den verschiedensten Gruppen scheint es einen Gradienten in der Größe des Verbreitungsgebiets der Arten zu geben. Je höher die Breite, desto größer ist tendenziell die durchschnittliche Fläche und Ausdehnung des Artareals. Stevens dokumentierte dieses Muster für Pflanzen und Tiere, für Wirbeltiere und Wirbellose, sowohl in terrestrischen als auch in marinen Lebensräumen. Die einzigen Ausnahmen, so behauptet er, seien diejenigen, die tatsächlich die Regel bestätigen: Lebewesen, die wandern (wie viele Vögel) oder sich analog verhalten (wie Insekten, die für weite Zeiträume des Jahres eine Ruhepause einlegen), zeigen dieses Muster nicht, und zwar einfach, weil die ökologischen Mechanismen, die es hervorbringen, durch die Wanderungen (oder Scheinwanderungen) umgangen werden.

Nach Stevens' Ansicht existiert ein Zusammenhang zwischen der Tatsache, daß es relativ wenige Arten in höheren Breiten gibt, und Rapoports Regel, den jene verhältnismäßig wenigen Arten im hohen Norden (beispielsweise in der Tundra) mit gegenüber tropischen Formen weitaus größeren Arealen in charakteristischer Weise verdeutlichen. Diese Verbindung beruht meiner Meinung nach auf der Vorstellung von einer Nischenbreite: Wir neigen dazu, das Klima des hohen Nordens für rauher zu halten als das der Tropen. Aber das denken wir wahrscheinlich nur, weil wir selbst mit ziemlicher Sicherheit vor nicht allzu langer Zeit in den Tropen entstanden sind. Kühleren Temperaturen angepaßte Organismen verabscheuen Hitze ebenso wie wir die Kälte. Tropen und kalte Klimate unterscheiden sich im wesentlichen durch die Extreme – besonders der Temperatur und vielleicht auch der Niederschläge – mit denen es die Bewohner höherer Breiten zu tun haben. Denn dort schwanken die Temperaturen im Verlauf des Jahres ganz erheblich. Die Lebewesen müssen mit diesen Extremen zurechtkommen. Sie müssen eurytop sein, jedenfalls hinsichtlich der klimatischen Schwankungen, denen sie regelmäßig ausgesetzt sind. Eurytope Organismen können sich charakteristischerweise über weite Gebiete ausdehnen; denn sie finden hier überall geeignete Lebensräume, einfach weil sie ein verhältnismäßig umfangreiches Spektrum verschiedener Bedingungen tolerieren.

Die Ökologen haben schon seit langem erkannt, daß es für eine tropische Art wenig Sinn hat, eine ebensolche Toleranz gegenüber klimatischen Bedingungen zu entwickeln. Warum auch? Die durchschnittliche Mittagstemperatur in Indonesien variiert während des Jahres zwischen 30,5 und 31 Grad Celsius. Es ist nur schwer vorstellbar, wie die natürliche Auslese bei

Organismen, die niemals starken Klimaschwankungen ausgesetzt sind, eine breite Temperaturtoleranz hervorbringen soll. Auf jeden Fall würde eine derart breite physiologische Toleranz für ein tropisches Lebewesen im wahrsten Sinne eine unnötige physiologische Verschwendung bedeuten. Von der Notwendigkeit befreit, sich mit verschiedenen Extremen auseinanderzusetzen, konzentrierten sich die tropischen Lebewesen auf Kleinstlebensräume. Sie wurden Spezialisten mit engen Nischen (stenotop), während Lebewesen höherer Breiten dazu neigen, eurytop zu bleiben. Dazu sind sie durch die klimatischen Bedingungen gezwungen.

Es gibt verschiedene Möglichkeiten, die Auswirkungen der Nischenbreite auf das Entstehen einer höheren Vielfalt in den Tropen zu betrachten. Stevens verfolgt dabei einen neuen Kurs, wobei er sich die Vorstellung des berühmten Ökologen Daniel Janzen vom „lebenden Toten" zunutze macht. Eine ökologische Tatsache, die zu lange übersehen wurde, ist, daß alle Arten ihre Verbreitungsgrenzen haben. Sie werden einfach dadurch festgelegt, daß Arten sich in einem Gebiet überall dorthin ausbreiten, wo geeigneter Lebensraum vorhanden ist. Die Grenzen des Artareals reflektieren die Grenzen des geeigneten Lebensraumes. Beide können sich jedoch verändern und tun dies auch tatsächlich. Wohl jeder hat von den afrikanischen „Killerbienen" gehört, die sich in Amerika ständig nordwärts ausbreiten. Indianermeisen werden im Nordosten der Vereinigten Staaten immer häufiger. Meisen und einige weitere Vogelarten mögen heute deshalb in der Lage sein, nördliche Winter zu überstehen, weil so viele Menschen besonders während der Wintermonate Vögel füttern. Es gibt aber noch weitere Vögel, die sich nach Norden ausdehnen: Der Blaumückenfänger, ein Zugvogel, der nicht an Futterhäuschen erscheint, brütet jetzt weiter nördlich als im 19. Jahrhundert. Aber das ist wohl nur die Auswirkung einer allgemeinen Erwärmung.

Dennoch spiegeln die Grenzen eines Artareals zu jeder Zeit tatsächlich die gegenwärtigen Grenzen des tolerierbaren Lebensraumes wider. Es gibt ein Spiel, das oft gespielt wird, fährt man in den USA südwärts, vom Coloradoplateau entlang der Arizona Interstate 17 Richtung Phoenix. Es geht darum, als erster einen Saguarokaktus zu sehen – das Symbol der Trockengebiete im Südwesten. Saguaros können einfach nicht auf dem Plateau wachsen. Im Gegensatz dazu findet man sie überall im Tiefland um Phoenix herum. Offensichtlich muß es entlang der I-17 eine Übergangszone geben zwischen dem totalen Fehlen und einer verschwenderischen Fülle von Saguaros. Die ersten stehen einzeln im Windschatten von nach Süden gerichteten Seitentälern in kleinen Schluchten. Einigen wenigen gelingt es, sich dort recht und schlecht durchzuschlagen, obgleich sie eine einsame Existenz fristen – eine Tatsache, die für Stevens' Erklärung der Diversität in den Tropen entscheidend ist. Weiter südwärts des Steilabbruchs erscheinen die Saguaros auch an anderen Stellen der Schluchten, zuletzt auch an den nordwärts exponierten Hängen. Sie werden häufiger, einige stehen eng nebeneinander, bis sie schließlich überall vorhanden sind.

George Stevens nennt diese Vorposten der Saguaros die „lebenden Toten". Die Individuen an den Extremen eines Artareals sind selten die gesündesten und vitalsten Vertreter ihrer Art. Schließlich existieren jene Individuen, die näher dem Zentrum des Verbreitungsgebiets leben, unter günstigeren Bedingungen. Daher sollten sie ein leichteres Leben haben als die Vorposten an den äußersten Extremen, wo die Bedingungen gerade noch von der Art toleriert werden. Diese typischerweise verkümmerten Individuen stehen gewöhnlich einzeln oder doch annähernd einzeln: Die Populationsdichte ist, wie bei den Saguaros, an den Extremen weit geringer als genau im Zentrum des Verbreitungsgebiets. Infolgedessen ist die Fortpflanzung für die Individuen am äußersten Rand des Areals ein stark beschnittener Luxus. Sie sind die lebenden Toten. Sie vegetieren zwar dahin und können irgendwie ihr Dasein fristen, pflanzen sich aber nur selten fort. Ihr Leben ist in sehr realer ökologischer und evolutionärer Hinsicht unvollständig.

Solche Vorposten – die lebenden Toten – geraten als Emissäre an ihren Platz, als vom Wind herbeigewehte oder von Tieren verschleppte Samen, vielleicht auch als wandernde Tiere. Sie werden weniger durch ihre eigenen Nachkommen ersetzt als durch ständige Zuwanderung, durch den Versuch, unter dürftigen Bedingungen Fuß zu fassen. Stevens meint, ein Grund dafür, warum in den Tropen so viel mehr Arten als in nördlichen Klimaten leben, sei einfach, daß die Tropen mit lebenden Toten angefüllt sind. Weil tropische Arten keine Generalisten sein müssen und sich vielmehr spezialisieren, unterscheiden sie zwischen vielen kaum voneinander abweichenden Lebensräumen und neigen dazu, sich auf ein ganz spezielles Habitat zu beschränken.

Tropische Ökosysteme sind typischerweise artenreich aber individuenarm – das genaue Gegenteil höherer Breiten, wo es nur wenige Arten geben kann, aber jede mit einer astronomischen Populationsgröße. Man erinnere sich an die allgemeine Tendenz tropischer Ökosysteme (beispielsweise jener Madagaskars), über hundert Baumarten auf wenigen Hektar Land zu beherbergen, die oft nur durch wenige oder sogar nur ein einziges Individuum vertreten sind.

Nach Stevens' Ansicht könnten solche Situationen sehr wohl jener der Saguaros am Rande des Artareals gleichen: Es könnte sich auch hier um „lebende Tote" handeln – obgleich sich das inmitten des überschäumenden tropischen Lebens schwer vorstellen läßt. Aber vielleicht trifft es dennoch zu. Bei dem großen Spektrum an Mikrohabitaten in den Tropen, meint Stevens, fassen einzelne Individuen vielleicht einfach von Zeit zu Zeit in einem nicht ganz optimalen Lebensraum Fuß, verringern aber dadurch ihre Chancen, zu überleben und sich zu vermehren. Die geschlechtliche Fortpflanzung erfordert zwei Individuen, doch realistisch gesehen braucht eine lokale Population wesentlich mehr als zwei Individuen, um sich zu erhalten. Diese Tatsache ist Naturschützern nur allzu bekannt; denn diese versuchen, die minimale Individuenzahl zu ermitteln, die in einer örtlichen

Population vorhanden sein muß, soll die Art hier überleben und sich in jeder Generation wieder ergänzen.

Aber dies führt uns zurück zur Heterogenität des Lebensraumes und letztlich zur Anzahl vorhandener Nischen. Denn ungeachtet dessen, bei wie vielen Arten eines örtlichen Lebensraumes in den Tropen es sich um lebende Tote handeln könnte, diese wären nicht da, lebte die Hauptmasse der Art nicht irgendwo in der Nähe. Die lebenden Toten erklären nicht die letzten entscheidenden Unterschiede zwischen Tropen und höheren Breiten. Sie erklären nur, warum mehr Angehörige verschiedener Arten auf einer verhältnismäßig kleineren Fläche vorhanden sind als in höheren Breiten.

Es ist vielmehr die Existenz der Mikrohabitate selbst, jedes für die Ansprüche bestimmter Arten geeigneter als für diejenigen anderer, die letztlich die Vielfalt funktionell erklärt. Mehr unterschiedliche Lebensräume, die auch mehr unterschiedliche Nischen bedeuten, reflektieren im Grunde zwei Dinge: die größere Heterogenität der Mikrohabitate und das Freisein tropischer Organismen von der Bürde, ökologische Generalisten bleiben zu müssen. Dies erlaubt es ihnen, sich zu spezialisieren, sich also auf diese Heterogenität zu konzentrieren und sie auszunutzen. Generalisten (wie es die Lebewesen höherer Breiten sind) würden von dieser Heterogenität schlicht überhaupt nichts merken, weil ihre Physiologie es ihnen erlaubt, in allen verschiedenen Mikrohabitaten zu leben.

Nun bekommen wir das Problem in den Griff, warum es mehr Arten in den Tropen als in höheren Breiten gibt. Hier leben mehr Vogelarten und -familien als in höheren Breiten. Das ist die Perspektive des Systematikers. Aber es gibt auch mehr Arten jeglicher anderer Lebewesen pro Hektar in den Tropen als anderswo. Dies ist eine ökologische Gesetzmäßigkeit. Wie sich diese Muster und Perspektiven durch das Konzept der Nischenbreite zusammenfügen und weitere Hinweise zum Rätsel des Aussterbens liefern, wird klarer, betrachten wir uns das lebendige Beispiel der afrikanischen Antilopen etwas genauer.

Antilopen und Nischen

Es ist anfangs schwierig für einen Europäer oder Amerikaner, bei einem Besuch der großen afrikanischen Nationalparks und Wildreservate den Eindruck abzuschütteln, in einem Zoo zu sein. Selbst wenn diese riesigen Flächen eingezäunt sein sollten, sind es doch die Tiere selbst – besonders natürlich die großen Säuger – die diesen Eindruck fördern. Es kann Tage dauern, bis die offensichtliche Wahrheit langsam bewußt wird: Die Tiere befinden sich in der Wildnis, in ihrem gewohnten Lebensraum. Der Besucher ist es, der in einer fremden Umgebung gefangen ist – im Auto oder Touristenbus, der auf die Wege beschränkt bleibt, die sich durch das Reservat winden.

Doch da ist etwas an diesem Bild von Afrika als Zoo, das die bloßen Mißverständnisse eines Fremden überschreitet, der mit exotischen Schaustellungen in zoologischen Gärten aufgewachsen ist. Afrika ist in tiefer evolutionärer Hinsicht tatsächlich ein Reservat: Wir sehen ein Zebra oder einen Löwen und denken an Afrika. Gewiß, in Indien und Indonesien gibt es ebenfalls Nashörner und Elefanten, und Tiger sind genauso beeindruckend wie Löwen. Aber Afrika beherbergt ungewöhnlich viele Großsäuger – viele verschiedene Arten und oft (jedenfalls bis vor kurzem) viele Individuen innerhalb einer Art, wie jeder bezeugen kann, der einmal Herden afrikanischer Büffel gesehen hat.

Was Afrika zum Zoo macht, ist die einfache, aber immer wieder schockierende Tatsache, daß alle diese verschiedenen Tiere – Elefanten, Nashörner, Flußpferde, Antilopen und so weiter – vor nicht mehr als 8 000 Jahren noch weite Teile der übrigen Welt bewohnten. Man stelle sich vor: 8 000 Jahre. *Jahrtausende* sind zwar nach menschlichen Maßstäben sehr viel Zeit, aber buchstäblich fast nichts, erinnern wir uns der Hunderte Millionen Jahre der Geschichte des Lebens. Das Aussterben neuzeitlicher Arten vollzieht sich nun schon seit vielen Jahrtausenden. Daher sollten wir uns selbst als Augenzeugen eines großen Massenaussterbens betrachten.

2. SANTA ROSALIA

Das große Sterben, das vor 8 000 bis 10 000 Jahren das Ende des Eiszeitalters markierte, ist besonders interessant, weil hier zum ersten Mal unsere eigene Art beteiligt ist: Die Jäger, die den großen pleistozänen Kahlschlag herbeiführten, sollen nach verbreiteter Auffassung die Ursache des Verschwindens vieler dieser großen (im wörtlichen Sinn, denken wir an das Mammut) Säugetiere gewesen sein. Doch wie wir wissen, starben viele Tiere, die weit größer als das Mammut und als heutige Elefanten waren, schon früher aus, ohne Zutun des Menschen. Daher sollte uns die Dynamik des eiszeitlichen Artensterbens vieles über das Aussterben im allgemeinen, aber auch über die Rolle, die unsere Art dabei spielte, zu sagen haben. Hierbei handelte es sich ganz gewiß um eine Hybridsituation zwischen den alten Massenaussterben, die sehr gut (falls das der richtige Ausdruck ist) ohne unser Zutun abliefen, und den heutigen Verhältnissen, die (vielleicht nicht völlig richtig) als Folge unserer eigenen Missetaten gedeutet werden, die zum Verschwinden vieler unserer Mitgeschöpfe führen. Ich werde in späteren Kapiteln noch eine Menge über pleistozäne Tiere und Pflanzen zu sagen haben, wenn wir versuchen, uns darüber klar zu werden, was bei Massenaussterben tatsächlich passiert.

Aber Afrika überstand, wenigstens bisher, die umfangreiche Zerstörung der Fauna und Flora am Ende der Eiszeit, von der der größte Teil der übrigen Welt betroffen war. Seine Tierwelt ist aber nicht eigenartig, sondern nur vom Glück begünstigt. Sie ist tatsächlich ein Überbleibsel, ein Nachfahre einer Fauna, die einst ziemlich typisch für weite Bereiche der Erde war. Daher überrascht es nicht, daß uns Afrika viele ökologische und evolutionäre Einsichten beschert. Es ist der zweifache Geburtsort unserer eigenen Entwicklungslinie. Vor vier bis fünf Millionen Jahren spaltete sie sich von derjenigen der Menschenaffen ab, und später entstand daraus unsere Art *Homo sapiens*, die von hier aus über Asien und Europa nahezu die gesamte Erde besiedelte.

Afrika gab uns auch einige klassische evolutionäre Rätsel auf. Warum schwimmen beispielsweise so viele nahe miteinander

verwandte Arten von Buntbarschen (Cichliden) in jedem der
großen Seen des ostafrikanischen Grabenbruchsystems? Die
Cichliden sind eine vielgestaltige Gruppe von Süßwasserfi-
schen, die weltweit, vor allem in den Tropen, verbreitet sind.
Allein im Malawisee leben vielleicht 1000 Cichlidenarten. Wie
wurden sie einmal alle reproduktiv voneinander isoliert – ein
offensichtlicher Widerspruch zur Maxime, geographische Isolation sei eine notwendige Vorbedingung für die Bildung neuer
Arten? Interessanterweise ist es die heute verbreitete Vorstellung, Populationen verschiedener Arten hätten unterschiedliche
Nischenbreiten, auf deren Grundlage der erfolgversprechende
Versuch gemacht wurde, das Problem der Vielfalt der Cichliden
zu lösen. Ökologisch recht spezialisierte Arten mit engen Nischen (wie die Maulbrüter der Gattung *Haplochromis*) finden
sich zumeist in größeren Anzahlen innerhalb örtlicher Ökosysteme. Wahrscheinlich, weil sie ihre Umwelt heterogener erleben als ihre weniger spezialisierten Verwandten mit breiten Nischen (wie die Cichliden der Gattung *Tilapia*, die in aller Welt
erfolgreich als Speisefische eingeführt wurden, was die ökologisch unspezialisierte Natur dieser Fische widerspiegelt).

Vielleicht das deutlichste Beispiel der Beziehung zwischen
Nischenbreite und Artbildungs- und Aussterberate liefert eine
weitere Gruppe typisch afrikanischer Tiere – die Antilopen.
Afrika ist ungemein reich an Antilopenarten – 68 Arten leben
heute noch in den unterschiedlichsten Lebensräumen. Wasser-
böcke und Moorantilopen (auch Litschi-Wasserböcke genannt)
bevorzugen Sümpfe und Feuchtgebiete entlang von Wasserläu-
fen, verschiedene Spießbockarten (auch Oryxantilopen) lieben
die trockensten Wüsten. Gazellen und andere Arten leben in
offenem Grasland. Andere mögen eine Mischung von Gras- und
Waldland, und wieder andere bevorzugen dichte Wälder.

George Stevens, ein bekanntes ökologisches Thema reflektie-
rend, verweist auf die Tendenz ökologischer Spezialisten, in den
Tropen vorzukommen, während sich Arten mit weiter Nische in
höheren Breiten mit ihrem größeren Spektrum an Umweltbedin-

gungen finden. Doch einem Evolutionsbiologen, insbesondere einem Systematiker,kommt innerhalb eines gegebenen Gebiets noch ein weiteres Muster vor Augen: Verwandte Artengruppen zeigen unter Umständen einen recht breiten Bereich von Nischentypen. Wie es gerade die Cichliden verdeutlichen, können einige ziemlich spezialisierte Arten mit schmalen Nischen eng mit solchen verwandt sein, die ökologisch unspezialisiert, deren Nischen breit sind, und die im gleichen Gewässer oder Landstrich leben. Die Generalisten besetzen ein breiteres Spektrum von Habitaten innerhalb derselben Region, die mehrere ihrer spezialisierten Verwandten beherbergt; diese beschränken sich hingegen auf verschiedene Untereinheiten dieses Lebensraumes.

Zwei Gruppen von Antilopen zeigen dieses Muster sehr deutlich. Sie haben uns viel darüber zu sagen, was die Artbildungs- und Aussterberate reguliert und warum es manchmal viele und manchmal verhältnismäßig wenige Arten von einer Organismengruppe gibt. Die Biologin und Paläontologin Elisabeth Vrba hat sich intensiv mit der fossilen Überlieferung der afrikanischen Antilopen beschäftigt und sich bemüht, ihre Ergebnisse mit dem in Beziehung zu setzen, was wir über die noch lebenden Arten wissen. Entscheidend für ihre Arbeit war die Entdeckung, daß die Impalas oder Schwarzfersenantilopen am engsten mit einer Gruppe von sieben lebenden Arten verwandt sind – einer Gruppe, welche die Gnus, die am höchsten spezialisierten und anatomisch am stärksten veränderten Antilopen (ob lebende oder ausgestorbene) einschließt.

Wir wissen, daß die Impalas in einer breiten Nische leben. Sie verzehren eine Vielzahl verschiedener Pflanzen und kommen lange Zeit ohne eine verläßliche Wasserquelle aus. Gnus, Leierantilopen und Kuhantilopen sind ökologisch spezialisierter und auf besondere Habitattypen beschränkt (obgleich die Gnus weite Wanderungen unternehmen und im Verlauf des Jahres geeigneten Habitaten folgen). Wie Vrba und ihr Kollege Michael Greenacre in einer sehr aufschlußreichen Studie herausfanden, sind unter den vielen Antilopen, die innerhalb der Grenzen des gewaltigen Krügernationalparks in Südafrika weiden, 72 Prozent der Individuen Impalas. Somit sind aus ökologischer Sicht und von der reinen Biomasse her die vielen Spezialisten zusammengenommen keineswegs dominanter oder erfolgreicher bei der Ausnutzung des Parklandes als die eine Art von Generalisten, die Impalas. Breite und enge Nischen erweisen sich ganz einfach als alternative Strategien, um mit den Anforderungen der Umwelt fertig zu werden.

Durch die Untersuchung der fossilen Überlieferung fand Vrba ein Muster, das sich bei den lebenden Arten nur andeutet. Die Linie der Kuhantilopen trennte sich offensichtlich vor nur sechs Millionen Jahren, während des oberen Miozän, von der Impalalinie. Für diesen verhältnismäßig kurzen Zeitraum dokumentierte Vrba ungefähr 30 Arten dieser Gruppe, einschließlich der sieben noch heute lebenden. Während jener Zeit gab es insgesamt nur eine, höchstens zwei weitere Impalaarten neben der einen der heutigen afrikanischen Fauna. Antilopen erkennen die Angehörigen ihrer eigenen Spezies wenigstens zum Teil an der charakteristischen, arttypischen Form der Hörner, die vom Männchen, manchmal auch von beiden Geschlechtern getragen werden. Im Gegensatz zu Hirschgeweihen bestehen Antilopenhörner aus einem inneren Knochenzapfen mit einer Hornscheide und fossilieren gut. Dadurch hatte Vrba einen zuverlässigeren Schlüssel zu den Arten, als es gewöhnlich bei Fossilien der Fall ist.

Offensichtlich war, so schloß Vrba, die Artbildungsrate in der Spezialistenlinie viel höher als in der Generalistenlinie der Impalas. Sie erkannte auch, daß die Lebenserwartung der Arten der Kuhantilopengruppe gewöhnlich wesentlich kürzer ist als bei den Impalas. Die durchschnittliche Lebensdauer der Arten der Impalalinie beträgt einige Millionen Jahre, während diejenigen der Kuhantilopengruppe selten eine Million Jahre erreichen und oft schon nach wenigen 100 000 Jahren aussterben. Spezialisten scheinen sich schneller zu entwickeln. Sie bilden neue Arten und anatomische Spezialisationen rascher heraus als ihre nahen eurytopen Verwandten. Aber sie sind auch anfälliger dafür auszusterben.

Den Paläontologen ist schon seit über einem Jahrhundert bekannt, daß anatomisch recht generalisierte oder unspezialisierte Mitglieder einer Entwicklungslinie gewöhnlich in weitaus verschiedeneren Habitaten auftreten und länger überleben als ihre spezialisierteren nahen Verwandten. Die häufigste Erklärung dafür ist, daß Spezialisten – die in ökologischer Hinsicht alles auf eine Karte setzen – risikovoller leben: Hängt ein Schmetterling in seiner Ernährung von einer einzigen Futterpflanzenart ab und ist die Pflanze für ihre Bestäubung vollkommen auf diesen Schmetterling angewiesen, gerät jede der beiden Arten in katastrophale Schwierigkeiten, wenn mit der anderen etwas geschieht. Ein Falter mit mehreren Futterpflanzen oder wenigstens mehreren potentiellen Ressourcen, auf die er im Notfall zurückgreifen kann, hat eine weit bessere Aussicht, den Sturm zu überleben, sollten sich die Verhältnisse plötzlich für ein Weiterbestehen dieser Pflanzen verschlechtern, die einer bestimmten Umwelt angepaßt sind.

Spezialisten scheinen in guten Zeiten ihren Lebensraum effektiver zu nutzen (allerdings deuten die Antilopenzählungen Greenacres und Vrbas darauf hin, daß dies nicht zutrifft). Aber wenn sich die Zeiten verschlechtern, werden die Generalisten – diejenigen, die, wie Stevens hervorhebt, bereits an sehr unterschiedliche Verhältnisse gewöhnt sind – mit weit größerer Wahrscheinlichkeit geeignete Bedingungen zum Überleben vorfinden.

Aber warum sollten Spezialisten mehr Arten produzieren als Generalisten? Warum umfaßt die Kuhantilopengruppe mehr Arten als die Impalalinie? Bei der Artbildung wird eine reproduktive Gemeinschaft (genau das ist eine Art) in zwei Teile zerbrochen. Gibt es irgend etwas bei der Fortpflanzung der Spezialisten, das ihre Arten sich eher aufspalten läßt als ihre generalisierten Verwandten? Vrba glaubt, daß dies wirklich der Fall ist.

Aber (um die Vielfalt der Meinungen zu illustrieren, die es mehr oder weniger zu jedem interessanten wissenschaftlichen Problem gibt) ich bin mehr von dem alten Argument überzeugt, Spezialisten nähmen Nuancen in ihrer Umwelt besser wahr. Spezialisten erkennen subtile Unterschiede zwischen einzelnen Habitaten. Sie sehen die Zusammensetzung ihrer Umwelt in feinerer Auflösung, als es Generalisten tun. Nehmen wir an, alle Arten würden im Durchschnitt mit der gleichen Wahrscheinlichkeit aufgespalten – eine kleine Population vom Rest der Art abgetrennt, was schließlich zur reproduktiven Isolation (und damit zur Unfähigkeit zur Kreuzung) führt –, dann können wir weiter fragen: Welche Überlebensaussicht hat eine junge Art? Bleiben sie in der Nähe ihrer Elternart, tendieren junge Arten dazu, von dieser überschwemmt zu werden, falls sie sich nicht irgendwie von ihr unterscheiden und dadurch einen anderen Bereich des Lebensraumes einnehmen können. Sind sie ihrer Elternart ökologisch nach wie vor ähnlich, werden sie nicht in der Lage sein, erfolgreich mit ihr zu konkurrieren: Die bei weitem zahlreicheren Individuen der älteren, etablierten Art werden diejenigen der jüngeren einfach total verdrängen.

Meiner Ansicht nach passiert genau dies, spaltet sich eine neue Art von einer eurytopen Elternart ab. Die Eltern bewohnen eine Vielzahl von Habitattypen, wodurch sie ihren möglichen Abkömmlingen kaum Chancen lassen, ökologisch Fuß zu fassen. Stenotope (Spezialisten) nutzen hingegen nur einen kleinen Bereich des potentiell verfügbaren Lebensraumes. Damit bleibt die Möglichkeit offen, daß eine junge Art in einem ähnlichen, aber doch abweichenden Habitattyp Fuß faßt. Geschieht das, hat der junge Spezialist eine größere Aussicht zu überleben als ein neuer ökologischer Generalist, obwohl dieser, setzt er sich erst einmal durch, vermutlich viel länger überleben wird.

Ökologische Nischen – und ihre relativen Breiten – liegen also offenbar im dynamischen Zentrum der Faktoren, die sowohl die Zahl der in einem gegebenen Lebensraum vorhandenen Arten (die echte ökologische Vielfalt) als auch die Zahl der

Spezies einer bestimmten Verwandtschaftsgruppe (durch Steuerung der Artbildungs- und Aussterberate) bestimmen. Ökologie und Evolution sind eng miteinander verflochten, obgleich sie grundlegend verschiedene Systeme verkörpern. Ökosysteme gehen quer durch die evolutionären Einheiten, sie enthalten einige Lebewesen von dieser und einige von jener Art, und alle wirken zu jeder Zeit über die Energieflüsse des Systems aufeinander ein. Ökosysteme gehen also quer durch die Genealogie. Evolutionäre Systeme sind hingegen genealogisch rein. Sämtliche Komponenten einer Entwicklungslinie stammen von einer einzelnen, allen gemeinsamen Vorfahrenart.

Diese Tatsachen suggerieren, Artbildung und besonders Artensterben seien eng mit dem Schicksal von Ökosystemen und letztlich mit der Stabilität und dem Wandel von Umweltfaktoren verknüpft. Jetzt müssen wir herausfinden, wie diese Vorstellungen mit den Massenaussterben zusammenpassen. Aber bevor wir uns konkreten Fallbeispielen aus der geologischen Vergangenheit zuwenden, sollten wir uns noch eines anderen Hinweises aus der modernen Ökologie erinnern, wenn wir die gemeinsame, letztendliche Ursache der Aussterbeepisoden suchen.

In ihrem ungemein einflußreichen Buch *The Theory of Island Biogeography (Die Theorie der Inselbiogeographie)*, das in den späten Sechzigern erschien, dokumentierten der Ökologe Robert McArthur und E. O. Wilson (bekannt als Ameisensystematiker, Naturschützer und Pionier der Soziobiologie) die enge Beziehung zwischen der Anzahl vorhandener Arten und der Größe eines geographischen Gebiets. Je größer die Fläche, desto mehr Arten leben auf ihr – eine Tendenz, die sich am einfachsten zeigen läßt, vergleicht man die Artenzahlen von Inseln verschiedener Größe. Je kleiner die Insel, je weniger Arten beherbergt sie. Natürlich finden wir viele Ausnahmen. Beispielsweise leben auf tropischen Inseln mehr Arten als auf jenen höherer Breiten von annähernd gleicher Größe. Ungeachtet dessen hat der Nachweis der einfachen Beziehung zwischen Fläche und Artenzahl eine wichtige unmittelbare Bedeutung für unsere

Betrachtung des Massenaussterbens: Änderungen in der Lebensraumgröße waren an manchen Episoden des Massenaussterbens in ferner Vergangenheit beteiligt.

Wenden wir uns nun den Massenaussterben ferner geologischer Zeiten zu. Zuerst werden wir versuchen zu verstehen, was geschah und welche Spuren diese erstaunlichen Ereignisse in der fossilen Überlieferung hinterließen. Nur wenn wir einige allen Massenaussterben gemeinsame Züge finden, können wir danach fragen, was deren letztliche Ursache war. Wir werden feststellen, daß die Faktoren, welche die Vielfalt auf der heutigen Erde bestimmen, uns viel darüber sagen, wie Ökosysteme im großen Maßstab zusammenbrechen können, und zwar auf der ganzen Erdkugel, unter Erfassung aller evolutionären Entwicklungslinien.

3

Die weltweite biotische Katastrophe: Ein ständig wiederkehrendes *Déjà vu*

Die Glass Mountains in Texas hat man passend benannt. Ihre Felsen sind vollgestopft mit Fossilien aus dem Perm, deren Schalen durch Kieselerde – durch Glas – ersetzt wurden. Die Fossilien lassen sich leicht aus dem umgebenden Kalkstein herauslösen, indem man sie eine Weile in Salzsäure legt. Nach jahrelangen Studien durch ein kleines Heer von Paläontologen kennen wir eine Vielzahl komplizierter Details des marinen Lebens in Texas vor rund 250 Millionen Jahren. Mehrzelliges Leben gab es damals schon seit rund 350 Millionen Jahren, und die Ökosysteme, deren bruchstückhafte Überreste aus den Säurebädern auftauchen, scheinen ebenso komplex gewesen zu sein wie die Lebensgemeinschaften heutiger Riffe.

In jenen paläozoischen Meeren war es lange ruhig geblieben. Ein Anzeiger friedvoller Zeiten ist die Jahrmillionen dauernde, allmähliche Herausbildung von Geschöpfen, die in jeder Hinsicht bizarr erscheinen, vergleicht man sie mit ihren engsten Verwandten. Beispielsweise wirken Giraffen gegenüber den ihnen nahestehenden Antilopen etwas eigentümlich. Stabheuschrecken, welche die Zweige, auf denen sie leben, so ausgesprochen täuschend nachahmen, sind ebenso stark abgewandel-

77

te Organismen und alles andere als übliche Durchschnittsinsekten.

Evolutionär stark abgewandelte Geschöpfe erscheinen natürlich nicht über Nacht. Solche Anpassungen feilte die natürliche Auslese innerhalb langer Zeiträume heraus. So muß es gewesen sein, jedenfalls für diejenigen, die der ehrwürdigen darwinschen Auffassung anhängen, die Selektion wirke ständig daran, über die Erdzeitalter hinweg die Organismen zu verändern. Dabei soll sie durch unendlich kleine Schritte lange Ketten allmählicher Abwandlungen erzeugen. Aber ebenso muß es zutreffen (wie ich es lieber sehe), daß komplizierte stabheuschreckenähnliche Anpassungen im Verlauf aufeinanderfolgender Artbildungsvorgänge entstehen. Die Stabheuschecke ist nur die letzte (oder einfach die zuletzt entstandene) Art einer Serie, in der jede abgewandelter war als die vorhergehende. Die Individuen der Arten innerhalb dieser Kette hatten jeweils ihre eigenen besonderen Anpassungen. Diese entsprachen ebensogut den Anforderungen des Daseins, wie diejenigen heutiger Stabheuschrecken. Schließlich verkörpern die Okapis – die seltene Art *Okapia johnstoni*, die noch heute, allerdings in geringer Individuenzahl, in den Wäldern Zentralafrikas lebt – ein Stadium irgendwo zwischen einer „normalen" Antilope und einer richtigen Giraffe.

Die alten permischen Meere, die sich als allerletzte der typischen marinen Lebensräume jenes Zeitalters herausstellten, das wir heute als Paläozoikum bezeichnen, waren voll von marinen wirbellosen Äquivalenten der Stabheuschrecken und Giraffen. Die Armfüßer oder Brachiopoden, die dominierenden schalentragenden Tiere des Paläozoikum, standen damals noch so prachtvoll in Blüte, daß die Monographien der Paläontologen G. Arthur Cooper und Richard E. Grant von der Smithsonian Institution, die der Beschreibung und Analyse der Fossilien aus Westtexas gewidmet sind, fünf dicke Bände umfassen. Brachiopoden gibt es noch heute, allerdings in wesentlich geringerer Zahl. Im Paläozoikum waren sie die bei weitem vielgestaltigste und häufigste Form der Schalentiere.

Wie die Muscheln besitzen Brachiopoden zwei Schalen, die wasserdicht geschlossen oder geöffnet werden können, um frisches Wasser mit seinem Sauerstoff und seinen Nahrungspartikeln hereinzulassen. Die Individuen der meisten Arten lebten direkt am Meeresboden festsitzend, einige hefteten sich jedoch auch an altem Treibgut an und schwammen damit nahe der Wasseroberfläche umher. Heute finden wir Brachiopoden in den Spalten zwischen ufernahen Felsen oder im tiefen und sehr kalten Wasser der dunklen Tiefsee-Ebenen. Während des Paläozoikum erschienen sie beinahe an jedem Ort, der überhaupt marines Leben irgendeiner Form beherbergte, gewöhnlich in großer Häufigkeit und Artenvielfalt.

Trotz der großen Vielgestaltigkeit in der Schalenform sind die meisten Brachiopoden klar als solche erkennbar, einfach weil ihr Körper wie derjenige der Muscheln (der Bivalvia) von zwei Schalen umschlossen ist. Man muß die Brachiopoden nur von den Muscheln unterscheiden können. Das ist aber nicht schwer; denn bei den Brachiopoden ist fast immer eine Schale kleiner als die andere, während die beiden Schalenhälften von Muscheln nahezu ausnahmslos gleich groß und einander spiegelbildlich sind.

Als die permischen Meere im Westen von Texas in ihren tropischen Riffen nur so vor Leben wimmelten, unterlagen einige Brachiopoden ziemlich eigenartigen Veränderungen. In einer Gruppe verflachte und verlängerte sich die Bodenschale, ähnlich denen der Austern (einer Gruppe der Bivalvia, die übrigens zwei deutlich verschieden große Schalen trägt). Die andere Schale dieser als Oldhaminiden bezeichneten Brachiopoden bildete sich zu einer blattähnlichen Struktur um, welche die weichen inneren Teile des Tieres niemals vollständig bedecken konnte. Brachiopoden sind im Gegensatz zu den echten Muscheln überhaupt keine Weichtiere. Sie atmen und ernähren sich mit Hilfe einer mehr oder weniger komplizierten kiemenähnlichen Struktur (dem Lophophor), die bei dieser äußerlich austernähnlichen paläozoischen Art offenbar den Großteil der eigenartigen oberen Schale zum eigenen Schutz und Halt absonderte.

Daneben gab es die Richthofeniiden. Anders als die langen und flachen Oldhaminiden waren diese lang und kegelförmig. Die Richthofeniiden glichen den rugosen Korallen (oder Tetracorallia), die wesentlich am Aufbau der permischen Riffe beteiligt waren. Im Gegensatz zu diesen Korallen hatten sie einen oberen Deckel, der die Öffnung zu dem tiefer liegenden Weichkörper verschloß. Den Deckel bildete die im Vergleich zur hypertrophierten unteren winzige obere Schale. Diese Formen waren in der Tat die Stabheuschrecken der paläozoischen Brachiopodenwelt.

Natürlich, die Oldhaminiden und Richthofeniiden leben heute nicht mehr, ebensowenig wie irgendeine der anderen Arten, die wir bisher aus dem Kalkstein ätzten. Irgend etwas geschah mit den friedlichen Meeren des Paläozoikum – Meere, die genügend lange ungestört geblieben waren, so daß sich sehr komplexe Ökosysteme entwickeln und für lange Zeit erhalten konnten, mit einem breiten Spektrum von zum Teil hochkomplizierten Lebewesen, darunter die beiden vorgestellten Brachiopodengruppen. Jeder, der einmal über das westliche Texas hinweggeflogen ist und den Berg El Capitan 300 Meter über den trockenen Boden des Delawarebeckens aufragen sah, weiß, wie eindrucksvoll dieses Gebilde wirkt. El Capitan ist der Rest eines einzigen gewaltigen Riffsystems aus dem Perm, das wenigstens einige Millionen Jahre lang existiert haben muß.

Die Aussterbewelle, die all diese wunderbarenTiere erfaßte, gilt als die vernichtendste (zumindest bisher), die jemals den Erdball verwüstete. Nach Schätzung von David M. Raup – einem Paläontologen von der Universität Chicago, der zusammen mit seinen Kollegen Jack Sepkoski und David Jablonski wesentlich zum Verständnis von Umfang, Bedeutung und Ursachen der Massenaussterben beitrug, gingen möglicherweise 96 Prozent aller Arten, die am Ende des Perms lebten, in diesem besonderen Aussterbeereignis zugrunde. Wie wir im ersten Kapitel gesehen haben, lieferten diese weltweiten, viele Lebewesen erfassenden Aussterben selbst die empirischen Marken, nach denen man die geologische Zeit einteilt. Paläozoikum bedeutet „altes Leben" und Mesozoikum „mittleres Leben". Dies kann nur bedeuten, daß sich das Leben zu jenem Zeitpunkt grundlegend veränderte, als dieser Himmelskörper herabfiel und damit das Paläozoikum aus- und das Mesozoikum einläutete.

Was geschah? Ich bin etwas auf einige spezialisierte Brachiopoden eingegangen. Wir haben auch schon gesehen, wie das Aussterben Arten mit engen Nischen erfassen kann, die vielleicht zu spezialisiert sind, als daß es ihnen gut tut, wenn sich die Zeiten ändern. Ich verwies auch bereits auf Himmelskörper. Jeder Leser der Nachrichtenmagazine der achtziger Jahre ist mit den Ideen vertraut, nach denen sich Massenausterben auf außerirdische Ursachen zurückführen lassen, besonders auf Kollisionen der Erde mit Kometen oder Asteroiden. Wie passen diese Vorstellungen zueinander? Wie stimmen sie mit den Daten überein, und wie passen sie zu den verschiedenen anderen Ideen, die kluge Köpfe hervorbrachten, als sie sich mit den wirklich verwirrenden Revolutionen der Geschichte des Lebens beschäftigten. Und was haben sie uns schließlich zu unserem heutigen Dilemma zu sagen?

Massenaussterben: Die Fakten

Bevor wir uns kopfüber in das Chaos der interpretierenden Theorie stürzen, müssen wir uns einige für die Massenausterben der geologischen Vergangenheit wichtige Tatsachen vor Augen führen. Hierzu brauchen wir wenigstens eine grobe geologische Zeittafel (siehe die Seiten 12 und 13). Diese ist glücklicherweise eng mit den Aussterbeereignissen selbst verknüpft. Sie wird uns helfen, uns selbst und die wichtigsten Ereignisse der Geschichte des Lebens richtig einzuordnen.

Die Erde ist etwa 4,55 Milliarden Jahre alt. Dies wissen wir nicht durch die direkte Messung der Produkte des radioaktiven Zerfalls, sondern aus einigen mehr indirekten Quellen. Beispielsweise lassen sich Meteoriten radiometrisch datieren; ihr Alter liegt gewöhnlich um 4,5 Milliarden Jahre herum. Die radiometrische Altersbestimmung beruht auf den bekannten Zerfallsgeschwindigkeiten einer Form (eines Isotops) eines Elements zu einer anderen, wobei eines von einigen verschiedenen möglichen Typen von Elementarteilchen ausgestrahlt wird. Die Menge des Elternisotops in Beziehung zur Menge des Tochterisotops, das sich angesammelt hat, sagt dem Geochemiker, wie lange der Zerfallsprozeß schon läuft. Gewöhnlich enthält nur frisch erstarrtes vulkanisches Gestein, das aus einer abgekühlten Lavaschmelze hervorging, ausschließlich das ursprüngliche Isotop ohne Beimischung seines Zerfallsprodukts. Daher beschränkt sich die radiometrische Zeitbestimmung gewöhnlich auf vulkanisches Material.

Wie wir wissen, sind die meisten Meteoriten Bruchstücke aus dem Asteroidengürtel zwischen Erde und Mars. Vermutlich bildeten sie sich zur selben Zeit wie die Erde und die übrigen inneren Planeten des Sonnensystems. Daraus folgerte man, die ältesten Mondgesteine müßten ebenfalls 4,55 Milliarden Jahre alt sein – und genau das fand man schließlich auch heraus. Da sich die Vorhersagen so zufriedenstellend bestätigten, wuchs natürlich das Vertrauen zur Grundaussage, die Erde sei etwa 4,55 Milliarden Jahre alt.

Aber warum finden wir auf der Erde keine Felsen dieses ehrwürdigen Alters? Doch tatsächlich nähert sich das Alter der ältesten je entdeckten Gesteine dieser vorhergesagten oberen Grenze: Die allerfrühesten bekannten Gesteine vom kanadischen Schild reichen auf das sehr respektierliche Alter von vier Milliarden Jahren zurück. Damit hat Kanada kürzlich Australien, Grönland und das südliche zentrale Afrika in der Lotterie um die älteste Datierung verdrängt. Ohne Zweifel wird irgendein Gebiet im Zentrum dieses oder jenes Kratons (Kontinentalschildes) früher oder später sogar ein noch älteres Datum liefern.

Aber gemäß der weisen Vorhersage des schottischen Arztes und Bauern James Hutton sollten wir nicht gerade erwarten, jemals ein genau 4,55 Miliarden Jahre altes Stück Erdkruste zu finden. Hutton, der in den späten Jahren des 18. Jahrhunderts die gerade flügge gewordene junge Wissenschaft Geologie auf eine feste empirische und deduktive Grundlage stellte, schrieb, er könne »keine Spuren des Beginns und keine Anzeichen eines Endes« der Erde erkennen. Die Erdkruste ist eine dynamische Maschine. Ihre Felsen beginnen ab dem Augenblick ihres Entstehens zu verwittern, sind sie den Elementen der Atmosphäre ausgesetzt. Nichts dauert ewig, und die Aussichten, Reste der allerersten Gesteine zu finden, scheinen uns heute noch ebenso entfernt zu sein, wie sie Hutton erschienen.

Obgleich es unglaublich langlebigen Gesteinsbrocken gelang, in den Zentren alter Kontinentalkerne zu überdauern, haben wir heute Grund zu glauben, daß Hutton mehr recht hatte, als er selbst dachte. Die Wiederaufbereitung der Kruste durch die verhältnismäßig langsam wirkenden Kräfte der Gebirgsbildung und der darauf folgenden Erosion ist nicht mit dem vollkommenen und buchstäblichen Recycling im Meer zu vergleichen. Nehmen wir wie die meisten Geologen an, die Erde hätte während ihrer langen Geschichte ständig etwa die gleiche Größe gehabt, dann muß es immer Ozeanbecken gegeben haben. Aber erst seit 30 Jahren verfügen wir über Daten zum Alter der ozeanischen Kruste. Diese erzählen eine erstaunliche Geschichte.

Die Arbeit des Datierens ist heute im wesentlichen abgeschlossen. Hiernach sind die ältesten ozeanischen Gesteine kümmerliche 160 Millionen Jahre alt. Diese ältesten Felsen liegen neben den ozeanischen Gräben, von denen wir heute wissen, daß dort die alte Kruste hinabgezogen und geschmolzen wird, indem sie sich mit dem tieferliegenden Erdmantel mischt. Sie taucht gewöhnlich nie wieder auf. Währenddessen bildet sich an anderen Orten ständig neue Kruste, besonders in den mittelozeanischen Rücken. Nicht nur unsere Atmophäre, sondern auch das Erdinnere ist in Bewegung, angetrieben durch Kräfte, welche die Struktur der Erde verändern. Nur für lange Zeit vollkommen „tote" physische Systeme wie der Mond beherbergen wahrscheinlich noch Spuren der Ereignisse während ihrer Bildung.

Die Erde ist also 4,55 Milliarden Jahrte alt, vielleicht ein bißchen mehr, vielleicht ein bißchen weniger. Die ältesten Sedimentgesteine (Gesteine, die sich aus Mineralkörnchen bildeten, die von älteren Steinen erodierten und sich andernorts, gewöhnlich in Wasserkörpern, ablagerten) entstanden vor etwa 3,5 Milliarden Jahren. Sedimente – Schlamm, Sande und so weiter – sind natürliche Gräber toter Organismen. Wollen wir Fossilien finden, müssen wir Sedimentgesteine untersuchen. Einige der frühesten bisher gefundenen Sedimente, die sich durch benachbarte Laven auf rund 3,5 Milliarden Jahre datieren ließen, enthalten tatsächlich Fossilien, und zwar einfache mikroskopische Stäbchen und Kugeln. Sie ähneln einigen unserer modernen Bakterien.

Das Leben gehört also schon sehr lange zu unserer Erde. Aber wenn es Leben bereits seit einem sehr frühen Stadium der Erdgeschichte gab, kann es anfänglich keine spektakulären Sätze und Sprünge auf die heutige glanzvolle Vielfalt zu gemacht haben. Die einzigen Fossilien, die außer den einfachen Bakterien aus den wirklich alten Felsen des Archaikum und des Proterozoikum geborgen wurden, sind kohlkopfförmige Hügel von einigen Metern Höhe. Hierbei handelt es sich um die einzigen Lebensspuren aus den ersten vier Milliarden Jahren der Erdgeschichte, die wir mit dem bloßen Auge erkennen können. Diese sogenannten Stromatolithen sind nichts anderes als Anhäufungen dünner Schichten von Schlamm, die sich Tag für Tag im Verlauf von Monaten, Jahren und Jahrtausenden ablagerten. Sie wurden (wie es noch heute an einigen Orten geschieht) durch das Wachstum von Blaualgen (auch Cyanobakterien, Verwandten der Bakterien) hervorgebracht. Diese formten flache Matten, während sich ihre Zellen teilten. Diese Aktivitäten vollzogen sich tagsüber. Nachts, wenn die Blaualgen ruhig den Sonnenaufgang erwarteten, lagerten sich Schlamm und Sand auf ihnen ab. Kam der Tag, wurden die Zellen wieder tätig, teilten sich, wuchsen empor und bildeten über dem Schlamm der vergangenen Nacht eine neue klebrige Matte.

Während der ersten drei Milliarden Jahre der uns bekannten Geschichte des Lebens war das schon alles: mikroskopische Bakterien und Algenhügel. Doch gab es noch im Bereich des mikroskopischen Lebens ein bemerkenswertes Ereignis, das vor nicht mehr als 1,3 Milliarden Jahren eintrat. Dies ist das Alter der Felsen, in denen das gefunden wurde, was der Spezialist für das Präkambrium, der Paläontologe James W. Schopf, und seine Kollegen für die Spuren der ersten Zellen mit echten Zellkernen halten.

Kernhaltige Zellen, deren Desoxyribonukleinsäure (DNA) von der übrigen Maschinerie der Zelle getrennt ist, finden wir bei vielen mikroskopisch kleinen Tieren: Amöben, Wimper- und Geißeltierchen, um nur einige bekanntere zu nennen. Genau dies ist auch der Zelltyp aller Vielzeller. Diese sogenannten Eukaryoten (Lebewesen mit echten Zellen, im Gegensatz zu den einfachen prokaryoten Bakterien) entwickelten eine komplizierte Arbeitsteilung innerhalb der Zellen. Die Bau und Tätigkeit der übrigen Zelle kontrollierende und sich bei deren Teilung selbst verdoppelnde DNA ist von jenen Strukturen abgesondert, welche die für das Leben wesentlichen physiologischen Vorgänge ausführen, beispielsweise den Aufbau von Eiweißen und die Bereitstellung von Energie.

Jede dieser grundlegenden zellulären Funktionen vollzieht sich an einer ganz bestimmten Struktur, die im Zytoplasma außerhalb des Zellkernes eingebettet ist. Die Energieproduktion erfolgt in den Mitochondrien (Pflanzen haben daneben noch ähnliche intrazelluläre Organe, die Chloroplasten, in denen die Photosynthese abläuft). Die Proteine werden wiederum an völlig anderen Gebilden, den Ribosomen, zusammengesetzt, die auf dem lamellenartigen sogenannten Endoplasmatischen Retikulum angeordnet sind. Eukaryotenzellen arbeiten auf vielfältige Weise effizienter und vollziehen ein größeres Spektrum von Funktionen als die einfachen prokaryoten Zellen.

Wir müssen aber beachten, daß Prokaryoten – Bakterien – auch heute noch in großer Zahl vorhanden sind. Sie existieren nicht nur als krankheitserregende Parasiten, sondern auch als freilebende Geschöpfe in der Atmosphäre, in Böden, Gewässern und an der Erdoberfläche. Bakterien leben auch dort, wohin Eukaryoten niemals vordringen konnten (jedenfalls soweit wir das wissen): Wie bereits erwähnt, bilden schwefelfixierende Bakterien die Grundlage der Nahrungskette in den absolut dunklen heißen Schloten in den Abgründen der Meerestiefen.

Hieraus ergibt sich für unsere Bemühungen, das Aussterben zu verstehen, ganz unmittelbar eine bemerkenswerte Erkenntnis: Die Evolution entwickelte keinen ihr eigentümlichen Aussterbemechanismus, der das Alte bei der Ankunft des Neuen beseitigt. Erscheint im Verlauf der Geschichte des Lebens etwas Neues, wie die ersten einzelligen Eukaryoten, ersetzen seine Träger keineswegs jene Organismen, welche die ursprünglichen Eigenschaften beibehalten. Zwar bringt die Evolution oft bisher unbekannte und manchmal wohl sogar bessere Methoden hervor, mit etwas zurechtzukommen, doch garantiert dies noch nicht, daß die älteren, primitiveren Lebensformen unausweichlich verschwinden, weil sie wegen der sehr ungleichen Chancen im Wettbewerb mit dem neuen, verbesserten Modell aussterben.

Anscheinend wird Evolution, wie wir noch sehen werden, oft durch vorheriges Beseitigen des Früheren angetrieben: Häufig schuf Aussterben die für weitere stammesgeschichtliche Entwicklung nötigen Voraussetzungen. Aber das Umgekehrte trifft einfach nicht zu: Neue Abkömmlinge vernichten ihre stammesgeschichtlichen Vorfahren fast nie infolge unmittelbaren Wettbewerbs. Sollte es einen derartigen Zusammenhang geben, dann ist es sicher andersherum: Wie wir im zweiten Kapitel gesehen haben, verdrängen die etablierten Arten mit größter Wahrscheinlichkeit die noch nicht flüggen neuen, falls sich diese ökologisch nicht genügend von ihren Elternarten unterscheiden. Vernichtet gelegentlich der Abkömmling einer Art im Konkurrenzkampf seine Stammform, so ist das, wie der Dinosaurierspezialist Bob Bakker argumentiert, ein unbedeutender, zum Hintergrund- und nicht zum Massenaussterben beitragender Vorgang.

Aussterbemuster

Bei unserem Überblick über die geologischen Zeitalter stehen wir am Beginn des komplexen, vielzelligen Lebens vor etwa 670 Millionen Jahren. Bisher sind wir keinen Spuren eines echten Massenaussterbens begegnet, obgleich es solche während der ersten drei Milliarden Jahre des Lebens durchaus gegeben haben mag. Der ansteigende Sauerstoffgehalt, der vor rund zwei Milliarden Jahren aus der reduzierenden eine oxidierende Erdatmosphäre machte, wirkte unzweifelhaft als Gift auf die überwiegende Mehrheit der an die Bedingungen der Uratmosphäre angepaßten Bakterien. Aber die Überlieferung ist zu undeutlich, als daß wir ein gehäuftes Aussterben in der Mikrobenwelt vor über einer Milliarde Jahren erkennen könnten.

Aussterben ist das letztendliche Schicksal aller Arten. Kein Bakterienklon des Präkambrium lebt noch heute, genausowenig irgendwelche Arten der devonischen Trilobiten oder der jurassischen sauropoden Dinosaurier. Auch miozäne Menschenaffen existieren nicht mehr. Wir sprechen vom Aussterben der Dinosaurier und meinen damit das Ende einer Entwicklungslinie am Schluß der Kreidezeit, die sich zu einem in verschiedene Dinosauriergruppen gegliederten Artenspektrum entfaltet hatte. Doch zu jener Zeit, als die berühmtesten Opfer des kreidezeitlichen Massenaussterbens endgültig verschwanden, waren die meisten Dinosaurierarten schon lange ausgestorben. Wie wir noch sehen werden, gibt es eine gleitende Skala vom echten weltweiten Massenaussterben, das Organismen aller nur denkbaren Lebensräume betraf, bis hin zu Umwälzungen, die auf kleinere Gebiete beschränkt waren und weniger Organismengruppen erfaßten.

Aber es gibt auch die von David Jablonski von der Universität Chicago so treffend benannte einfache Erscheinung des Hintergrundaussterbens. Die meisten Trilobiten waren schon dahingeschwunden, als das große Sterben am Ende des Perm diese Tiergruppe endgültig vernichtete. Die meisten Dinosaurier hatten sich ebenfalls lange vor dem Ende der Kreidezeit verabschiedet. Obwohl die Evolution über keinen inhärenten Aussterbemechanismus verfügt, der ältere Arten aussiebt, wenn auf unserem dicht bevölkerten Planeten neue hervorsprießen, gibt es dennoch zu allen Zeiten und in allen Organismengruppen einen ständigen Prozeß von Artbildung und Artensterben. Arten entstehen und vergehen.

Zwischen beiden Vorgängen könnte es einen Zusammenhang geben: Vielen Paläontologen gefällt die Vorstellung, der moderne *Homo sapiens*, unsere eigene Art, habe die Neandertaler vernichtet, als er nach wenigstens 60 000 Jahren seiner Existenz in Afrika und im mittleren Osten schließlich Westeuropa erreichte. Aber noch einmal, das Erscheinen neuer Arten hat vielleicht gar nichts mit dem Verschwinden alter zu tun.

Wir konzentrieren uns hier vor allem auf Regelmäßigkeiten, darauf, was tatsächlich wiederholt in der Geschichte des Lebens geschieht. Dabei ist das Entscheidende, daß sich Aussterben auf keinen Fall allein auf gewisse Zeithorizonte beschränkt. Jedes einzelne hat seine Ursache. Irgend etwas muß das Dahinschwinden der Populationsgrößen herbeiführen, wodurch die Wahrscheinlichkeit für ein Aussterben steigt – beispielsweise der Kahlschlag von Wäldern oder vielleicht eine subtile Umweltveränderung, die nur eine oder höchstens wenige Arten eines Ökosystems beeinflußt. Die Invasion eines neuen Räubers bedroht gewöhnlich nur seine potentielle Beute, wie die Braune

Nachtbaumnatter, die auf der Südseeinsel Guam einfiel und jetzt die Eier der dort am Boden nistenden Vögel verschlingt.

Aus welchem Grund auch immer, Hintergrundaussterben scheint sich zu allen Zeiten innerhalb aller Organismengruppen zu vollziehen. Einige Evolutionsbiologen, besonders der Spezialist für fossile Säugetiere Leigh Van Valen, meinen, dieser ständige Prozeß verlaufe offensichtlich in jeder größeren Organismengruppe in konstantem Tempo. Nach Van Valen hat jede Gruppe von Lebewesen ihre eigene charakteristische Aussterberate, die natürlich im Verlauf der geologischen Zeit etwas variiert, aber dennoch ziemlich regelmäßig zu sein scheint, zählt man alle Aussterbefälle zusammen, die in dieser Gruppe auftraten, seit sie existiert. Van Valen hat seine Kritiker, sowohl, was seine Interpretation, als auch, was seine Daten angeht, auf denen er das Gesetz des konstanten Aussterbens in den frühen siebziger Jahren begründete.

Doch in diesem Muster Van Valens liegt mehr als ein Körnchen Wahrheit. Die Totenuhr mag in der Tat über lange Zeiten hinweg in solchen Gruppen wie den Trilobiten, den Dinosauriern und den Hominiden (unserer eigenen Abstammungslinie) ziemlich regelmäßig ticken. Ich betone dies hier, weil wir dabei sind, die vergangenen 670 Millionen Jahre der Geschichte des Lebens zu betrachten und uns hierbei ganz besonders für das Aussterben interessieren. Ich werde dabei – ganz klar – die ungewöhnlich bemerkenswerten Aussterbevorgänge besonders hervorheben, diejenigen, die jedermanns Aufmerksamkeit erregten, sogar schon in den vordarwinistischen Zeiten des späten 18. und des frühen 19. Jahrhunderts.

Bei einem solchen Vorgehen besteht natürlich die Gefahr, daß der Eindruck entsteht, jegliches Aussterben hätte den Charakter eines Massenaussterbens. Mit einer wachsenden Zahl von Paläontologen (darunter Stephen Jay Gould als einem der prominentesten) teile ich die Überzeugung, daß vieles in der Geschichte des Lebens vom vorherigen Verschwinden früherer Lebensgemeinschaften abhängt. Uns ist vor allem daran gelegen, die

Bedeutung des Aussterbens zu beweisen – des Massenaussterbens, das gewöhnlich auf die Qualität der Anpassungen der betroffenen Lebewesen keine Rücksicht nimmt.

Die fest in der darwinistischen Theorie verwurzelte alternative Vorstellung besagt, Evolution sei im großen und ganzen eine behutsam fortschreitende Umbildung von Entwicklungslinien, ein Vorgang, der wenigstens in gewissem Umfang das Aussterben als Folge des Wettbewerbs und anderer Formen zwischenartlicher Wechselbeziehungen einschließt. Was auch immer seine Ursache sein mag, nach der traditionellen darwinistischen Auffassung ist Aussterben ein regelmäßiges, ständig ablaufendes Phänomen, das der Artbildung entspricht und vielleicht sogar (wie Van Valen behauptet) in jeder Gruppe mit gleichmäßiger Geschwindigkeit vor sich geht. Damit gäbe es also ein Hintergrundaussterben ebenso wie eine Hintergrundartbildung. Darüber hinaus verneint die darwinistische Sicht keineswegs eine mögliche Bedeutung gelegentlichen Massenaussterbens.

Die Frage läuft auf die Häufigkeit des Auftretens hinaus. Dominierten, als das Leben immer vielfältiger und komplizierter wurde, regelmäßige Artbildung und ebenso regelmäßiges Aussterben, oder war die Geschichte des Lebens mehr eine Serie von Massenaussterben über alle Verwandtschaftsgruppen hinweg? War sie eine Abfolge ökologischer Zusammenbrüche unterschiedlicher Intensität, die gleichzeitig Lebewesen vieler verschiedener Entwicklungslinien betrafen, eine Aneinanderreihung von Katastrophen, die nachfolgende evolutionäre Differenzierung auslösten? Verläuft die Geschichte des Lebens gleich dem Heranwachsen eines sich prächtig entfaltenden Baumes, wie es Steve Gould schilderte, oder ist sie eine Aufeinanderfolge ökologischer Gemeinschaften, eine auf die andere geschichtet, deren Eigenschaften an jeder Aussterbegrenze mehr oder weniger ausgewechselt wurden?

Wenn ich auch darauf hinweise, daß man die Metapher von den Schichten bisher viel zu wenig beachtet hat, sollten wir doch niemals vergessen, daß die ursprüngliche darwinistische

Vorstellung ebenfalls viel Wahrheit enthält. Es geht nicht um entweder/oder, nicht einmal darum, welches Bild zutreffender ist, sondern um die Frage, wie beide zusammenpassen (und sie passen zusammen und geben uns dadurch die bestmögliche Vorstellung von der Geschichte des Lebens). Ich betone dies hier noch einmal, weil die verständliche Konzentration auf die Massenaussterben bei unserem Gang durch die jüngsten 670 Millionen Jahre des Lebens die Aufmerksamkeit zwangsläufig vom ständigen Hintergrundaussterben ablenkt. Dies dürfen wir bei unseren Bemühungen, das Aussterben ganz allgemein zu verstehen, nicht aus den Augen verlieren.

Wechselfälle des Lebens:
Die vergangenen 670 Millionen Jahre

Mit dem Auftreten der ersten komplizierten Tiere in der fossilen Überlieferung ist es ein wenig seltsam. Einerseits scheinen die ersten komplexen Wirbellosen ziemlich von den modernen Lebensformen abzuweichen. Einige Paläontologen gingen so weit zu behaupten, diese sogenannte Ediacarafauna (nach den australischen Ediacarabergen) sei tatsächlich ein frühes Experiment der Evolution, das Entwicklungslinien von Tieren hervorbrachte, die heute gänzlich verschwunden sind und die auch nicht mit den Geschöpfen verwandt waren, die später das Leben beherrschten. Andererseits behaupten einige Forscher, die vielen verschiedenen Formen dieser Faunen ließen sich leicht heutigen Gruppen zuordnen, insbesondere den Quallen, Korallen und Seeanemonen, welche zusammen die Gruppe der Hohltiere oder Coelenteraten bilden.

Viele der Ediacarafossilien ähneln den Seefedern, die zur Coelenteratengruppe der Anthozoen gehören. Möglicherweise begann das komplexe Leben mit einer Radiation einiger primitiver Elemente dieses Taxons. Aber zugegebenermaßen lassen sich diese Fossilien nur schwer interpretieren. Einige, die man für erste Regenwürmer, Gliederfüßer und Stachelhäuter hielt, sind vielleicht etwas ganz anderes. Wir wissen es einfach nicht. Im oberen Präkambrium tauchen ähnliche Fossilien nahezu überall auf, wo Sedimente des richtigen Alters erhalten blieben. Ediacarafossilien kennen wir heute von Namibia, vom Charnwood Forest in England, von Neufundland, Sibirien und China, um nur eine unvollständige Liste ihres wirklich weltweiten Auftretens zu geben. Diese Geschöpfe überlebten eine Zeitlang, mindestens zehn Millionen Jahre, und verschwanden dann völlig aus der fossilen Überlieferung. Was geschah mit ihnen?

Jene, welche die Ediacaraorganismen als Mitglieder früher Gruppen betrachten – völlig anderen Ursprungs und unabhängig von den Tieren, die sich stammesgeschichtlich in den nachfolgenden kambrischen Meeren ausbreiteten (und deren Abkömmlinge unsere heutigen Ozeane bevölkern) –, sehen im Verschwinden der Ediacarafauna natürlich das erste Massensterben der Geschichte des Lebens. Immerhin sind diese Geschöpfe tatsächlich ausgestorben und verschwanden offenbar ziemlich plötzlich. Andere – einschließlich meiner selbst – sind sich da nicht so sicher. Als bewegliche komplexe Tiere (einige davon zweifellos Fleischfresser) erschienen, wandelten sich die ökologischen Bedingungen und Erhaltungsaussichten von Lebewesen mit weichen Körpern radikal. Zuerst zeigten sich in den Sedimentgesteinen Spuren – Anzeichen dafür, daß sich an den betreffenden Stellen wirbellose Meeresbewohner bewegten. Diese Spuren wurden im Laufe der Zeit komplexer, bis schließlich die ersten fossilen Reste von Tieren mit Hartteilen – Schalen und Panzern, die leicht versteinern – auftauchten.

Das Erscheinen mineralisierter Skelette (unabhängig voneinander in verschiedenen Hauptentwicklungslinien der Tierwelt) ist ein evolutionäres und ökologisches Ereignis von großer Bedeutung für die Geschichte des Lebens. Es scheint tatsächlich auf das Verschwinden der ediacarischen Lebewesen mit weichen Körpern zu folgen. Aber wir interessieren uns hier hauptsächlich für dieses Verschwinden. Es sind die fossilen Spuren, welche die Alarmglocke läuten, falls man das Verschwinden der Ediacarafauna einfach als erstes Massenaussterben vielzelligen Lebens betrachtet. Lebewesen, die sich durch Schlamm und Sand hindurchpflügen, stören die Ablagerung sauberer, ebener Schichten. Sind solche biologisch bedingte Störungen verhältnismäßig schwach, finden wir nur einige Baue und Gänge, sind sie intensiv, verschwinden alle Spuren der Schichtung.

Durch biologische Aktivitäten gestörte Sedimente sind ganz allgemein kein geeigneter Ort, um nach Fossilien zu suchen, nach solchen von Tieren mit weichen Körpern schon gar nicht. Mit anderen Worten, es besteht der Verdacht, daß die Bedingungen für die Konservierung von Tieren ohne harte Körperteile immer ungünstiger wurden. Diese Deutung gefällt besonders jenen, nach deren Ansicht die meisten, wenn nicht gar alle Wirbellosen der Ediacarafauna zu Gruppen mit modernen Vertretern gehörten. Wir müssen nicht unbedingt davon ausgehen, die Ediacarafauna sei in einer frühen Episode eines Massenaussterbens ausgelöscht worden.

Doch andererseits meint der Paläontologe Martin Brasier, in den Gebieten, wo die Abfolge der Faunen am klarsten zu erkennen ist (wie in Kanada und der ehemaligen Sowjetunion), seien anscheinend die verschiedenen Proarthropoden und Anneliden zusammen mit den Seefedern schon verschwunden, bevor die frühesten Fossilien skelettragender Tiere und die vielfältigen Spurenfossilien auftauchten. Hiernach mag das Aussterben tatsächlich eingetreten sein und nicht nur durch die Konservierung vorgetäuscht werden. Dieses Phänomen bedeutet auch, daß es nicht durch die Ankunft vieler neuer Formen komplexen Lebens ausgelöst wurde. Es kann sogar genau das Gegenteil bedeuten: Vielleicht entstanden schalentragende Geschöpfe erst, als ihre Vorläufer mit weichen Körpern ausgestorben waren. Aber wahrscheinlich verhielt es sich nicht so: Vermutlich reflektieren die verschiedenen Entwicklungslinien, die harte Schalen abzuscheiden begannen (durch Einlagerung die Außenhaut härtender Salze), eine veränderte Geochemie des Meerwassers und nicht das einfache Auffüllen eines von der älteren Ediacarafauna hinterlassenen Vakuums. Die wahrscheinlichste Vermutung ist, der Sauerstoffspiegel sei damals so weit angestiegen, daß nun größere Lebewesen existieren konnten, die aus den verschiedensten physiologischen Gründen stützende Skelette benötigten.

Die Schwierigkeit zu erkennen, was im oberen Präkambrium tatsächlich geschah, beruht sowohl auf der zeitlichen Entfernung als auch auf Problemen, die ganz einfach mit unserem Verständnis der Natur und der biologischen Herkunft der Lebensformen mit weichen Körpern zusammenhängen. Die Dinge werden etwas einfacher – zumindest für das Urteil darüber, ob es tatsächlich ein Massenaussterben gegeben hat oder nicht –, überqueren wir erst einmal die Präkambrium-Kambrium-Grenze vor etwa 570 Millionen Jahren. Vom Kambrium an sind die Organismen gut erhalten und gehören, auch wenn sie inzwischen verschwunden sind, zu größeren taxonomischen Gruppen, die noch heute die Meere bevölkern. Zumindest beginnt das Muster von Aussterben und Formenbildung regelmäßige und leicht erkennbare Konturen anzunehmen.

Leben und Tod im frühen Paläozoikum

Die Perioden der geologischen Zeit erhielten ihre Namen gewöhnlich nach bestimmten Orten. *Cambria* ist der lateinische Name des Landstriches, der heute Wales heißt. Die kambrische Periode ist jener Zeitabschnitt (von vor 570 bis vor 510 Millionen Jahren), der während der Ablagerung der Sedimente (und vulkanischen Gesteins) verging, die heute das kambrische System bilden. Das Kambrium benannte Adam Sedgwick (Darwins hauptsächlicher wissenschaftlicher Mentor, geweihter Priester und daneben Professor für Geologie an der Universität Cambridge) auf der Grundlage der Gesteine von Wales.

Alle bisher gefundenen kambrischen Fossilien sind marine Lebewesen. Auf dem Land scheint das Leben erst im oberen Silur und unteren Devon fest Fuß gefaßt zu haben, etwa 155 Millionen Jahre nachdem das Kambrium begann. Sobald wir herauszufinden versuchen, welche Arten von Lebewesen die kambrischen Meere bevölkerten, geraten wir sofort in eine Diskussion, die ein wenig an jene erinnert, die um die Deutung der Ediacarafauna geführt wird.

Zweifellos sind nicht nur alle Arten, sondern auch mehrere der umfangreichen Entwicklunglinien (höheren Taxa) der Meere des Kambriums ausgestorben. Die Trilobiten, die frühesten und primitivsten Gliederfüßer oder Arthropoden (dieser Tierstamm umfaßt Tiere mit gelenkigen Beinen, zu denen unter anderen auch Krebse – Krabben, Hummer, Garnelen und Verwandte – sowie die großen Gruppen der Insekten und Spinnen gehören), dominierten die meisten uns bekannten Ökosysteme jener Zeit. Die Trilobiten oder Dreilapper sind recht häufige Fossilien in den damals abgelagerten Gesteinen. Mit ihrem gut entwickelten, mit Augen ausgestatteten Kopf und einer segmentierten Körperregion, der ein solides Schwanzstück folgte, waren die Trilobiten aktive und bewegliche Angehörige der bodenbewohnenden Lebensgemeinschaften nahezu aller mariner Umwelten des Paläozoikum.

Obgleich diese Tiere bis ganz zum Schluß des Paläozoikum – bis etwa 265 Millionen Jahre nach dem Ende des Kambrium – überlebten, wurden sie niemals wieder in jener verschwenderischen Fülle gefunden, die sie im Kambrium hervorbrachten. Diesem Artenreichtum der kambrischen Trilobiten stand jedoch ein Mangel dessen gegenüber, was Stephen Jay Gould in seinem Buch *Zufall Mensch* [Originaltitel *Wonderful Life*], das sich mit der kambrischen Fauna des kanadischen Burgess-Schiefers befaßt, als Verschiedenheit (*disparity*) bezeichnet: Zumindest in meinen Augen gab es unter den nachkambrischen Trilobiten eine größere anatomische Vielfalt, als sie sich jemals während dieser Formation selbst zeigte. Offenbar übernahmen die späteren Trilobiten weit mehr unterschiedliche ökologische Rollen. Aber zugegebenermaßen ist es wirklich schwierig zu erkennen, welche Rollen die Trilobiten im allgemeinen in den lokalen Ökosystemen ihrer Zeit spielten.

Nur in ganz wenigen Sedimenten, beispielsweise in dem unter außergewöhnlichen Umständen abgelagerten Burgess-Schiefer, blieben Körperanhänge von Trilobiten (und vielen anderen Arthropoden) unverändert erhalten. Sonst findet man sie nirgends. Wie die meisten Tiere mit weichen Körpern waren auch die Gliedmaßen der Trilobiten einfach dem Zerfall ausgesetzt. Den Beinen und Antennen fehlten die für die Oberseite des Trilobitenkörpers (einschließlich der Augen) typischen starken Mineraleinlagerungen, also zersetzten sie sich fast immer. Das ist ein Dilemma für all diejenigen, welche die ökologische Rolle der Trilobiten herausfinden wollen. Gliederfüßer schwimmen, laufen, graben, fressen, atmen, verteidigen und vermehren sich mit Hilfe ihrer Körperanhänge. Darin waren die Trilobiten keine Ausnahme. Wir wissen einfach nicht, wie die kambrischen Ökosysteme so zahlreiche Arten dieser Tiergruppe ernähren konnten, von denen viele sehr ähnlich aussahen. Obwohl detaillierte Beweise fehlen, geht man davon aus, sie seien alle Aas- oder Detritusfresser gewesen. Das bedeutet, sie huschten über den Meeresboden, wirbelten dabei den Boden auf und verzehrten kleine organische Partikel, mit hoher Wahrscheinlichkeit lebende Mikroorganismen.

John J. („Jack") Sepkoski, der eine enorme Sammlung paläontologischer Daten zusammenstellte, die wesentlich zur Dokumentation der Gesetzmäßigkeiten des Aussterbens beitrug (und, wie wir sehen werden, als Ausgangspunkt einer Betrachtung der Ursachen des Aussterbens diente), schrieb über Entstehen und Schicksale evolutionärer Faunen, wie er sie nannte. Sepkoski gliedert die Wirbellosenfaunen der vergangenen 570 Millionen Jahre in drei Einheiten: die kambrische, die paläozoische sowie die mesozoisch-känozoische evolutionäre Fauna. Diese drei Hauptgruppen oder Assoziationen von Familien mariner Tiere ergaben sich aus einer Computeranalyse der Verteilung der marinen Tierfamilien während der vergangenen 570 Millionen Jahre. Diese Faunen sind weder ökologisch noch zeitlich voneinander getrennt. Sepkoski sieht Elemente der paläozoischen Fauna bereits in der kambrischen. Andererseits überlebten Elemente der kambrischen Fauna bis zum Ende des Paläozoikum. Nur weicht die typische Zusammensetzung der kambrischen Lebensgemeinschaften ganz eindeutig von derjenigen der folgenden Formationen, des Ordovizium und was danach kam, ab. Neben den Trilobiten gab es einige wenige primitive Mollusken, inartikulate Brachiopoden (das heißt ohne Zähne an ihrem Schalenschloß), artikulate Brachiopoden (mit Zähnen und Leisten an ihren Schlössern – die gewaltige Mehrheit der Armfüßer und frühe Vorläufer der bizarren Formen des oberen Perm), Schwämme und Angehörige einiger weniger anderer, seit langem ausgestorbener Taxa, deren verwandtschaftliche Beziehungen noch diskutiert werden. Hierzu gehören die mehr oder weniger auf die kambrischen Meere beschränkten Archaeocyathiden, die man einst für ausgestorbene Schwämme hielt (denen sie mit ihrer konischen Form ein wenig ähneln), von denen wir aber heute annehmen, sie seien Kalkalgen gewesen.

Es verwundert also nicht, daß manche Paläontologen – der gleichen Überlegung folgend, wie sie einige für die Ediacarafauna favorisieren – die kambrische Fauna als ein frühes evolutionäres Experiment ansehen – eines das am Ende des Kambrium ausgelöscht und durch eine Fauna ersetzt wurde, die dem heutigen Leben im Meer ähnlich war. Doch erinnern wir uns, Sepkoskis kambrische Fauna ist eine statistische Vereinigung verschiedener großer Tiergruppen, deren Elemente noch lange nach dem Kambrium überlebten.

Was die kambrischen am radikalsten von den späteren Lebensgemeinschaften des Meeresbodens unterscheidet, ist – jedenfalls nach meiner Überzeugung – das Hinzukommen einer bedeutenden ökologischen Kategorie, die es zur Zeit des Kambrium kaum gab. Das Ordovizium und das übrige Paläozoikum unterschieden sich vom Kambrium weniger dadurch, was seit dieser Formation verlorenging, als durch das, was in späteren Faunen hinzukam. Unter den meeresbewohnenden Wirbellosen ereignete sich eine wahre Explosion. Dabei entstanden Tiere, die alle auf dem Meeresboden seßhaft oder sogar fest an ihm verankert waren. Die Skelette all dieser Geschöpfe bestanden aus robustem Kalziumkarbonat. Diese Tiere begnügten sich damit, reglos auf dem Grund des Meeres zu verharren und Nahrung aus dem Wasser zu filtrieren. Ihr Erscheinen im frühen und mittleren Ordovizium fällt mit der erstmaligen Ausbreitung größerer Meeresarme ins Innere von Kontinenten zusammen – Meeresarme, deren Sedimente vor allem aus Kalkpartikeln bestanden.

Nahezu alle Typen dieses enormen Spektrums bodenbewohnender, kalkabscheidender und ihre Nahrung filtrierender Wirbelloser hatten bekannte Vorläufer in den Meeren des Kambrium. Zu den Hauptakteuren dieses neuen ökologischen Stückes gehörten Crinoiden oder Seelilien – gestielte und durch starre Panzer stabilisierte Verwandte der Seeigel und Seesterne. Heutige Crinoiden sind auf die Winkel und Spalten um die Riffsysteme herum und auf die entlegensten Abgründe der dunklen Ebenen der Tiefsee beschränkt. Im Paläozoikum waren sie auch in den meisten Flachwasserökosystemen der Meere häufig. Ungewöhnlich für Tiere, wurzelten die Crinoiden (und ihre engsten Verwandten, einschließlich der Blastoiden) in der Regel mittels eines langen, aus einer Reihe kleiner Platten gebildeten Stieles im Meeresboden. Der Hauptkörper des Crinoidentieres liegt in einem Kelch an der Spitze des Stieles. Von diesem Körper aus strecken sich lange gegliederte Arme aufwärts und filtrieren Nahrungsteilchen aus dem vorbeiströmenden Seewasser.

Die Bryozoen waren eine weitere Gruppe, die damals erschien und eine wichtige Rolle im neuen ökologischen Theater spielte. Bryozoen werden oft Moostierchen genannt, weil sie Kolonien bilden, die aus Hunderten, sogar Tausenden winziger Individuen bestehen, die einen Pfahl einer Kaimauer oder eine Alge ähnlich überwuchern können, wie Moos einen Baum. Trotz der Winzigkeit jedes einzelnen Bryozoentieres und ihrer kolonialen Lebensweise sind die Bryozoen tatsächlich nahe Verwandte der Brachiopoden. Wie diese haben sie ein gefiedertes Tentakelsystem, den Lophophor, das sie zum Nahrungserwerb nutzen.

Die artikulaten Brachiopoden, Abkömmlinge ihrer einfachen kambrischen Vorfahren (der Orthiden), explodierten zu einer stattlichen Reihe verschiedener Formen und begannen zum ersten Mal, das Leben auf dem Meeresboden wirklich zu beherrschen. Einige Hauptgruppen der Korallen rückten ebenfalls in den Vordergrund. Im starken Gegensatz zu den wenigen Korallenarten, die wir bisher aus den kambrischen Felsen kennen, waren sie plötzlich im unteren Mittelordovizium sehr zahlreich vorhanden. Korallen leben wie Bryozoen, Brachiopoden und Crinoiden vor allem vom Herausfiltrieren kleiner Teilchen aus dem Meerwasser. Andere Tiere – besonders umherziehende Aas- und Fleischfresser vermehrten sich im Ordovizium weit über ihr bescheidenes Vorkommen im Kambrium hinaus. Nautiloide Cephalopoden, mit Kalmaren und Kraken verwandte fleischfressende Mollusken, bildeten schon ein wenig früher als die bodenbewohnenden Filtrierer viele neue Formen aus. Auch sie hatten während des Kambrium nur eine mäßige Vielfalt hervorgebracht. Ihre direkten Nachkommen leben noch heute in mehreren Arten der gekammerten Gattung *Nautilus* in der indopazifischen Region. Weitere Gruppen haben zweifelhafte Beziehungen zu fossilen Taxa des Kambrium, beispielsweise die kieferlosen Rundmäuler, die im mittleren Ordovizium erschienen. Die modernen Neunaugen und Inger sind stark abgewandelte Überlebende dieser frühen Fischformen.

Im Ordovizium vollzog sich also eine bedeutende Expansion der ökologischen Vielfalt in den Lebensgemeinschaften des Meeresgrundes. Warum kam es zu dieser Explosion benthischer Tierarten? Hier haben wir so etwas wie ein Henne-Ei-Problem vor uns: Die Ausbreitung all dieser hartschaligen Formen bodenbewohnender Wirbelloser entsprach genau den ersten wirklich weitverbreiteten Schichten von Karbonatsedimenten im Inneren der Kontinente. Die Meere hatten schon während des oberen Kambrium begonnen, sich über die Kontinente hinweg auszudehnen, aber erst im frühen Mittelordovizium wurden die Ablagerungen dieser Meeresarme vorwiegend kalkig. Aber was kam zuerst: die kalkhaltige Umgebung oder die Überfülle kalkschalentragender Lebewesen?

Kalkstein und Kalkschiefer bilden sich weitgehend aus den Schalen mariner Wirbelloser. Schufen sich die Tiere einfach ihr eigenes Substrat? Oder stand Kalk in direkter geochemischer Hinsicht in größeren Mengen zur Verfügung, was sich sowohl in der biologischen Vielfalt als auch in der weiten Verbreitung kalkhaltiger Meere widerspiegelte? Ich nehme an, letzteres, auch wenn es nur eine vage Vermutung ist. Wie die erste Ausbreitung skelettragender Geschöpfe – ein Vorgang, der viele verschiedene Entwicklungslinien fast gleichzeitig erfaßte und sowohl evolutionäre als auch ökologische Einheiten berührte – reflektiert die plötzliche Explosion bodenbewohnender, filtrierender und skelettragender mariner Wirbelloser wohl mehr das Ausnutzen einer Gelegenheit, die sich durch eine (wahrscheinlich chemische) Veränderung der Umwelt ergab, als daß sie ein vorhergehendes Aussterben dokumentierte.

Das Ausmaß kambrischen Aussterbens

Das Kambrium sah viele Episoden des Aussterbens. Insbesondere das Oberkambrium wurde in den letzten Jahren für wiederholtes abruptes Dahinschwinden berühmt, dem jedesmal eine Welle neuer Einwanderer folgte, welche die ökologischen Systeme wieder auffüllten. Allison R. Palmer prägte den Terminus *Biomer*, um dieses Muster zu beschreiben. Biomere sind Gesteinskomplexe, die einen klar erkennbaren evolutionären Zyklus versteinerter Organismen in sich bergen. Neue Arten erscheinen verhältnismäßig abrupt an der Basis des Biomers. Sie entwickeln sich zu zahlreichen verschiedenen Abstammungslinien. Diese werden dann alle von einer oder mehreren Aussterbewellen ausgelöscht. Dies markiert das Ende des Biomers und zeigt den Beginn eines neuen an.

Das Biomerenmuster hat viele überraschende Aspekte. Der erste ist die Regionalisierung des Aussterbens: Obgleich sich manche Biomere über mehrer Kontinente oder gar weltweit ausdehnen, kam dieses Konzept ursprünglich durch detaillierte Studien im Großen Becken im Westen Nordamerikas ans Licht. Hier drang das Meer im Oberkambrium bis Minnesota und Wisconsin vor. Sich westwärts ausbreitende Flachwassergesellschaften mit Kalkböden, die heute in den Bergen von Utah erhalten sind, senkten sich dem Abgrund entgegen, der jetzt die gleichaltrigen Felsen im Westen Nevadas bildet. Der Zyklus von Aussterben, nachfolgender Invasion nebst evolutionärer Entfaltung und schließlich einer weiteren Periode des Aussterbens erfaßte vermutlich vor allem die Trilobiten und andere marine Tiere des Flachwassers. Faunen der Tiefsee wurden weniger berührt. Hier, weit unten in der geologischen Zeitskala, im Kambrium, finden wir den klaren Beweis für selektives Aussterben. Dies betraf weniger einzelne Taxa (beziehungsweise Organismengruppen), als vielmehr bestimmte Umwelten und geographische Regionen.

Die Biomere zeigen uns noch etwas anderes, nämlich daß sich das Ausmaß des Aussterbens oft außerordentlich schwierig bestimmen läßt. Was für einen Feldpaläontologen ein wichtiges Aussterbeereignis ist, mag jemandem, der sich mit statistischer Analyse eines Datenberges befaßt, der aus vielen verschiedenen Quellen zusammengetragen wurde, als nichts Besonderes erscheinen. Der Feldpaläontologe kann seinen Hammer genau an die Stelle legen, die das letzte Auftreten einer stattlichen Anzahl von Arten markiert. Oberhalb dieses Punktes – oder richtiger dieser Linie – werden andere Fossilien lagern, einige davon den unter der Linie liegenden sehr ähnlich.

Ein Feldpaläontologe kann jedoch nicht ohne weiteres davon ausgehen, ein örtliches Verschwinden sei dem völligen Aussterben gleichzusetzen. Wie jeder, der viel Fossilien gesammelt hat, weiß, verändert der Wandel von Umweltfaktoren die geographische Verbreitung von Arten und sorgt damit für die überwiegende Mehrheit des Kommens und Gehens fossiler Spezies. Örtliches Aussterben wirkt sich sehr unterschiedlich aus. Das hängt beispielsweise davon ab, ob es eine ganze Art oder nur einen Teil von ihr erfaßt. Nur wenn der Feldpaläontologe ins Labor zurückkehrt, sich in die Literatur vertieft und an Museumssammlungen Vergleiche anstellt, können wir annehmen, daß der im Feld gefundene Punkt des Verschwindens auch tatsächlich das letzte Auftreten bestimmter Arten repräsentiert – mit anderen Worten, echtes Aussterben kennzeichnet.

Aber es ist frustrierend schwierig, eine regionale – geschweige denn eine kontinentweite, mehrere Kontinente umfassende oder gar globale – Datenbank zum Aussterben aufzubauen. Das entscheidende Element des Aussterbens sind die Arten. Von den vielleicht Hunderten Millionen Arten von Lebewesen, die seit dem Kambrium existierten, ist bisher nur ein kleiner Bruchteil als Fossilien bekannt. Und mehr als einen Bruchteil werden wir vermutlich auch niemals finden. Dennoch ist die Anzahl der bisher beschriebenen Fossilien ungeheuer groß.

Erschwert wird die ganze Problematik noch durch enorme Unterschiede der taxonomischen Einordnung (und der taxonomischen Fähigkeiten), welche die paläontologischen Studien verschiedener Zeiten und Länder kennzeichnen. Nicht allen vorliegenden paläontologischen Artbeschreibungen können wir gleichermaßen vertrauen. Aus diesen Gründen haben wir in gewisser Hinsicht zu wenige Daten über fossile Arten. Andererseits sind sie zu zahlreich, als daß sie sich ohne große Probleme handhaben ließen. Dazu ist die Qualität dieser Angaben recht unterschiedlich (obgleich die Schwierigkeiten, in der fossilen Überlieferung echte biologische Arten zu erkennen, stark übertrieben wurden).

Vor einigen Jahren beschäftigte sich Dave Raup (einer der drei hervorragenden, sich mit dem Aussterben befassenden Paläontologen der Universität Chicago) mit den Schwierigkeiten, Daten zur Dokumentation von Aussterbemustern zu sammeln. Raup erkannte klar das Problem des Datensammelns auf dem Artniveau. Aber er sah auch, daß Aussterben gerade auf dieser Ebene erfolgt: Arten liegen genau an der Schnittstelle zwischen evolutionären Prozessen und Stammesgeschichte. Dann sah sich Raup das andere Ende der taxonomischen Skala an, die wirklich höheren Taxa: Stämme, Klassen, Ordnungen und Familien. Dabei zeigen sich zwei Effekte und werden immer deutlicher, je höhere Stufen der Linnéschen Hierarchie man betrachtet.

Erstens vergrößert sich das Drama des Aussterbens. Ein ausgestorbener Stamm ist eindrucksvoller und biologisch bedeutsamer als das Verschwinden einer Art. Die Stämme sind nach den Reichen die größten Untergliederungen der Organismenwelt. Arthropoden, Mollusken, Chordaten (unser eigener Stamm) sind Beispiele hierfür. Daß der Tod eines Stammes folgenschwerer ist als der einer Art, ergibt sich aus der im allgemeinen sicheren Annahme, zu einem Stamm gehörten viele Tausende oder gar Millionen Arten. Dies gilt beispielsweise für den Stamm der Arthropoden, der neben einem stattlichen Spektrum anderer größerer Gruppen die Insekten umfaßt. Einige artenarme Stämme wurden vor allem auf der Grundlage der fossilen Überlieferung benannt. Das geschah ausschließlich wegen der Annahme, die betreffenden Formen seien weit von allen anderen Taxa entfernt. Daß ihnen nur sehr wenige Arten angehören, war dabei unwesentlich.

Der andere Effekt bei der Betrachtung von Stämmen und anderen höheren Taxa hat etwas mit der Datengewinnung zu tun: Arten mögen zwar der Brennpunkt von Aussterben und Evolution sein, aber sie werden auch leicht übersehen. Entweder finden wir sie gar nicht erst, oder sie entgehen uns beim Literaturstudium. Im Gegensatz dazu braucht man nur eine einzige der Tausende zu einem Stamm gehörenden Arten zu entdecken, um dessen Existenz zu dokumentieren. Stämme sind leicht festzustellen, Arten nur schwer.

Das Problem ist natürlich, daß nicht nur Arten, sondern auch einige wenige Klassen oder gar Stämme ausstarben (obgleich manche Paläontologen darüber anderer Ansicht sind). Ermittelt man das Ausmaß dieses Vorgangs auf höherer Ebene, ist das Raster dabei so grob, daß das Aussterben dabei unweigerlich unterschätzt wird. Keines der Reiche der belebten Natur ging jemals unter, also erweckte eine Dokumentation auf allerhöchstem taxonomischen Niveau den Anschein, als wäre es noch niemals zum Aussterben gekommen!

Raup empfahl eine dem gesunden Menschenverstand gemäße oder dem goldenen Mittelweg entsprechende Lösung: Man nehme ein Taxon der mittleren Ebene – eines, das sich verhältnismäßig gut erfassen läßt (man braucht letztlich nur eine Art...), aber eines, das nicht so weit von der Artebene entfernt ist, daß man die tatsächlichen Aussterbeprozesse übersieht. Hierfür schlug Raup Familien vor. Auch Jack Sepkoskis Datensammlung, die er unabhängig von Raups Analyse begann, erfolgte aus genau den gleichen pragmatischen, beide Gesichtspunkte berücksichtigenden Gründen auf dem Niveau von Familien. Daten über Familien sind in der fossilen Überlieferung verhältnismäßig gut, und Familien sind nicht allzuweit vom Prozeß des Aussterbens selbst entfernt – sogar wenn dieser keine höheren Taxa erfaßt –, so daß wichtige Aussterbeereignisse nicht übersehen werden. Dieses Vorgehen ist ein Kompromiß. Sepkoski stellt zur Zeit eine Datenbank auf Artniveau zusammen, die alle Ebenen des Aussterbens erfaßt. Ein enormes Unterfangen.

Es gibt noch ein weiteres Problem beim Messen des Aussterbens, das sich als ziemlicher Zankapfel erwies. Es hat mit einigen grundlegenden Vorstellungen von der Natur stammesgeschichtlicher Gruppen zu tun. Seit ungefähr 25 Jahren neigen die Systematiker (sehr stark) zu einer betont genealogischen Sicht. Das bedeutet, daß jede Gruppe – beispielsweise unsere eigene Familie, die Hominidae – nur aus ihrer Ursprungsart und allen von ihr abstammenden Arten (einschließlich *Homo sapiens*, unserer eigenen) bestehen muß. Dies klingt vollkommen vernünftig.

Das Problem ergibt sich aus den älteren Klassifikationen. Beispielsweise wurden wir traditionell als einzige Art der Familie der Hominidae geführt (jedenfalls so lange bis fossile Menschen auftauchten, die man natürlich ebenfalls als Angehörige der Hominidae betrachtete). Wir müssen aber die Familie der Pongidae berücksichtigen. Dies sind die Menschenaffen in der traditionellen Klassifikation. Die Schwierigkeiten entstehen deshalb, weil einige dieser Tiere näher mit uns als mit anderen Menschenaffen verwandt sind. Wir haben mit einigen von ihnen einen jüngeren gemeinsamen Vorfahren als mit anderen. Demnach sind wir selbst so etwas wie ein Menschenaffe, also geht es kaum an, uns von allen anderen abzugrenzen, und diese, ohne Rücksicht auf ihre Verwandtschaft mit uns, in einen Topf zu werfen. Das würde nämlich gegen das Prinzip verstoßen, daß alle Abkömmlinge eines gemeinsamen Vorfahren – und nur diese – zusammen gruppiert werden sollen.

Heute sind die Menschenaffen nach nahezu allgemeiner Übereinkunft Mitglieder der Familie Hominidae. Wir kennen keine Familie Pongidae mehr – also keine Gruppe, die nur aus Menschenaffen besteht, uns selbst jedoch ausschließt. Evolution schafft genealogisch reine (sogenannte monophyletische) Gruppen. Hier geht es weniger um die Sprache, als vielmehr um die Geometrie der Geschichte des Lebens.

Wie erwähnt, begannen diese Probleme, die Analyse des Aussterbemusters zu beeinflussen. Was bedeutet es, wenn eine Familie austirbt, wenn diese nicht wirklich monophyletisch ist? Was wäre, wenn die heutigen Menschenaffen im Pleistozän ausgestorben wären (dies hätte passieren können; denn Orang-Utans, Bonobos und Schimpansen sowie Berg- und Flachlandgorillas sind gegenwärtig stark gefährdet)? Für unser hypothetisches Beispiel würde das folgendes bedeuten: Stellte man das Aussterben der Familie Pongidae fest, hieße dies, etwas zu dokumentieren, was tatsächlich gar nicht geschah, weil es einem Mitglied dieser Familie – uns selbst – bisher gelang, dem Aussterben zu entgehen. Bedenken Sie, daß dies ein Gedankenexperiment ist. Gott sei Dank haben die verschiedenen Arten der Gattungen *Pongo*, *Pan* und *Gorilla* (die Yetis und so weiter gar nicht zu erwähnen) tatsächlich überlebt. Wir fragen nur: Wie wirkte es sich auf unsere Daten aus, wären diese Arten im Pleistozän ausgestorben, und hätten wir weiter darauf bestanden, sie Pongiden zu nennen? Es wäre ein eindeutiger Fehler zu behaupten, eine Familie sei ausgestorben, wurde diese von Beginn an nicht richtig konstituiert.

Gegen den Einwand, Daten, die gesammelt wurden, bevor man alle Taxa im modernen Sinn monophyletisch begründete, seien unzuverlässig, läßt sich vernünftigerweise folgendes erwidern: Das Registrieren des Verschwindens der Pongidae würde immerhin die Tatsache festhalten, daß vier oder fünf Arten tatsächlich verschwanden. Hätten wir uns auf die Ebene der Familie beschränkt und eine evolutionär korrekte Nomenklatur benutzt, hätten wir das Aussterben, das allein wir Menschen überlebten, gar nicht bemerkt: Die Familie würde noch existieren, obgleich nur durch eine einzige lebende Art vertreten. Infolgedessen hätten wir das Verschwinden aller anderen Arten übersehen. Genealogisch unvollständige (nicht-monophyletische Gruppen) zeigen oft Aussterbevorgänge auf dem Artniveau, die man übersehen würde, wären alle Gruppen bis ins kleinste monophyletisch! Die Lösung des Problems besteht darin, diejenigen Daten auf Artebene zu ermitteln, die uns sagen, wann monophyletische Gruppen (jeglichen Ranges von der Gattung bis zum Reich) tatsächlich ausstarben.

Massenaussterben im Kambrium

Die Ereignisse am Schluß des Kambrium gehören nicht zum erlesenen engsten Kreis echter großer Massenaussterben. Die fünf größten Massenaussterben in der Geschichte des komplexen Lebens traten später ein: an der Grenze Ordovizium-Silur, nahe dem Ende des Devon, an der Perm-Trias-Grenze (dem Übergang vom Paläo- zum Mesozoikum), der Trias-Jura-Grenze (während des Mesozoikum) und am Schluß der Kreidezeit (dem Übergang vom Meso- zum Känozoikum). Dennoch verschwanden nach Angaben von Stephen Westrop, Spezialist für kambrische Trilobiten, zehn (nahezu die Hälfte) der in Nordamerika vorkommenden Trilobitenfamilien mit dem Ende des Kambrium vor 510 Millionen Jahren. In Hinblick auf die Stammesgeschichte der Trilobiten ist das keine belanglose Zahl, ebensowenig wie für die Zusammensetzung der damaligen marinen Flachwasserökosysteme. Die kambrischen Ereignisse hatten ein mittleres Ausmaß. Einige Einzelheiten des Musters ihres Eintretens werfen etwas Licht auf das Phänomen des Aussterbens im allgemeinen und auf die Schwierigkeiten, es zu interpretieren.

Der zeitliche Ablauf der Aussterbeereignisse ermöglicht wesentliche Schlußfolgerungen zu der Frage, welche der vielen möglichen Faktoren tatsächlich für den Artentod verantwortlich waren. Die Hypothese, das Aussterben sei durch einschlagende Himmelskörper verursacht worden, fand in den vergangenen Jahren sehr große Aufmerksamkeit (nicht zuletzt, weil sich die Diskussion auf das Ereignis an der Kreide-Tertiär-Grenze konzentrierte, das die Dinosaurier und viele andere Lebewesen vernichtete). Daher erlangte die Idee, sogar die größten und wahrscheinlich globalen Massensterben seien praktisch Augenblicksereignisse gewesen, allgemeine Verbreitung. Heutzutage sollen wir Arten mit der Geschwindigkeit von einer Spezies pro Tag verlieren (einige behaupten sogar, es seien noch mehr). Das ist erschreckend schnell, entspricht dennoch keineswegs einem Szenarium, bei dem Millionen Arten über Nacht verschwinden.

Ein Problem, mit dem wir es zu tun haben, wollen wir unsere eigenen Umweltprobleme in den Verlauf der Erdgeschichte einordnen, ist die Frage, wie wir unsere Vorstellungen von den Ereignissen der Gegenwart am besten mit den zuverlässigsten Schätzungen der Aussterberaten in der geologischen Vergangenheit vergleichen.

Die Daten der kambrischen Trilobiten erzählen uns eine interessante (und facettenreiche) Geschichte. Der Artentod am Ende des Kambrium war einfach die dritte und letzte der Aussterbewellen, welche die Biomere des Oberkambrium abschlossen. In ihrer klassischen Ausprägung im Großen Becken des westlichen Nordamerika, wo Palmer die Biomere erstmalig studierte, ist der Übergang zwischen der obersten Schicht des alten Biomers und der untersten des neuen tatsächlich abrupt. An einigen Orten finden wir gleichzeitig eine deutliche Veränderung der Gesteinsschicht, die einen Wandel der Umwelt anzeigt. An den meisten anderen Stellen fehlt ein solcher Wechsel im Sedimenttyp, obwohl sich die Trilobitenfauna deutlich verändert.

Wo die Ablagerungen nicht sichtbar gestört sind, haben wir keinen Grund anzunehmen, in den Sedimenten klaffe eine zeitliche Lücke. Daher ist die Vermutung durchaus vernünftig, das Ereignis – das Verschwinden alter Formen und ihr Ersatz durch neue – sei tatsächlich sehr rasch eingetreten. Geschah es auch nicht buchstäblich über Nacht, so erfolgte der Umschwung doch scheinbar umgehend: Einige hundert oder tausend Jahre können in den paläozoischen Gesteinen als Augenblick erscheinen. Einige hundert Jahre fallen noch in den Bereich der ökologischen Zeit: Die gefährdeten alten Bestände der Küstensequoie an der nordwestlichen Pazifikküste Amerikas sind Hunderte von Jahren alt. Ökologische Zeit (die sich von vielleicht einigen Minuten am einen bis zu etwa einem oder zwei Jahrtausenden am anderen Ende erstreckt) ist einfach die Dauer, in der ökologische Vorgänge (Beuteschlagen von Raubtieren, Wandel in Populationsdichten und geographischer Verbreitung von Arten und so weiter) typischerweise ablaufen.

Aber spätere Arbeiten veränderten dieses Bild ein wenig. Beispielsweise fanden Westrop und sein Kollege Rolfe Ludvigsen, daß das Aussterben der Trilobiten innerhalb von bis zu 26 Meter starken Gesteinsschichten sporadisch an verschiedenen Stellen dokumentiert war. Wie wir am Kliff von Stevns Klint gesehen haben, ist es schwierig, den tatsächlichen Zeitraum zu erkennen, in dem eine bestimmte Gesteinsschicht abgelagert wurde, falls nicht gerade jene dünnen Schichten (Warven) vorhanden sind, von denen wir wissen, daß sie sich innerhalb eines Jahres ansammelten. In diesem Fall ist die Sache einfach: Ähnlich wie bei Baumringen braucht man nur die Schichten zu zählen und kennt die Anzahl der verflossenen Jahre.

Aber die meisten Sedimentgesteine enthalten keine solchen inneren strukturellen Schlüssel, die uns sagen, wie lange ihre Ablagerung dauerte. Eine mächtige Schlammwelle, die in einem dicken Strom den Abhang des Kontinentalschelfes hinabstürzt, kann innerhalb von Minuten eine große Materialmenge aufschichten (oder doch innerhalb von Stunden, weil es etwas länger dauert, bis sich die feinkörnigen Sedimente absetzen). Aber die Lagerung (die innere horizontale Schichtung) der meisten Sedimentgesteine zeigt, daß sie sich stetig und ziemlich langsam über Jahrtausende hinweg bildeten. Nur werden die Schichten in der Regel nicht Tag für Tag, sondern eher innerhalb von Jahren oder Jahrtausenden aufgebaut. Der rote Ton, den man auf den Böden einiger Bereiche der Tiefseebecken der Weltmeere findet, sammelt sich gewöhnlich mit der unglaublich geringen Geschwindigkeit von 0,1 bis 0,2 Zentimetern pro Jahr an. Dies geht deshalb so langsam, weil die Tonpartikel vorwiegend als kosmischer Staub aus dem Weltraum zu uns gelangen.

Aus diesen Gründen wissen wir nicht, wie lange es dauerte, bis die 26 Meter des oberkambrischen Gesteins abgelagert waren (die nur der komprimierte Zustand einer ursprünglich stärkeren Schicht sind). Aber sie sedimentierten gewiß nicht über Nacht. Die Trilobiten erscheinen keineswegs überall in diesem Schichtenstoß und verschwinden auch nicht alle plötzlich an dessen oberem Ende. Die ganze Sache ist folgendermaßen: Überall innerhalb dieser 26 Meter verabschieden sich einzelne Trilobitenarten. Hier scheint das Aussterben allmählicher eingetreten zu sein und wurde gewiß länger hinausgezogen als an den Orten des Großen Beckens, die Palmer studierte.

Hierin liegt ein Schlüssel für unsere Suche nach den Ursachen des Aussterbens. Nach Ansicht von Ludvigsen und Westrop ließ damals eine einfache Umweltänderung – ein Anstieg des Meeresspiegels – die küstennahen Lebensräume weniger vielfältig und homogener werden. Fern der Küste wirkte sich der Anstieg des Meeresspiegels nur gering aus. Zunehmende Homogenität der Umwelt bedeutet den Verlust von Nischen. Das Muster des kambrischen Aussterbens scheint auf einem solchen Wandel der Umwelt zu beruhen. An einigen Orten waren solche Störungen einfach häufiger als an anderen. Wenn wir uns den großen Massenaussterben zuwenden, die den großen Ökosystemen der Erde zur Zeit des Oberkambrium erst noch bevorstanden, werden wir noch mehr Hinweise auf die vermutlichen Ursachen des Massenausterbens gewinnen.

4

Muster und Schlüssel in den paläozoischen Massenaussterben

Wir haben nun den Punkt im Ordovizium erreicht, an dem das Leben eine mehr oder weniger vertraute Ausprägung angenommen hatte, obwohl seine Bühne mit Akteuren besetzt war, die nach modernen Maßstäben zweifellos archaisch wirken. Die Korallen des Paläozoikum entsprachen nicht den Korallen von heute. Die damaligen Schnecken und Muscheln waren primitiver als ihre modernen Gegenstücke. Trilobiten gab es nicht mehr. Aber nach dem Ende des Kambrium ist es einfach viel leichter, die Überreste einer schalentragenden Lebensgemeinschaft des Meeresbodens den gleichen Kategorien zuzuordnen, wie wir sie in heutigen Ökosystemen finden: Pflanzenfresser, Räuber, Filtrierer, Aasfresser, photosynthetisch aktive Organismen und Zersetzer. In nicht mehr ferner Zeit sollten sich Pflanzen, Gliederfüßer und Wirbeltiere ans Land wagen und dort die ersten Ökosysteme außerhalb des Wassers begründen. Einige der bevorstehenden Aussterbeereignisse betrafen mehr das Leben am Land als das im Meer, bei anderen war es umgekehrt. Das größte ließ keinen bewohnbaren Fleck der Erde unberührt.

Ich sprach schon kurz von den beinahe rhythmischen Veränderungen monotoner, im Grunde stabiler Systeme von Lebensgemeinschaften, welche die paläozoischen Meeresböden viele Millionen Jahre lang bewohnten, dann vernichtet und zu gegebener Zeit durch nachfolgende Ökosysteme ersetzt wurden, die ihren Vorgängern in unterschiedlichem Maße ähnelten. Die Ähnlichkeit läßt sich dadurch beurteilen, wie eng verwandt und scheinbar ökologisch einander nahestehend die Arten des nachfolgenden Ökosystems den Lebewesen waren, die das vorhergehende aufbauten. Gewöhnlich gleichen die Nachfolger ihren Vorgängern um so weniger, je umfassender und durchgreifender der Zusammenbruch sowohl geographisch als auch taxonomisch eintrat.

Wir können berechtigterweise annehmen, die Geschichte des Lebens sei weitgehend von ökologischen Störungen beherrscht, die alle bequem Seßhaften entwurzeln: Hintergrundartbildung und -aussterben schaffen ökologische Freiräume, die neue Arten ernähren, vielleicht sogar deren Entstehung vorantreiben und ihr Überleben ermöglichen. Diese neuen Arten bestehen aus Individuen eines jungen adaptiven Typs und sind Bestandteile neuer Ökosysteme. Das ist das grundlegende Bild der Geschichte des Lebens, wie ich es in meinem Buch *Life Pulse* zeichnete.

Aber an dieser Stelle interessiert uns nicht so sehr die Rolle des Aussterbens als Auslöser für weitere Evolution. Vielmehr sind es Geschwindigkeit und Struktur des Aussterbens selbst, die wir verstehen müssen, wollen wir die Ursachen des Zusammenbruchs von Ökosystemen erforschen. Betrachten wir die fünf verheerendsten Aussterbekatastrophen seit dem Beginn der ordovizischen Lebensgemeinschaften, müssen wir die Besetzung der Rollen – die Arten und die höheren Taxa, in die sie eingeordnet sind – einfach als gegeben hinnehmen. Wir untersuchen hier nicht, woher sie kamen, sondern warum sie verschwanden.

Aussterben im oberen Ordovizium

Nach Angaben des Paläontologen Patrick J. Brenchley (in Artikeln von 1989 und 1990) verschwanden im späten Ordovizium etwa 22 Prozent der bekannten marinen Familien. Statistisch entspricht dies, wie Brenchley meint, einem Massenaussterben. In einigen Gruppen gingen anscheinend mehr als 50 Prozent der dazugehörenden Arten zugrunde. Doch sogar für einen zufälligen Beobachter ist offensichtlich, daß die Ordovizium-Silur-Grenze kaum der Zeitpunkt einer großen ökologischen Revolution war, als die sich einige spätere Massenaussterben erwiesen – insbesondere jene an den Grenzen Perm-Trias und Kreide-Tertiär. Obgleich 22 Prozent der Familien des oberen Ordovizium ziemlich abrupt verschwanden, waren höhere Taxa nicht davon betroffen, und die Ökosysteme des frühen Silur wurden wieder von Lebewesen aufgefüllt, die ihren ordovizischen Vorfahren ziemlich glichen.

Dennoch war dieses ordovizische Aussterben ein wirklich weltweites Phänomen – eines, das die meisten, wenn nicht gar alle, die damaligen Meeresböden bewohnenden Gruppen betraf. Brenchley zeichnet ein Bild einer mäßig raschen Entfaltung der bodenbewohnenden Filtrierer, die seit dem mittleren Ordovizium den Kern der Wirbellosengemeinschaften der Meere bildeten. Zu diesem Zeitpunkt erreichte die Formenvielfalt einen Höhepunkt. Mit der Dauer des Ordovizium nahm der Formenreichtum in den verschiedenen Tiergruppen von diesem Höhepunkt aus wieder ab: Beispielsweise registrierte Brenchley für das mittlere Ordovizium mehr als 200 Gattungen von Brachiopoden. In späteren ordovizischen Faunen verringerte sich diese Zahl auf 150. Im unteren Silur lebten noch weniger. Die gleiche fortschreitende Abnahme beobachten wir bei den räuberischen Nautiloideen (Verwandte der Kalmare und Kraken, die heutzutage durch mehrere Arten des Perlbootes [Nautilus] im westlichen Pazifik vertreten sind). Auch die Trilobiten verringerten sich von mehr als 200 Gattungen im mittleren Ordovizium auf weniger als 100 im unteren Silur. Den Crinoiden und anderen Stachelhäutern erging es gegen Ende des Ordovizium ähnlich.

Das obere Ordovizium war auch für zwei Organismengruppen mit bedeutenden fossilen Überlieferungen eine harte Zeit: die Graptolithen und die Conodonten. Beide lebten deutlich vom Boden entfernt in der Wassersäule. Die heute völlig ausgestorbenen Graptolithen waren umhertreibende Kolonien und höchstwahrscheinlich mit unserer eigenen Gruppe, den Chordaten, verwandt. Jedes ihrer Individuen wohnte in einer der gesonderten Kammern, die entlang eines sägeblattähnlichen Astes saßen. Jede Kolonie bestand aus einem oder mehreren dieser Äste. Der Name Graptolith bedeutet „in Stein geschrieben". Die Fossilien dieser Tiere wirken wie verkohlte Bleistiftzeichnungen auf den dunklen, glatten Oberflächen paläozoischen Schiefers.

Die Conodonten – kleine, zahnähnliche Fossilien – sind Teile von Geschöpfen, deren übrige weiche Anatomie nur selten erhalten ist. Ihre Verwandtschaftsverhältnisse liegen nach wie vor im Dunkeln, obgleich jüngere Arbeiten ebenfalls auf Beziehungen zu den Chordaten hinweisen. Also könnten auch sie sehr wohl entfernte Verwandte unserer eigenen Abstammungslinie sein. Sowohl Conodonten als auch Graptolithen spielten in der paläontologischen Forschung eine wichtige Rolle; denn sie erwiesen sich als nützlich, wollte man verschiedene Schichten in Beziehung setzen: Sie können uns mitteilen, daß zwei weit auseinanderliegende Gesteine wenigstens annähernd gleichaltrig sind, weil sich die in ihnen gefundenen Fossilien entweder als identisch oder zumindest einander sehr ähnlich erweisen. Weil diese Lebewesen schwammen (die Conodonten) oder umhertrieben (die Graptolithen) verbreiteten sie sich sehr weit. Sie starben auch rasch aus und veränderten sich verhältnismäßig schnell. Kurze Lebensspannen (von Arten oder Gattungen) und weite Verbreitung sind die idealen Voraussetzungen zur Nutzung von Fossilien für Studien der Beziehungen zwischen verschiedenen Gesteinen.

Ich halte mich deshalb ein bißchen bei den Graptolithen und Conodonten auf, weil sich die über sie verfügbaren Daten auf Arten beziehen – auf eine bedeutungsvolle Ebene; denn was auch immer das Aussterben herbeiführen mag, es wirkt auf diesem Niveau. Wir können die Abnahme beider Tiergruppen im oberen Ordovizium in Artenzahlen angeben – also auf der entscheidenden Ebene, wollen wir erfahren, was tatsächlich vor sich ging. Die Daten über Stachelhäuter beziehen sich auf Familien, also die heute allgemein akzeptierte mittlere Ebene, auf der sich unsere Anforderungen an die Durchführbarkeit, die Genauigkeit und unser Wunsch treffen, die Angaben auf dem niedrigst möglichen taxonomischen Niveau zu sammeln. Die Daten über Trilobiten und Brachiopoden betreffen bereits Gattungen. Insgesamt beginnt sich unsere empirische Basis also tatsächlich zu verbessern!

Einige Gruppen zeigen nicht die bei den Brachiopoden gefundene stetige Abnahme der Vielfalt vom mittleren Ordovizium zum unteren Silur. Das gilt beispielsweise für die Bryozoen – die koloniebildenden Verwandten der Brachiopoden, vom frühen Mittelordovizium bis heute ökologisch wichtige Mitglieder mariner Lebensgemeinschaften. Auch verraten die Angaben über Bryozoen auf Familien- oder noch höherer Ebene wenig über ein weltweites Aussterben am Schluß des Ordovizium. Muscheln lassen so etwas ebenfalls nicht erkennen.

Andere Gruppen, wie die beiden Zweige der paläozoischen Korallen (Tabulaten und rugose Korallen) zeigen seit dem Mittelordovizium eine Zunahme der Vielfalt ihrer Gattungen mit einem gemeinsamen Höhepunkt im Mitteldevon. Jedoch erfuhren die Korallen im späten Ordovizium tiefe Einschnitte: Wie Benchley berichtet, gelangten etwa 75 Prozent der Gattungen der Tabulata und Rugosa des oberen Ordovizium nicht in das untere Silur. Sogar Gruppen, deren Vielfalt vom Ordovizium zum unteren Silur nicht ständig abnahm, können durchaus eine dramatische Reduzierung am Ende des Ordovizium erkennen lassen. Das gilt sogar für die Bryozoen. Wenigstens zeigen einige Regionen ein örtlich begrenztes, drastisches Aussterben. Möglicherweise starben die Bryozoen in weiten Teilen der Erde ebenso aus wie andere Gruppen, nur wissen wir das einfach nicht, weil die Daten nicht genau genug sind, um es zu erkennen.

Bisher ergibt sich das Bild einer regelmäßigen Abnahme der Vielfalt, und wenig deutet auf ein verhältnismäßig abruptes großes Aussterben am Schluß des Ordovizium hin. Es gibt kaum einen Zweifel, daß die fortschreitende Abnahme des Formenreichtums ein wesentliches Merkmal des Aussterbens an der Ordovizium-Silur-Grenze ist. Seit weit über einem Jahrhundert kennen die Paläontologen den nahezu kosmopolitischen Charakter der silurischen Faunen. Die gleiche Art kann auf zwei verschiedenen Kontinenten erscheinen. Der spektakuläre mittelsilurische Trilobit *Trimerus delphinocephalus* aus der Umgebung von Rochester im US-Bundesstaat New York gleicht aufs Haar dem *Trimerus delphinocephalus* von Westengland. Sogar die frühen Paläontologen – so gern sie auch Fossilien, die sich nur wenig in Ort, Zeit und Anatomie unterschieden, verschiedene Namen gaben – fühlten sich gezwungen, ihre Exemplare gleich zu benennen.

Regionale Endemismen nahmen ab, denn verschiedene Stükke der Erdkruste, die später als Europa und Nordamerika aus dem Meer auftauchen sollten, gerieten sehr nahe aneinander. Großbritannien und andere Teile Europas begannen sich dem heutigen Skandinavien zu nähern. Der Proto-Atlantik (manchmal Iapetus genannt) schrumpfte zusammen als Avalonia (dessen Reste heute Neufundland bilden) sich dem Kern des nordamerikanischen Kontinents (Laurentia) näherte. Als die Kontinentalstücke immer näher aufeinander zu drifteten, begannen alte Barrieren für die marine Lebewelt zu verschwinden. Damit verringerte sich die im mittleren Ordovizium so ausgeprägte Regionalisierung immer mehr.

Aber gab es ein besonderes Aussterbeereignis, wodurch das Ordovizium zu Ende ging? Nach Brenchley ja und nein. Nein, denn es gab kein einzelnes, plötzliches und weltweit gleichzeitiges Zusammenbrechen mariner Ökosysteme. Ja, denn im späten Ordovizium war das Aussterben besonders intensiv und von globaler Dimension. Es verlief deutlich in zwei Schritten, die durch eine Million, vielleicht zwei Millionen Jahre getrennt waren. Die Trennung zwischen diesen beiden Phasen ist in Europa am besten dokumentiert. Die Kalkgesteine Nordamerikas liefern ein einheitlicheres Bild, in dem sich die Aussterbephasen schwer unterscheiden lassen.

Die europäischen Daten zeigen deutlich, daß die erste der beiden Aussterbewellen die schlimmere war. Etwa die letzte Million Jahre des Ordovizium sahen eine weitverbreitete, von Brachiopoden dominierte Fauna (die sogenannte hirnantische Fauna). Nirgends auch nur annähernd so vielfältig wie die prähirnantische Fauna des oberen Ordovizium, findet sich diese letzte Tierwelt dieses Zeitalters überall auf der Welt, bis die zweite Aussterbewelle das Werk der ersten vollendete und es mit dem Leben des Ordovizium zu Ende war. Die Paläontologen vermuten schon seit langem, daß die hirnantische Fauna in sehr kaltem Wasser lebte: Unser erster deutlicher Hinweis auf eine spezifische Ursache des Aussterbens. Auf dieses Thema werden wir bald zurückkommen.

Jeder, der jemals die unglaublich häufigen und wunderschön erhaltenen Fossilien gesammelt hat, die aus den Felsen an den Straßenrändern von Westohio und Ostindiana buchstäblich herausfallen, weiß, wie außerordentlich vielgestaltig die marinen Lebensgemeinschaften des oberen Ordovizium waren. Doch weiß niemand, ob das oberste Ordovizium dieser Region prä- oder posthirnantisch ist, ob also das Verschwinden der Fauna jener Zeit im amerikanischen Mittelwesten der ersten oder der zweiten in Europa dokumentierten Aussterbewelle entspricht. Aber man gehe nach Dayton in Ohio und betrachte sich das untere Silur, nachdem man das obere Ordovizium, sagen wir um Madison in Indiana, kennengelernt hat, und man wird ein überzeugendes Bild davon bekommen, wie ein Massenaussterben die Vielgestaltigkeit eines Ökosystems vernichten kann.

Aussterben im oberen Devon

Waldron in Indiana ist eine bescheidene Farmergemeinde, etwa 65 Kilometer südöstlich von Indianapolis. Auf den ersten Blick unterscheidet es sich wenig von anderen Kleinstädten des fruchtbaren Mittelwestens, außer durch den Steinbruch für die Zementproduktion am südlichen Stadtrand. Waldron verlieh schon vor langer Zeit einer Ansammlung vorzeitlichen Schlammes seinen Namen – dem Waldronschiefer –, der uns zeigt, wie spektakulär sich marines Leben nach dem Aussterben im Ordovizium wieder ausbreitete. Die Fossilien von Waldron sind etwa ebenso zahlreich und vielgestaltig (und wunderschön erhalten) wie jene letzten aus dem Ordovizium, als sich dieses seinem Ende näherte.

Der dem Leben des Ordovizium zugefügte Schlag war nicht überall völlig vernichtend. An einigen Orten dauerte es allerdings gut fünf oder gar zehn Millionen Jahre, bis die Meeresböden wieder so dicht mit den Bruchstücken von Brachiopoden, Muscheln und Schnecken, den Skeletten von Bryozoen und Trilobiten und den Kelchen von Korallen bedeckt waren wie vor dem Aussterben des oberen Ordovizium. Aber letztlich kehrten die Lebensgemeinschaften des Meeresbodens doch zurück. Zwar fehlten einige Gruppen nun, doch hatten die Faunen des Silur und des darauf folgenden Devon im Grunde die gleiche Zusammensetzung und ähnelten denen, die zum ersten Mal lange zuvor im unteren Mittelordovizium aufgetreten waren. Die eliminierten Gruppen – beispielsweise einige ordovizische Trilobiten – scheinen nicht durch neuentstandene ersetzt worden zu sein. Der Wiederaufbau beruhte auf dem, was überlebt hatte, und nicht auf neuen Gruppen oder adaptiven Organisationsformen, die sich als Folge der ordovizischen Einschnitte entwickelten.

Das Silur ging fließend ins Devon hinüber, so reibungslos, daß es sich bisher als unmöglich erwies, eine internationale Übereinkunft zu erzielen, wo das Silur endet und das Devon beginnt. Die Faunen wurden nun wieder etwas isolierter und

begrenzter gegenüber dem ausgesprochenen Höhepunkt weltweiter Verbreitung im Silur. Doch bis die nächste große Aussterbewelle zuschlug und das Leben auf dem Meeresboden und nun
zum ersten Mal auch auf dem Land verwüstete, mußten noch 40
Millionen Jahre vergehen.

Auf den ersten Blick befremdet am Massenaussterben des
oberen Devon, daß es nicht wie all die anderen weltweiten
Ereignisse am Schluß einer geologischen Formation eintrat,
sondern zwischen ihren beiden letzten Stufen, dem Frasne und
dem Famenne. Diese nach zwei belgischen Städten benannten
Gesteinsschichten oberdevonischen Alters sind gut erforscht
und unterscheiden sich stark durch die in ihnen erhaltenen Faunen. Das Frasne war der letzte große Höhepunkt der über-
schwellend reichen marinen Faunen des Devon, während uns
das von Brachiopoden, Muscheln und Glasschwämmen be-
herrschte Famenne ein sehr eingeschränktes Spektrum an Ökosystemen mit weit weniger Arten überliefert.

Auf den zweiten Blick allerdings erscheint das Aussterbemuster des oberen Devon doch jenem sehr ähnlich, das wir gerade
vom Ende des Ordovizium kennengelernt haben. Auch das
Hirnantium – die terminale ordovizische Fauna – bestand aus
nur wenigen Arten, vergleichen wir es mit den vorhergehenden
Faunen. Das Hauptaussterben des Devon war mit dem Schluß
des Frasne beendet. Übrig blieben seltsame Überreste devonischen Lebens. Es gab keine deutliche Neuentwicklung normaler
mariner Ökosysteme. Als letztlich wieder normale Lebensgemeinschaften erschienen, bildeten ihre Familien die Basis der
folgenden zum oberen Paläozoikum gestellten Formation, des
Karbon.

Dem Brachiopodenspezialisten George McGhee jr. gelang es,
die Ereignisse des oberen Devon in ein klares Licht zu rücken,
jedenfalls soweit das bisher überhaupt möglich war. Wie er
zeigte, war während der letzten Hälfte des Frasne, in einem
Zeitraum von etwa drei bis vier Millionen Jahren, die Aussterberate hoch. Es gab keinen besonderen Zeitpunkt, an dem eine

außerordentlich große Anzahl von Arten gleichzeitig verschwand; ganz am Ende des Frasne trat anscheinend aber doch noch eine Aussterbewelle ein.

McGhee fand mehrere, mit den Ereignissen im oberen Devon zusammenhängende interessante ökologische Regelmäßigkeiten. Alle Anzeichen deuten auf einen recht markanten Abfall der weltweiten Temperatur hin. Es gab eine von ihm als Breitengradeffekt (*latitudinal effect*) bezeichnete Erscheinung; diese äußerte sich beispielsweise darin, daß die tropischen marinen Ökosysteme, einschließlich der Riffe, besonders hart betroffen waren. Massive Riffe aus tabulaten Korallen und Stromatoporen (gewöhnlich als Korallen betrachtet, neuerdings für Verwandte der Schwämme gehalten), die lange in den tropischen Ökosystemen des Silur und Devon eine Hauptrolle gespielt hatten, verschwanden im Frasne vollständig.

Rund 86 Prozent aller Brachiopodengattungen des Frasne kamen nicht ins Famenne. Aber die meisten derjenigen, denen das gelang, waren kaltem Wasser angepaßt, stellt McGhee fest. Also noch einmal: Damals waren wärmebedürftige Geschöpfe der Meere offenbar benachteiligt.

Andererseits hatten Tiere des Festlandes gegenüber denen der Meere Vorteile. Das entspricht George Stevens' ökologischen Vorstellungen (vergleiche Kapitel 2). Wie McGhee betont, starben weit weniger von den in Seen lebenden Fischen aus als von ihren nahen Verwandten im Meer. Er führt das auf die Toleranz gegenüber Temperaturveränderungen bei den nicht im Meer lebenden Fischen zurück, über die diese im Vergleich zu ihren Vettern aus der gleichmäßig warmen marinen Umwelt der Tropen verfügen. Tatsächlich waren die Lebewesen des marinen Flachwassers, besonders jene, die nahe der Oberfläche umhertrieben oder ungeschützt auf dem Meeresboden lebten, am meisten vom Aussterben betroffen. Arten des tieferen Wassers, wie die Glasschwämme (die auch heute noch das eisige Wasser der ozeanischen Abgründe bevorzugen), überlebten zumeist. Alles in allem, sagt McGhee, deutet vieles auf einen dramatischen

Abfall der globalen Temperatur hin. Hier, im oberen Devon, scheint die Natur des Aussterbevorgangs selbst auf eine ihm zugrundeliegende Ursache hinzudeuten. Darauf werden wir zurückkommen, nachdem wir unseren Überblick über die großen Aussterbeereignisse der geologischen Vergangenheit beendet haben.

Die Grenze Paläozoikum-Mesozoikum: Das (bisher) gewaltigste Aussterben

Wir sind wieder dort angelangt, wo wir unsere Betrachtung der Massenaussterben in geologischer Vergangenheit begannen: am Schluß des Perm, dem Ende des Paläozoikum. Dieses ehrwürdige Ereignis markiert die Trennlinie zwischen den ersten 325 Millionen Jahren komplexen Lebens auf der Erde und der Morgendämmerung seines Mittelalters: der mesozoischen Ära, für immer in der Vorstellung eines jeden mit Aufstieg und Fall der Dinosaurier verknüpft.

Am auffallendsten war das totale Verschwinden der tropischen Korallenriffe und der reichen Gemeinschaft an sie gebundener Geschöpfe. Nicht nur die hochabgeleiteten, ja sogar bizarren Brachiopoden (deren Anpassungen von einer langen, verhältnismäßig ereignislosen Zeit zeugen) wurden vollständig ausgelöscht, sondern auch jene Faunenelemente, welche die strukturelle Grundlage ihres Lebensraumes hervorbrachten: die Bausteine der Riffsysteme, die Korallen. Nachdem sie sich erst einmal etabliert und während des mittleren Ordovizium eine Vielzahl von Arten hervorgebracht hatten, waren die tabulaten und rugosen Korallen (neben den korallenartigen Schwämmen, den Stromatoporen) für den Aufbau der gesamten Riffe im nachkambrischen Paläozoikum verantwortlich.

Rugose Korallen lebten im allgemeinen als Einzelindividuen, einige wuchsen jedoch zu echten Kolonien zusammen. Die oft·

als Runzelkorallen bezeichneten Rugosa waren einfache, gewöhnlich leicht gebogene Trichter, meist zwölf bis 15 Zentimeter lang, obwohl einige Arten wesentlich größer wurden. Im Gegensatz dazu waren die Tabulata oder Bödenkorallen ausschließlich koloniebildend und brachten große Strukturen hervor, die an die heutigen Hirnkorallen erinnern. Einige Paläontologen neigen zur Annahme, die Tabulaten hätten den Schwämmen nähergestanden als echten Korallen, obgleich sie – ökologisch gesehen – Rollen übernahmen, wie sie generell Korallen zukommen.

Auf jeden Fall kehrten die am Ende des Devon zwar stark dezimierten aber keineswegs ausgelöschten Tabulaten und Rugosen als erste zurück, um im unteren Karbon ziemlich kleine, bescheidene, riffähnliche Hügel zu errichten, die sogenannten Biohermen. Bis wieder wirklich massive tropische Riffsysteme erschienen, sollte es eine Weile dauern – bis ins Mittelperm. Aber noch einmal streckte ein Massenaussterben die tropischen Riffsysteme nieder – und diesmal für immer – jedenfalls die damaligen Akteure in dieser Arena. Die heutigen Riffe werden von ganz anderen Korallen gebildet. Die Stromatoporen überlebten zwar bis ins Mesozoikum (kürzlich entdeckte man sogar moderne Stromatoporen als versteckte Angehörige tropischer Riffe), bildeten aber niemals wieder Riffe von annähernd jenem Ausmaß wie im Paläozoikum.

Die Korallen und die mit ihnen eng assoziierten Arten in tropischen Lebensgemeinschaften waren kaum die einzigen Lebewesen, welche die Vernichtung an der Grenze Perm-Trias zu spüren bekamen. Nach Jack Sepkoskis Zusammenstellungen starben erstaunliche 54 Prozent aller marinen Familien aus, 83 Prozent der Gattungen verschwanden. Wie ich wiederholt erwähnte, sind Sepkoski und Dave Raup der Ansicht, diese Zahlen seien gleichbedeutend mit 90 bis 96 Prozent aller Arten des oberen Perm, die das Aussterben dahinraffte. Am härtesten waren vermutlich genau jene Komponenten der Lebensgemeinschaften am Meeresbodens betroffen, die sich im mittleren

Ordovizium so explosionsartig vermehrt hatten. Gruppen, die – wie die Korallen – mit Kalkskeletten ausgerüstet und am Meeresboden festgewachsen gemächlich ihre Nahrung aus dem Meerwasser filtrierten. Hierzu gehörten vor allem Brachiopoden, Bryozoen und einige Gruppen crinoider Echinodermen (Seelilien).

Aber hart traf es auch einzellige schalentragende Organismen, die Foraminiferen. Aus gutem Grund gehen wir zumeist davon aus, Einzeller seien mikroskopisch klein. Doch gab es Zeiten, als beschalte Einzeller, besonders Amöben und ihre Verwandten wirklich enorme Größen erreichten. Die ägyptischen Pyramiden sind aus Blöcken eozänen Kalksteines erbaut, von denen viele vor allem aus flachen, runden Foraminiferen, sogenannten Nummuliten, bestehen, was „Münzensteine" bedeutet. Einige dieser „Münzen" hatten die Größe eines Zehnpfennigstückes, vereinzelte erreichten sogar zehn Zentimeter Durchmesser. Nahe Verwandte dieser Wesen finden wir noch heute in einigen tropischen Gebieten.

Der Biologe John J. Lee zeigte, daß die komplizierten Kammern, die das Innere dieser großen Schalen unterteilen, Algen beherbergen. Die Algen betreiben Photosynthese und beteiligen sich vermutlich am Lebensunterhalt der Wirtsforaminifere, die ihnen ihre Behausung stellt. Es handelt sich um Diatomeen oder Kieselalgen, die normalerweise in eigene Kieselsäuregehäuse eingeschlossen frei im Wasser schweben. Beziehen sie das Innere beschalter Amöben, verzichten sie auf ihre Kieselsäurehüllen.

Die Fusulinen, die paläozoischen Entsprechungen der Nummuliten, waren nicht rund und flach, sondern wie Geleerollen eingerollt und glichen kleinen Zigarrenstumpen. Einige wurden fünf Zentimeter lang. Auch sie hatten komplizierte Systeme innerer Kammern, und mancher möchte wetten, daß auch hier die Symbiose mit Algen das Geheimnis ihrer Fähigkeit war, große Schalen abzuscheiden. Die im oberen Paläozoikum häufigen Fusulinen schafften es nicht, das Mesozoikum zu erreichen.

Auch die Trilobiten mußten schließlich ins Gras beißen. Die jüngsten, die wir kennen, stammen aus den oberen Regionen des Mount Everest (ein dramatisches Zeugnis der Kräfte der Erdkruste, alte Meeresböden zu derartigen Höhen zu erheben!). Aber als sich das Paläozoikum seinem Ende näherte, waren die Trilobiten schon bis auf wenige Arten zusammengeschrumpft. Bis auf eine Ordnung wurden sie im Frasne vernichtet. Zwar wuchs ihre Formenvielfalt im Karbon in einigen kleineren Radiationen abermals etwas an, doch erreichten die Trilobiten niemals wieder auch nur annähernd den taxonomischen Reichtum des frühen Paläozoikum.

Dies bedeutet nicht, ein zukünftiger Trilobitenfund durch einen glücklichen Dredgenzug in den Abgründen der Tiefsee sei absolut unmöglich. Es sind schon merkwürdigere Dinge passiert. Die Monoplacophoren sind primitive Mollusken, die wir schon seit den frühesten Tagen paläontologischer Forschung aus dem Paläozoikum kennen. Ihre einzelnen, einfachen und gewöhnlich kappenförmigen Schalen gleichen oberflächlich etwa denen heutiger Napfschnecken. Aber das sind hochabgeleitete Schnecken (Gastropoda). Ihre Schalen lassen innen den hufeisenförmigen Ansatz ihrer Hauptmuskelmasse erkennen. Im auffallenden Gegensatz dazu zeigen die Monoplacophoren Reihen paariger Muskelansätze – Überreste früher Tage der Muskengeschichte, als noch deutliche Elemente segmentaler Körperorganisation existierten. Mollusken sind nahe Verwandte der deutlich segmentierten Ringelwürmer und Gliederfüßer. Daher überrascht es nicht, daß ihre allerprimitivsten Vertreter Spuren ihres alten segmentalen Erbes zurückbehielten.

Nach dem mittleren Devon fehlten die Monoplacophoren. Man hielt sie für ausgestorben, bis in den fünfziger Jahren unseres Jahrhunderts die dänische *Galathea*-Expedition lebende Exemplare vom Meeresboden heraufholte. Heute kennen wir mehrere Arten der Gattung *Neopilina* aus den Abgründen und von den Gipfeln der Berge in der Tiefsee. Die ersten Exemplare taufte man *Neopilina*, wegen ihrer großen Ähnlichkeit mit der silurischen *Pilina*, die – ironischerweise – ein Riffbewohner des Flachmeeres war.

Anscheinendes Aussterben, sogar eines gesamten großen Lebenssektors (die Monoplacophoren gelten als Klasse des Stammes der Mollusken), bedeutet also nicht unbedingt tatsächliches Aussterben. Abgesehen davon, daß dieses Phänomen hoffen läßt, doch noch irgendwo in der unendlichen Tiefe des Meeres verborgene Trilobiten zu finden, ist es heute für uns wichtig, weil es erlaubt, die Regelmäßigkeiten des Massenaussterbens ganz allgemein richtiger zu bewerten. Für nichts trifft dies besser zu als für die Interpretation der Ereignisse beim Massenaussterben am Schluß des Paläozoikum. Denn hier stoßen wir direkt auf die Erscheinung der Lazarustaxa.

Wegen der ungeheuren Zeitspannen, mit denen sich die Paläontologen befassen, müssen sie ihren Forschungsgegenstand zwangsläufig zerstückeln. Bis vor kurzem kreuzten sich die Wege der Forscher, die sich für Trilobiten des Kambrium interessieren, nur selten mit denjenigen ihrer Kollegen, die postkambrische Trilobiten erforschen; denn es war immer schwierig, evolutionäre Beziehungen zwischen den kambrischen und späteren Trilobiten zu erkennen (moderne Forscher versuchen es auf neue Weise und haben einigen Erfolg dabei, diese Kluft zu überbrücken). Geologische Grenzen spiegeln Häufungen des Aussterbens sowie die Verjüngung der nachfolgenden Faunen wider, die ihren Vorgängern manchmal nur entfernt ähneln, daher markieren sie oft auch Grenzen für die Forscher.

Roger Batten ist Paläozoologe und Spezialist für Gastropoden (Schnecken), ein Schüler des großen J. B. Knight. Als junger Forscher an der Columbia University wurde er von Norman D. Newell angeleitet, dem Nestor der amerikanischen Paläontologie jener Tage und für alle Zeit Nestor der Erforschung des Aussterbens. Er war es, der im dritten Viertel dieses Jahrhunderts die Untersuchung dieses großen Problems in den USA am Leben hielt und ihr ein wirklich wissenschaftliches Niveau verlieh.

Batten schrieb seine Doktorarbeit in den fünfziger Jahren über das gewaltige Aufgebot von Schnecken, die um den mächtigen permischen Riffkomplex des westlichen Texas herum lebten. Er verbrachte einen Großteil seiner restlichen Karriere damit, die weltweite permische Schneckenfauna zu analysieren und zu beschreiben. Batten versuchte, die Entwicklungslinien seiner Schnecken aus dem Perm mit denen zu verbinden, die man in den älteren Felsen des mittleren und oberen Paläozoikum fand. Er beschäftigte sich auch mit den Faunen der Trias. Seit jeher wurde das Mesozoikum als die Morgendämmerung des Zeitalters der neuzeitlichen Faunen betrachtet. Von den heutigen Schnecken finden sich nur die allerersten Andeutungen im Paläozoikum. Viel einfacher ist es, im Mesozoikum nach offensichtlichen Vorläufern heutiger Schnecken zu suchen. Daher hat man das Mesozoikum, ein Zeitalter des Umschwungs in der Geschichte des Lebens, oft mehr als Ursprung heutiger Faunen betrachtet, statt als Mischung von wirklich altem (paläozoischen) und modernem (känozoischen) Leben.

Die frühen triassischen Faunen wurden zumeist von Ammonoideen beherrscht. Gastropoden und andere Lebensformen des Meeresbodens sind aus jener Zeit nur schwierig zu finden. Allerdings tauchten Schnecken, Muscheln und der Rest der „typischen" Komponenten der Lebensgemeinschaften am Meeresboden in der mittleren und oberen Trias langsam wieder auf. Zu seiner großen Überraschung fand Batten, als er die alten Monographien über die triassischen Faunen durchstöberte, bei vielen der damaligen Schnecken ein paläozoisches Erscheinungsbild. Mit anderen Worten, sie sahen aus, als hätte man sie in Gesteinen aus dem Perm oder sogar in noch älteren gefunden. Einige, wie die Gattung *Worthenia*, von der es viele Arten während des gesamten oberen Paläozoikum gab (und die enge Beziehungen zu älteren Schnecken bis zurück ins Ordovizium haben), waren ausgesprochen paläozoisch.

Diese Entdeckung war auch deshalb eigentümlich, weil gegen Ende des Perm nur ganz wenige Gastropoden zu finden sind (wir werden gleich sehen, daß – wenn überhaupt – auch kaum normales marines Gestein aus dem obersten Perm existiert). Schnecken paläozoischen Charakters sind für die Trias einfach typischer als für das obere Perm. David Jablonski, der in der Geschichte der Bemühungen, das Massenaussterben zu verstehen, bereits eine beachtliche Rolle spielte, nahm sich Battens Thema an. Er nannte Taxa, die einige Zeit nach ihrem vermeintlichen Untergang wieder lebend und wohlbehalten erscheinen, Lazarustaxa.

Lazarustaxa zeigen uns zumindest zwei Dinge: Natürlich erstens, daß sie es schafften zu überleben, obgleich eine unvoreingenommene Deutung der erhaltenen Gesteine ergibt, daß sie ausgestorben sein müßten. Mit anderen Worten, es existierten geologisch nicht überlieferte Orte, an denen diese Lebewesen vom Aussterben nicht oder kaum betroffen waren. Der zweite Punkt ist etwas subtiler und beruht in gewissem Ausmaß auf dem ersten: Wir sollten uns die Gesteine ansehen, die das vermeintliche Aussterben überliefern. Seit Jahren wissen wir, daß an den obersten marinen Ablagerungen aus dem Perm, die in Texas und vielen anderen Gebieten geradezu klassisch ausgebildet sind, irgend etwas seltsam ist. Beispielsweise lagerten sich über alten Riffen in Westtexas Salze ab. Zwar dürfen wir hoffen, aus solchen Tatsachen etwas über die Ursachen des Aussterbens zu erfahren, doch wir müssen auch erkennen, daß an einigen Orten nicht einfach jene Bedingungen herrschten, unter denen wir die typischen Formen bodenbewohnender mariner Wirbelloser erwarten.

Dieser letztgenannte Faktor hindert uns daran, absolute Sicherheit über die tatsächlichen Muster des Verschwindens von Taxa zu gewinnen. Allerdings hat man erst kürzlich, vor allem in China, Aufschlüsse von Gesteinen bis ins Detail studiert, die sich vermutlich in ununterbrochener Folge vom oberen Perm bis in die untere Trias hinein ablagerten. Die Seltenheit guter, kontinuierlicher Überlieferungen typischer mariner Lebensräume vom Perm bis zur Trias erschwert es außerordentlich, Gewißheit darüber zu erlangen, wie abrupt das gewaltigste uns überlieferte Aussterben eintrat. Zwar berichtet W. D. Maxwell in zwei Veröffentlichungen, in denen er die einschlägige Literatur auswertet, von „vollständigen marinen Überlieferungen" über diese Grenze hinweg, und das nicht nur aus China, sondern auch aus Indien, Pakistan, Iran und Ostgrönland, doch der Paläontologe Douglas Irwin ist weitaus vorsichtiger. Er behauptet, die Vollständigkeit vieler dieser freiliegenden Schichtenfolgen sei zweifelhaft: Möglicherweise fehlt in den Gesteinen gerade die Überlieferung jener Zeit, die für den Übergang vom Perm zur Trias, vom Paläozoikum zum Mesozoikum, am wichtigsten ist.

Was wir haben, ist ein Bild, in dem haufenweise Taxa verschwinden, aber keine Gewißheit, wie abrupt dieses Ereignis tatsächlich vonstatten ging. Auch überblicken wir noch nicht einmal, wie viele ökologische Typen damals die Szene verließen – und zwar offenbar für immer. Denn sie zeigen in später abgelagerten Gesteinen keine Lazaruseffekte (und wurden bisher auch nicht in der heutigen Tiefsee gefunden). Betrachten wir eine Gruppe, die das Aussterben an der Grenze Perm-Trias tatsächlich überlebte: die Ammonoideen, beschalte Verwandte der Kalmare und Kraken (aus der Molluskengruppe der Kopffüßer oder Cephalopoden). Sie standen in besonders enger Beziehung zum heutigen gekammerten *Nautilus*. Wie dieser lebten sie innerhalb einer gekammerten, spiralig gewundenen Schale. Die Ammonoideen schwammen mit einer Art Düsenantrieb durch den kräftigen Ausstoß eines Wasserstrahles aus einem beweglichen Sipho, mit dessen Hilfe die Tiere ihre Schwimmrichtung ändern konnten. Wie alle anderen Cephalopoden waren auch sie aktive Räuber der Meere.

Die Ammonoideen gelten beinahe – wie die Dinosaurier als Symbol des Mesozoikum. Am Ende der Trias gerieten sie an den Rand des Aussterbens. Einige aber kamen durch, bildeten im Jura explosionsartig viele neue Arten und erlebten eine Blüte während der gesamten Kreidezeit – nur um an deren Ende ein für allemal ausgelöscht zu werden. Wie schon gesagt, gelang es ihnen kaum, auch nur über das Paläozoikum hinauszukommen. Kaum mehr als fünf Gattungen scheinen das geschafft zu haben, die einzigen Übermittler eines Bruchteils jener genetischen Information, die das gewaltige Spektrum der paläozoischen Ammonoideen in sich trug. Nur eine der Gattungen, die das Debakel überlebten, bildete offenbar den Ursprung der überwiegenden Mehrheit der Ammonoideen der Trias. Die Ammonoideen waren schon im unteren Devon entstanden, vermutlich aus nautiloideenähnlichen Vorfahren. Hätte diese eine Gattung die Krise im Perm nicht überstanden, wäre die gesamte Geschichte der mesozoischen marinen Wirbellosenfauna vollkommen anders verlaufen. Damals litt Gruppe für Gruppe, würde sie nicht gar vernichtet, unter drastischen Einschnitten. Aber wie plötzlich geschah das? Betraf es das Leben auf dem Land ebenso wie das unter Wasser?

Das Leben hatte es im Silur geschafft, das Land zu besiedeln. Während des mittleren und oberen Devon waren einige grundlegende Ökosysteme etabliert – mit den so unabdingbaren Pflanzen, einer Vielfalt von Insekten, Spinnen sowie deren verschiedenartigsten Verwandten *und* mit Wirbeltieren. Nachdem sie das späte devonische Aussterben überstanden hatten, brachten die Floren und Faunen des Festlandes während der letzten 100 Millionen Jahre des obereren Paläozoikum eine enorme Vielfalt hervor. Die großen bewaldeten Sümpfe, denen wir einen Großteil unserer Steinkohlelager verdanken, waren nicht nur Heimstätte eines gewaltigen Spektrums archaischer Pflanzen, sondern auch der frühen landbewohnenden Wirbeltiere, die für ihre Fortpflanzung nach wie vor ans Wasser gebunden waren (es handelte sich also um Amphibien). Etwas später lebten hier auch Wirbeltiere, deren Eier gegen Austrocknung geschützt waren und ihre eigenen Nährstoffe enthielten. Damit befreite sich die Fortpflanzung dauerhaft von dem bisher unerläßlichen wässrigen Milieu. Dieses Amniotenei war die endgültige Lösung des Hauptproblems, das einem völlig terrestrischen Leben der Wirbeltiere bisher entgegenstand. Amnioten (Tiere, deren Eier ein Amnion, eine innere Fruchthülle, haben) ohne Haare und Federn sind Reptilien. Im späten Paläozoikum waren sie sehr häufig geworden.

Die Karrooschichten (nach der südafrikanischen Wüste benannt, wo sie am besten erhalten und am gründlichsten untersucht sind) umschließen die Grenze zwischen dem oberen Paläozoikum und dem unteren Mesozoikum. Sie sind durch die Gondwanafauna von Säugetierähnlichen Reptilien (Synapsida) berühmt: einen Zweig früher Amnioten, die nur deshalb als Reptilien gelten, weil ihnen Haare und andere Eigenschaften ihrer Nachfahren, der Säugetiere, fehlten. Diese Tiere entfalteten sich besonders auf der südlichen Halbkugel. Ihre Knochen blieben nicht nur in Südafrika erhalten, sondern auch in Südamerika, Indien und sogar auf Antarktika, den Resten von Gondwanaland, des gewaltigen Superkontinents der südlichen Hemisphäre, der später im Verlauf des Mesozoikum auseinanderbrach.

Auf den ersten Blick ist in der Karroo vom großen Aussterben des marinen Lebens am Schluß des Paläozoikum nichts zu sehen. Hier liegt eine Folge von Schichtenzonen mit Faunen, die sich charakteristisch voneinander unterscheiden. Die gesamte Sequenz schließt aber die entscheidende Grenze ein; sie ist hier einfach als eine der üblichen Schichtengrenzen zwischen den Zonen markiert. Die Folge der Schichten ist so unvollständig (terrestrische Floren und Faunen sind gewöhnlich nur in Ablagerungen von Seen erhalten, und in einer solchen Umgebung wird weit ungleichmäßiger sedimentiert als unter typisch marinen Bedingungen), daß es äußerst schwer fällt zu entscheiden, ob die Zonengliederungen Aussterben und Neubelebung entsprechen, und – sollte dies der Fall sein – wie abrupt das Aussterben tatsächlich eintrat.

Aber eine Analyse der Landwirbeltiere im weltweiten Maßstab zeigt einen recht erheblichen Umschwung vom oberen Perm zur unteren Trias. Dieser scheint jedoch weniger des Ergebnis eines einzelnen massiven Aussterbens zu sein, als vielmehr einer großen Umgestaltung durch eine Serie kleiner Aussterbewellen. Einer der Paläontologen, Robert Sloan, behauptete sogar, jede dieser Wellen habe einen immer größeren Prozentsatz Säugetierähnlicher Reptilien hinterlassen: eine interessante Möglichkeit, die einiges Licht auf die Ursachen der biologischen Neuformierung am Ende des Paläozoikum werfen könnte.

Auch unter den Pflanzen ging die Vielfalt vom Perm bis zur Trias deutlich zurück. Nach alldem war das Leben auf dem Land ebenso betroffen wie das im Meer. Aber das Muster auf dem Land erscheint klar abgestuft. So unvollständig die freiliegenden Ablagerungen aus jener Zeit auch sind, ergibt sich doch, schließt man die Lazarustaxa einmal aus, das Bild eines auseinandergezogenen, sich über einige Millionen Jahre hinziehenden Ereignisses – eines Ereignisses, das nur durch seine kumulative Wirkung gleichmäßig und fortschreitend erscheint. Das tatsächliche Bild von Aussterben und Erneuerung ist eine Folge von Aussterbeereignissen, die nicht gerade katastrophal waren – jedes mit deutlich höherer Aussterberate als das Hintergrundaussterben, aber keines die Ausmaße eines echten Massenaussterbens erreichend.

Die Überlieferung aus dem Meer ist sogar noch schwieriger zu deuten. Unten im Delawarebecken, wo man all die Wirbellosen der großen permischen Riffe in derartigem Überfluß findet, sind die obersten permischen Gesteine stark salzhaltig. Salz schlägt sich nur dann aus dem Meerwasser nieder, wenn die Verdunstung den Zufluß durch Regen, Flüsse oder selbst die Verbindung mit normalem Meerwasser deutlich übersteigt. Dieser Vorgang gilt gewöhnlich als Zeichen für trockenes Klima. An zahlreichen Orten in aller Welt finden sich spätpermische Salzablagerungen. Sie bezeugen einen weltweiten Rückzug normalen Seewassers von den Kontinenten und engen unsere Sicht auf die Ereignisse im späten Perm drastisch ein. Wie können wir wissen, wie abrupt das Aussterben an der Grenze Perm-Trias war, wenn wir nicht die richtigen Umwelten mit den dazugehörigen Faunen aus der entscheidenden Zeit auffinden? Sogar jene Gebiete mit Ablagerungen aus dem Meer, die sich der Grenze nur nähern, sind schon Gegenstand von Diskussionen. Wie wir gesehen haben, gibt es keine Übereinstimmung darüber, wie vollständig diese Aufschlüsse über die Perm-Trias-Grenze hinweg sind.

Die eigenartige Natur der marinen Umwelten gegen Ende des Perm – wie auch immer sie unsere Erkenntnis über das tatsächliche Muster der Ereignisse kompliziert – sagt uns zweifellos etwas über die physische Umwelt und somit darüber, was den größten aller biologischen Umschwünge verursachte. Zwar fanden chinesische Paläontologen in den frühen achtziger Jahren in einer ihrer vollständigsten Schichtenfolgen dicht an der Grenze eine Iridiumanomalie (wie wir bald sehen werden, oft als Beweis des Einschlags eines außerirdischen Körpers betrachtet), doch mißlangen nachfolgende Bemühungen, die Anwesenheit des Iridiums zu bestätigen.

Die Hinweise scheinen sich zu mehren, nach denen das permische Aussterben im Meer ebenso fortschreitend, schrittweise, kumulativ und graduell verlief wie in den terrestrischen Lebensräumen. Es gibt genügend Gesteine mit geeigneten Faunen, anhand derer sich zeigen läßt, daß im mittleren und oberen Perm eine Gruppe nach der anderen vom Niedergang erfaßt wurde. Vielleicht werden wir jedoch nie wissen, wie dramatisch der Zusammenbruch an der Grenze Perm-Trias wirklich war, weil es uns die Gesteine niemals erzählen werden.

Was uns die Steine tatsächlich sagen, betrifft klimatische Veränderungen. Die ausgedehnten polaren und kontinentalen Gletscher des oberen Paläozoikum hatten sich im mittleren Perm zurückgezogen. Die Verdunstungsprodukte, die den Schluß des Perm selbst markieren, scheinen Wärme und Trockenheit zu bedeuten. Aber ganz so einfach ist die Geschichte nicht: Wir müssen erst noch verstehen, was den allmählichen Rückgang des Meeresspiegels vom Perm zur Trias verursachte. Der bei weitem wirkungsvollste der bekannten Gründe von Meeresspiegelschwankungen ist Vereisung. Aber Bewegungen der Krustenplatten spielen ebenfalls eine Rolle. Mit der schließlichen Vereinigung aller Kontinente zur Pangäa ganz am Ende des Paläozoikum könnte die Verlangsamung der Plattenbewegung ein Sinken der mittelozeanischen Rücken herbeigeführt haben: Bewegen sich die Platten rasch, wachsen diese Rücken schneller, und somit wird das Wasser auf die Kontinente gedrückt. Die Verlangsamung der Bewegung läßt die Rücken niedriger werden, und das Wasser strömt von den Kontinenten herab zurück in die ozeanischen Becken.

Es gibt noch weitere mögliche klimatische Auswirkungen der Vereinigung aller Kontinente zu einer einzigen gewaltigen Landmasse. Nicht alle fallen sofort ins Auge. Das Aussterben an der Perm-Trias-Grenze ist nicht nur das größte von allen, sondern stellte sich auch als interessanter Testfall für unser Vermögen heraus, die grundlegenden Ursachen großer biotischer Umgestaltungen zu verstehen. Wir werden uns die physikalischen und biologischen Ereignisse am Schluß des Paläozoikum später nochmals ansehen, wenn wir uns direkt mit den Ursachen des Massenaussterbens befassen. Nachdem wir nun die ersten 3,25 Milliarden Jahre der überlieferten Geschichte des Lebens betrachtet haben, müssen wir unseren Schnellüberblick über die Massenaussterben mit den 245 Millionen Jahren des Meso- und Känozoikum abschließen.

5

Aussterben sowie Aufstieg und Zerfall des modernen Lebens

Wir befinden uns nun am Beginn des Mesozoikum. In 180 Millionen Jahren wird – wenn auch nicht das größte – so doch das berühmteste aller Aussterben über die Welt hereinbrechen. Die Grenze zwischen Kreide und Tertiär (kurz K-T-Grenze) wird den Untergang der Dinosaurier zusammen mit dem vieler ihrer Zeitgenossen markieren.

Sie ist heute Gegenstand einer der lebhaftesten wissenschaftlichen Debatten überhaupt. Für diese letzte mesozoische Arena wurden die stichhaltigsten Argumente für die Hypothese vom Einschlag eines außerirdischen Himmelskörpers als Ursache des Massenaussterbens vorgetragen. Die enorme Aufmerksamkeit (vor allem in den Medien, die aber nur das Echo des Getöses in den Instituten der Hochschulen ist), die diese Impakthypothese auf sich zog, rief ein weltweites Interesse am Phänomen des Massenaussterbens im allgemeinen hervor. Auch wegen der Tatsache, daß heute unsere eigenen Lebensgemeinschaften gefährdet scheinen, ist das Problem des Aussterbens ein sehr heißes Eisen, nicht nur innerhalb der Wissenschaft, sondern überhaupt für jeden, der sich aus der Zukunft unseres Planeten etwas macht.

Mike Benton arbeitet über Landwirbeltiere. Er widmet einen großen Anteil seiner Zeit und Aufmerksamkeit einer Gruppe triassischer Reptilien, die im Vergleich mit dem Ruhm ihrer nicht sehr entfernten Verwandten, der Dinosaurier, in unserem Bewußtsein ein Schattendasein führen. Bentons Reptiliengruppe, die Rhynchosaurier oder Großschnabelechsen, können sich aber einige interessante Dinge zugute halten. Vor allem leben sie noch in unserer Zeit, obgleich in drastisch reduzierter Zahl. Die Anatomen des vergangenen Jahrhunderts erkannten, daß sie mit der eidechsenähnlichen neuseeländischen Tuatara ein echtes lebendes Fossil in der Hand hatten. Diese Tuatara oder Brükkenechse ist ein Rhynchocephale, der letzte Rest einer einstmals weitverbreiteten und vielfältigen Gruppe, die Bentons Rhynchosaurier aus der frühen und mittleren Trias einschließt.

Einige Paläontologen leisten sich heute gerne den Spaß, darauf hinzuweisen, die Dinosaurier seien gar nicht wirklich ausgestorben. Dabei denken sie an die Vögel. Früher unterschieden die Biologen fünf große Klassen der Wirbeltiere: Fische, Amphibien, Reptilien, Vögel und Säugetiere. Diese einstmals als gesondert (obwohl evolutionär miteinander verknüpft) angesehenen Äste des Wirbeltierstammbaumes werden von modernen Wissenschaftlern etwas von oben herab angesehen. Die Fische – ausgestorbene wie heutige – sind ein Mischmasch im Wasser lebender Wirbeltiere. Einige von ihnen (wie die Lungenfische, Quastenflosser [einschließlich *Latimeria*, einem anderen lebenden Fossil] und besonders die fossilen Rhipidistier) sind näher mit den Landwirbeltieren als mit anderen Fischen verwandt. Die Amphibien bilden einen weiteren solchen Fall: Viele paläozoische und frühe mesozoische Amphibien waren nur alte tetrapode (vierfüßige) Wirbeltiere, denen aber einfach noch die evolutionär fortschrittlichen Eigenschaften ihrer späteren Abkömmlinge fehlten, insbesondere das schon erwähnte Amnion. Die modernen Amphibien (größtenteils Frösche und Schwanzlurche) und einige paläozoische Verwandte bilden allerdings tatsächlich eine zusammenhängende evolutionäre Gruppe. Aber das Fehlen bestimmter, eine Gruppe definierender Eigenschaften ist kaum ein Grund, manche der alten Tetrapoden als Amphibien zu betrachten – vor allem auch deshalb, weil einige von ihnen den Reptilien näher stehen als andere.

Wir hatten schon Schwierigkeiten, in den Reptilien eine einheitliche Gruppe zu sehen. Es scheint vielmehr außer den Schildkröten und verschiedenen ausgestorbenen Verwandten zwei getrennte Entwicklungslinien der Reptilien gegeben zu haben. Eine schließt die frühen Vorläufer der Säugetiere ein, die andere – als fortgeschrittene Angehörige – die Vögel. Diese scheinen von jenem Zweig abzustammen, zu dem auch Schlangen, Echsen, Krokodile und vor allem die Dinosaurier gehören. Nach der jüngsten, vermutlich zutreffenden Vorstellung entwickelten sich die Vögel aus fleischfressenden theropoden Dinosauriern oder deren engen Verwandten, also aus tyrannosaurusähnlichen Tieren.

Somit sind die Vögel Dinosaurier mit Federn oder Carnosaurier ohne Zähne; aber sie gelten kaum als lebende Fossilien. Sie sind nicht nur ebenso formenreich wie die Dinosaurier jemals waren. Sie sind auch ganz etwas anderes als nur hochaktive, kleine, bewegliche fleischfressende Theropoden. Ökologisch sind sie ebenfalls keine Dinosaurier. In dieser Hinsicht liegt nur die Tuatara innerhalb des Spektrums, das wir für ihre mesozoischen Verwandten annehmen müssen.

Benton bemühte sich sehr zu beweisen, daß die Rhynchosaurier ökologische Gegenstücke der pflanzenfressenden Dinosaurier gewesen sind, die sie bald ersetzen sollten. Die Rhynchosaurier waren Vegetarier; sie entwickelten sich zu einer Vielfalt verschiedener Formen und füllten jene Nischen aus, die nach der Überzeugung Bentons bis kurz vorher von pflanzenfressenden Säugetierähnlichen Reptilien (Synapsiden) besetzt waren (die nichtsdestotrotz auch weiterhin bedeutende Mitglieder der terrestrischen Ökosysteme während der mittleren Trias blieben). Die Thecodontier, die ebenfalls zum Dinosaurier-Vogel-Ast (und nicht zum Säugerzweig) gehörten, teilten sich in der mittleren Trias die Nische der Fleischfresser mit den Säugetierähnlichen Reptilien. Der Unterschied zwischen Thecodontiern und Dinosauriern beruht auf unscheinbaren anatomischen Merkmalen. Die meisten von uns würden die Thecodontier als Dinosaurier bezeichnen.

Plötzlich war alles vorbei. Nach der ersten Stufe der oberen Trias (dem Karn) belebten die beiden großen Gruppen der Dinosaurier – die Saurischia und die Ornithischia, auch Echsen- und Vogelbeckendinosaurier – die terrestrischen Ökosysteme. Die Sauropoden sind die tapsigen, pflanzenfressenden Giganten (beispielsweise *Brontosaurus* – der, wie Ihnen jedes Kind sagen wird, korrekt *Apatosaurus* heißt). Sie bildeten zusammen mit den fleischfressenden Theropoden (wie *Tyrannosaurus*) die Saurischia. Zu den Ornithischia gehörten die Entenschnabelsaurier, die Ceratopsier oder Horndinosaurier (wie *Triceratops*), die Stegosaurier und die Ankylosaurier. Alle ernährten sich von Pflanzen.

Wiederum sind jedoch die zugrundeliegenden Muster schwierig zu deuten. Der Schlamm und der schlammige Sand der Karrooschichten mit den Säugetierähnlichen Reptilien wird von Sandsteinen der oberen Trias mit nur wenigen Resten dieser Tiergruppe überlagert. Daneben bergen diese Schichten haufenweise Neuankömmlinge – Dinosaurier, die zu den ältesten gehören, die man je gefunden hat. Spontan wäre man geneigt zu denken, die Dinosaurier hätten sich nach dem Aussterben der Säugetierähnlichen Reptilien entwickelt und deren Plätze eingenommen – die Stellen der gefallenen Soldaten eines vergangenen ökologischen Regimes. Aber der Paläontologe muß sich fragen, woher die Dinosaurier wohl kamen (offenbar stammten sie nicht direkt von Geschöpfen aus den unmittelbar darunter liegenden Schichten ab). Wie Benton selbst hervorhob, führte die gegenwärtige Tendenz, die Dinosaurier mit größerem Respekt neu zu interpretieren – aus der Erkenntnis heraus, daß diese Tiere keine „Nieten" waren, sondern sehr aktiv und leistungsfähig ihre ökologischen Rollen ausfüllten – zu der Spekulation, sie hätten tatsächlich mit den Bewohnern der Welt der mittleren Trias konkurriert und diese schließlich besiegt.

Die Dinosaurier hatten ihren unverdient schlechten Ruf wegen ihrer vermeintlichen Niederlage im Kampf mit uns selbst, den Säugetieren, bekommen. Doch sie füllten über 145 Millionen Jahre hinweg den ökologischen Raum sehr wohl aus, und gaben davon gerade so viel frei, daß sich die Säugetiere soeben darin halten konnten. Diese entstanden genau zur selben Zeit, als die Dinosaurier „das Laufen lernten" (die ältesten bekannten Säugetiere stammen aus der oberen Trias). Heute ist völlig offensichtlich, daß die Dinosaurier erst ausgelöscht werden mußten, um den Säugern eine Chance zur Entfaltung zu geben. Zu dieser kam es schließlich auch, aber erst nach dem großen Aussterben an der Kreide-Tertiär-Grenze.

Somit müssen wir die Vorstellung aufgeben, die Säuger hätten den Platz der Dinosaurier (und denjenigen anderer verwandter Bewohner der mesozoischen Landschaft) einfach nur wegen ihrer von Natur aus vorhandenen Überlegenheit eingenommen. Wir hatten das Glück, uns lange genug auf der Erde zu halten, so daß wir schließich unsere Chance bekamen und die Welt erbten. Da das so ist, hat es keinen Sinn, ein Bild von der Überlegenheit der Dinosaurier zu zeichnen, die allmählich die Rhynchosaurier, Thecodontier und Säugetierähnlichen Reptilien aus ihren mitteltriassischen ökologischen Nischen verdrängten. Benton meint vielmehr (und ich stimme dem zu), die Tatsachen deuteten darauf hin, daß es das Verschwinden des Alten war, was den Weg für die neuen Erben der Welt ebnete. Die Dinosaurier waren einfach Überlebende. Sie bildeten nur einen geringen Anteil der terrestrischen Fauna im Karn, dem früheren Abschnitt der oberen Trias, als die älteren Lebensgemeinschaften noch intakt waren. Es waren die Dinosaurier, die jeden abwehren konnten, als die Zeit der ökologischen Neustrukturierung während des Nor, dem letzten Stadium der Trias, herankam.

Wiederum ist es jedoch schwierig, den zeitlichen Ablauf und somit die wirkliche Natur der Aussterbeereignisse in der späten

Trias genau zu bestimmen. Aber eines steht außer Zweifel: Die obere Trias gehörte zu den wichtigsten Wendepunkten des Lebens und ist in dieser Hinsicht mit dem oberen Ordovizium, dem späten Devon, dem Schluß des Paläozoikum und der K-T-Grenze gleichzustellen. Wie Benton berichtet, der die Daten von Sepkoski, ihm selbst und anderen zitiert, starben damals mehr als 20 Prozent der bekannten Familien aus. In den Meeren waren die Schwämme, Schnecken, Muscheln und Brachiopoden besonders stark betroffen. Wiederum starben die Ammonoideen (die kaum über die Perm-Trias-Grenze hinweggekommen waren) fast vollständig aus. Die Ceratiten hatten sich in der Trias explosionsartig entfaltet und die Lebensgemeinschaften der damaligen Ammonoideen vollständig beherrscht. Mit dem Ende der Formation verschwanden sie spurlos. Eine der vielen formenarmen Gruppen, die selbst noch aus dem Paläozoikum stammten, überlebte und löste die letzte große Radiation der Ammoniten im Jura und in der Kreide aus.

Wiederum sieht es so aus, als sei das Aussterben am Ende der Trias in mehreren Wellen eingetreten. Zwar erreichte es direkt am eigentlichen Ende einen Höhepunkt, doch gab es auch noch einen anderen, der etwa zehn Millionen Jahre früher auftrat. Die Wissenschaftler scheinen sich darüber einig zu werden, daß es auf dem Land wie im Meer mindestens zwei Aussterbegipfel gab, doch es ist noch unklar, wieweit die Höhepunkte auf dem Land und in den Meeren zusammenfielen. Mit anderen Worten, es mag zehn bis 20 Millionen Jahre gedauert haben, bis die frühen mesozoischen Faunen zerstört waren und sich die nachfolgenden Lebensgemeinschaften des Jura und der Kreide entwickelt und ausgebreitet hatten.

Ein überzeugender Beweis für einen einzigen, abrupten Vernichtungsschlag, der das Massenaussterben verursachte, muß noch erbracht werden. Aber eines sollten wir nicht vergessen: Das Festlegen auf eine Zeitdauer von 20 Millionen Jahren für ein Massenaussterben bedeutet keineswegs einen regelmäßigen, stetigen und allmählichen Rückgang an ökologischer Vielfalt.

Aber der massenhafte biotische Umschwung erfolgte tatsächlich kumulativ, im Verlauf von mehr als einer klar erkennbaren Episode, in der die Häufigkeit des Aussterbens deutlich das Ausmaß des Hintergrundaussterbens übertraf. Wir sollten auch die Tatsache nicht vergessen, daß solche massiven Umschwünge der Lebensgemeinschaften, obwohl sie sich manchmal über einige Millionen Jahre hinzogen, doch etwas Ungewöhnliches waren; sie folgten auf weitaus längere Perioden mit unverändertem *status quo*, in denen es nur normales Hintergrundaussterben und normale Hintergrundartbildung gab. Je umfangreicher das Massenaussterben war – unabhängig davon, wie es verursacht wurde und wie lange es dauerte –, desto größer waren seine Auswirkungen auf die zukünftige Evolution auf der Erde. Folglich wurden damit auch die Unterschiede zwischen den alten und den neuen Ökosystemen prägnanter.

Das Bild verdichtet sich: Regelmäßigkeiten im K-T-Massenaussterben

Walter Alvarez war noch ein junger Geologe in Berkeley, als er sich 1977 zu einer detaillierten Analyse der Ablagerungen an der Kreide-Tertiär-Grenze entschloß. Damals wuchs schon das Interesse an den Ereignissen am Ende der Kreidezeit, als das Mesozoikum endete, das Känozoikum begann, und die Dinosaurier ein für allemal verschwanden und damit den Weg freimachten für den Aufstieg und die Entwicklung der Formenvielfalt der Säugetiere.

Alvarez wollte die Gesteine mit der vollständigsten Überlieferung dieser Ereignisse untersuchen, die es nur irgendwo gab: Aufschlüsse von Felsen, die durch ununterbrochene Ablagerung von der oberen Kreide bis ins untere Tertiär hinein entstanden waren. Die obersten Sedimente der Kreidezeit bilden das Maastricht, benannt nach einer Stadt in den Niederlanden. Das folgende Stadium, die untersten Schichten des Paläozän (selbst wiederum der älteste Abschnitt des Tertiärs) ist das Dan, so benannt, weil es in Dänemark freiliegt. Stevns Klint, wo wir unsere Odyssee durch frühere Aussterbeperioden und ihre Beziehungen zu unserer heutigen biologisch besorgniserregenden Zeit begannen, ist ein klassischer Ort für das Studium des Übergangs von der Kreide des Maastricht zur Kreide und zum Kalk des Dan. Aber die Geologen kannten schon lange die feinen Anzeichen dafür, daß bei Stevns Klint irgend etwas an dieser Grenze fehlt. Die leicht gewellte Linie, die am Kliff die Kreide vom Tertiär trennt, deutet auf einen harten Meeresboden hin, der für eine längere, unbestimmte Zeit nahe der Kreide-Tertiär-Grenze keine Sedimente aufnahm.

Alvarez wußte, daß eine Schichtenfolge mit einer regelmäßigeren und vielleicht vollständigen Ansammlung von Meeresbodensedimenten an den Hügeln in der Nähe von Gubbio in Italien freiliegt. Als er die Schichten gründlich in kleinen Abständen untersuchte, war Alvarez besonders von einem reichlich einen Zentimeter starken Band von rotem Ton beeindruckt, das genau an der Kreide-Tertiär-Grenze zu liegen schien. Er sammelte sorgfältig Proben von beiden Seiten der Grenze und brachte sie zur weiteren Untersuchung nach Kalifornien.

Walter Alvarez' Vater Luis war Physiker; er hatte den Nobelpreis gewonnen und eine lange, ziemlich abwechslungsreiche Karriere hinter sich. Neben anderen Dingen hatte der ältere Alvarez wesentlich zum Bau von Atombomben beigetragen, die sich so katastophal auswirkten und das Ende des Zweiten Weltkrieges herbeiführten. Luis regte eine Analyse der atomaren Zusammensetzung der Probe des roten Tones an, den sein Sohn Walter mit nach Berkeley gebracht hatte. Die zugrundeliegende Idee war ebenso einfach wie genial: Spurenelemente, wie das Metall Iridium, sammeln sich in winzigen Mengen als Teil des kosmischen Staubes an, der in konstantem Strom die Erdatmosphäre durchdringt und sich auf dem Boden absetzt. Über die ungemein geringe Geschwindigkeit dieser Ansammlung gibt es

Berechnungen. Mißt man den Anteil an Iridium, erhält man Hinweise darauf, wieviel Prozent der Sedimentkörner aus dem Weltraum stammen. Vater und Sohn Alvarez wollten sich diese Information zunutze machen, um herauszufinden, wie lange es dauerte, bis sich diese Sedimente aus normalen irdischen Quellen abgelagert hatten. Mit anderen Worten, die Bestimmung des Anteils an Iridium in der zentimeterstarken Schicht roten Tones bei Gubbio müßte im Prinzip offenbaren, in welcher Zeit sich dieser rote Ton abgelagert hatte.

Aber als sie und ihre Arbeitsgruppe in Berkeley diese Analyse durchführten, stießen sie auf etwas völlig Unerwartetes. Ihre Ergebnisse machten Schlagzeilen: Das seltene metallische Element Iridium (genau so wertvoll und selten wie das verwandte Platin) war in den Proben des roten Tones etwa 30mal häufiger als in normalen Sedimentgesteinen und Böden oder überhaupt in irgendwelchem irdischen Material, mit Ausnahme einiger vulkanischer Felsen. Solche Konzentrationen sind sonst nur aus dem tiefen Inneren der Erde zu erwarten. Aber, und das war wichtig, solche Konzentrationen kennen wir auch von Meteoriten. Kometen und Meteore (Boliden – Besucher unserer Erde aus dem Weltraum, die aus unserem Sonnensystem, aber aus Bereichen weit außerhalb der Erdumlaufbahn stammen) könnten also durchaus ebensoviel Iridium enthalten. Die Alvarezgruppe schloß, die weitaus wahrscheinlichste Herkunft des Iridiums sei der Zusammenprall mit einem Asteroiden oder Kometen – einem Besucher aus dem All. Und dann gab es da auch noch den Ton, eingezwängt zwischen Kreideschichten. Wo waren all die Tonteilchen hergekommen?

Das Alvarezteam zeichnete ein Szenarium der Kollision der Erde mit einem gewaltigen außerirdischen Objekt; die Folge davon waren Wolken pulverisierten Staubes, welche die Erde umhüllten, das Sonnenlicht abschirmten und die Photosynthese behinderten. Dadurch wurde über Nacht ein globaler Zusammenbruch der Ökosysteme herbeigeführt. Dieses Bild erregte unmittelbare Aufmerksamkeit, zuerst unter Wissenschaftlern erstaunlich vieler Fachgebiete und schließlich auch in den Massenmedien. Physiker, Geochemiker und Astrophysiker begannen, sich mit dem Problem des Massenaussterbens zu befassen, das einstmals allein zum Aufgabenbereich der Geologen und Paläontologen gehörte. Auch die Astrophysiker beteiligten sich – wegen der Hinweise von Dave Raup und Jack Sepkoski, Massenaussterben träten periodisch auf: als zyklische Ereignisse in einem Intervall von etwa 26 Millionen Jahren. Solche Regelmäßigkeit schien geradezu eine astronomische Erkärung zu fordern, nahm man an, Massenaussterben würden durch die Kollision der Erde mit extraterrestrischen Körpern ausgelöst.

Natürlich gab es sofort Auseinandersetzungen: Einige Paläontologen bestanden darauf, die Daten vom Ende der Kreidezeit zeigten ein allmähliches Aussterben über eine oder mehrere Millionen Jahre hinweg – nicht ein Auslöschen über Nacht, wie es das Bild von Alvarez erforderte. Andere meinten, das Iridium müsse aus Vulkanen gekommen sein. Der Streit geht weiter, obgleich, wie wir sehen werden, allmählich einige deutlichere Vorstellungen auftauchen. Eines aber ist vollkommen klar. Die hohen Konzentrationen von Iridium bei Gubbio sind nicht nur Realität, sondern darüber hinaus keineswegs einmalig. Walter Alvarez ging geradewegs nach Stevns Klint und wies einen hohen Iridiumgehalt im Fischton nach. Andere berichteten von ähnlichen Iridiumspitzen (Höhepunkten auf den Analysekurven, die starke Konzentrationen anzeigen) an verschiedenen Orten. Wieder andere fanden Körner geschockten Quarzes – vielsagender Hinweis auf enorme Drucke, wie sie erzeugt werden, wenn Meteore oder Kometen auf der Erde einschlagen).

Es gibt keinen Zweifel, daß irgendein dramatisches Ereignis, vielleicht vulkanischer, aber wahrscheinlich extraterrestrischer Natur genau am Ende der Kreidezeit eintrat. Aber war es eine einzige Katastrophe, und war diese für alles verantwortlich, oder war das Aussterben der Kreidezeit eine kompliziertere Angelegenheit? Wie trugen diese vermuteten Vorgänge zum Massenaussterben am Ende des Mesozoikum bei (wenn sie nicht gar seine eigentliche Ursache waren)? Das erste Problem, das gelöst werden muß, ist das der Geschwindigkeit: Wie schnell verlief das Aussterben in der oberen Kreide? Um dies herauszufinden, müssen wir uns den Gesteinen und Fossilien selbst zuwenden, und darauf, wie sie von vielen erfahrenen Paläontologen interpretiert werden, die ihre Aufmerksamkeit auf die obere Kreide konzentrierten, besonders seit uns Walter Alvarez die Iridiumanomalie bewußt machte. Dann werden wir erkennen, wie die extraterrestischen Szenarien mit der aufkommenden Vorstellung davon harmonieren, wodurch gewöhnlich Massenaussterben ausgelöst werden.

Die Alvarezgruppe katapultierte mit ihren dramatischen Erklärungen, ihrer Verknüpfung von Geochemie und Paläontologie, ihrer durch den Nobelpreis begründeten Glaubwürdigkeit und ihrer schier überquellenden Begeisterung für ihre Hypothese das Thema Massenaussterben in die großen Medien. Das war, für sich genommen, eine gute Sache: Je mehr wir uns der Vorgänge in der geologischen Vergangenheit bewußt sind, desto besser können wir unseren gegenwärtigen ökologischen Problemen entgegentreten. Das gilt auch dann, wenn die einzige Lehre, die wir aus den Ereignissen in geologischer Vergangenheit ziehen können, die Überzeugung ist, daß Massenaussterben – wirklich vernichtende und globale Massenaussterben – Realität sind. Aber ein möglicher Nachteil des extraterrestrischen Szenariums wäre vielleicht ein Nachlassen unserer Besorgnis: Wenn Kollisionen mit Kometen nötig sind, um nahezu alles zu vernichten, können wir über die gegenwärtigen Geschehnisse und besonders über unsere eigenen Aktivitäten hinwegsehen, denn diese können dann wohl kaum eine Bedrohung von ähnlichem Ausmaß sein. Das aber würde heißen, die Bedeutung jeglichen früheren Aussterbens falsch einzuschätzen, auch die Ereignisse an der K-T-Grenze, unabhängig von ihrer letztlichen Ursache.

Zur Geschichte mit den extraterrestrischen Vorgängen ist noch viel mehr zu sagen: über den Charakter der Ereignisse, was sie verursachte und wie diese außerirdischen Prozesse Mas senausslerben herbeiführen können. Dies sind die Gegenstände des nächsten Kapitels, wenn wir unsere Übersicht über das Muster des Aussterbens selbst abgeschlossen haben. Aber, damit nicht irgendeiner auf die Idee komme, extraterrestische Ereignisse seien der *deus ex machina*, der uns von der möglichen Verantwortung für das nächste große Massenaussterben befreit, sei gesagt, daß diese Kräfte aus dem Weltraum den Kollaps von Ökosystemen auf eine ziemlich irdische und inzwischen bekannte Weise auslösen.

Es gibt eine überzeugte Schulmeinung, die in den Einschlägen extraterrestrischer Körper mehr den Gnadenstoß als die wesentliche Ursache bei Massenaussterben sieht: So sehr sich auch die Geologen und Paläontologen bei ihren außerordentlichen Bemühungen auf die Ereignisse in der obersten Kreide konzentrierten, sind wir uns aber über einige sehr grundlegende Tatsachen nicht im klaren. Viele haben zwar feste Meinungen dazu, doch gibt es insgesamt kaum Einmütigkeit über den tatsächlichen Verlauf des Aussterbens am Ende der Kreidezeit.

Leben und Tod auf dem Land und im Meer der späten Kreidezeit

Gleich nach dem Aussterben am Ende des Trias begann das Leben allgemein seine moderne Erscheinung anzunehmen. Zwar wurden die Lebensgemeinschaften weiterhin von Dinosauriern auf dem Land, von Pterosauriern in der Luft und von verschiedenen, heute ausgestorbenen Reptilien und Wirbellosen (besonders den Ammonoideen) im Meer beherrscht, doch als der Jura voranschritt und schließlich der Kreidezeit Platz machte, wurden die Angiospermen (die modernen bedecktsamigen Pflanzen) immer vielgestaltiger. Auch die neuzeitlichen Knochenfische (Teleostei) entwickelten sich im oberen Jura und setzten dann ihre Ausbreitung während der Kreide fort. Unter den Wirbellosen wurden moderne Formen von Schnecken und Muscheln im mittleren und späten Mesozoikum allmählich vorherrschend. Das Mesozoikum trägt seinen Namen wirklich zu Recht: Es kennzeichnet ein deutliches Übergangsstadium zwischen dem wirklich archaischen Aspekt des Paläozoikum und dem neuzeitlichen, oder doch nahezu modernen Erscheinungsbild der Fossilien im Känozoikum. Bemerkenswerterweise muß man ein Experte sein, um 30 Millionen Jahre alte Muscheln und Schnecken von den in den heutigen Ozeanen lebenden zu unterscheiden.

Wir aber möchten wissen, was geschah, als sich die Kreidezeit ihrem Ende näherte. Wie abrupt verschwanden die Arten, und wie durchgreifend war das Aussterben? Sicher, alle Dinosaurier, die keine Vögel waren – ein mächtiger Ast der diapsiden Reptilien und für 145 Millionen Jahre in den verschiedensten terrestrischen Ökosystemen die vorherrschenden Wirbeltiere –, verschwanden für immer. Aber wurden die Dinosaurier in ihrer Blütezeit vernichtet? Oder verhielt es sich bei ihnen so wie mit den Trilobiten, die unsere Erde mehr mit einem Wimmern als mit einem Aufschrei verließen und die bis auf wenige Arten reduziert waren, als das Paläozoikum zum Abschluß kam?

Das westliche Nordamerika ist eine Goldgrube terrestrischer Faunen aus Jura und Kreide: Dinosaurier im Überfluß, wie jeder weiß, der jemals ein Naturkundemuseum der Vereinigten Staaten oder Kanadas besucht hat. Aber es finden sich auch viele Säuger. Wichtig ist – insbesondere, um die Behauptung eines plötzlichen, offenbar durch eine außerirdische Ursache hervorgerufenen Ereignisses einschätzen zu können –, daß auch fossile Pflanzen gut und häufig in starken Schichten nichtmariner Sedimente in den alten Becken in den Rocky Mountains und um sie herum zutage treten. Montana und das südliche Alberta sind hierbei besonders wichtig, denn diese Gebiete beherbergen viele Aufschlüsse von Übergängen von der Kreide zum Tertiär in terrestrischen Ökosystemen.

Der Paläontologe Robert Sloan hat die Vielfalt der Dinosauriergattungen in der obersten Kreidezeit sorgfältig untersucht. Typisch ist eine ständige Vielfalt von ungefähr 30 Gattungen in der Zeit von vor etwa 76 bis vor 70 Millionen Jahren. Darauf folgte ein ständiger Rückgang: Im westlichen Nordamerika kennen wir 22 Dinosauriergattungen von vor 69 Millionen Jahren, 18 von vor 68, zwölf von vor etwa 67 und nur noch sieben Gattungen aus der Zeit vor 66,7 Millionen Jahren. Dies ist der Zeitpunkt, den Sloan und seine Kollegen für die Kreide-Tertiär-Grenze anführen. Diese Angaben stimmen nicht genau mit den Standardzeiten überein, die in der jüngsten (1989) international vereinbarten Zeittafel festgelegt sind – derjenigen Zusammenstellung, der ich in diesem Buch folge. Die in dieser Zeittafel angegebenen Daten sind selbst nicht eindeutig; denn für die gleiche Schicht werden sowohl 65 als auch 64,6 Millionen Jahre angegeben. Das reflektiert den Fortgang der Untersuchungen sowie eine Verfeinerung der Datierung. Die radiometrischen Angaben sind natürlich nicht in den Steinen niedergeschrieben: Sie werden aus Hunderten wiederholter Messungen des radioaktiven Zerfalls verschiedener Isotope errechnet, die alle nicht völlig fehlerfrei sind und überdies auf die fossilführenden Schichten extrapoliert werden müssen, denn diese lassen sich selbst nicht direkt radiochemisch datieren.

Aber abgesehen von der Genauigkeit der Daten, die Sloan anführt, tritt die Regelmäßigkeit klar hervor, zumindest für das westliche Nordamerika. Während der letzten drei Millionen Jahre der Kreidezeit befanden sich die Dinosaurier auf dem absteigenden Ast, zumindest in diesen speziellen Ökosystemen. Der Abstieg scheint sich beschleunigt zu haben, als sich das Mesozoikum dem Ende näherte. Aber diesem Szenarium allmählichen Rückgangs steht die ebenso bedeutsame Beobachtung entgegen, daß wenigstens sieben Dinosauriergattungen (zwölf bekannte Arten, darunter die berühmten *Tyrannosaurus rex* und *Triceratops horridus*) offenbar noch direkt an der Grenze vorhanden waren. Sloan behauptet zwar, es sei ihnen an einigen Stellen gelungen, die Grenze zu überqueren (eine von vielen Experten heftig bestrittene Auffassung), doch bestehen kaum Zweifel, daß die Dinosaurier nicht von sich aus zugrunde gingen und nicht schon vor dem Ende der Kreide völlig verschwunden waren.

Andere Reptilien überquerten die Grenze ziemlich unbehelligt. Die Schlangen glitten in der Form von Boas hinüber, und keine der Familien der Echsen und Schildkröten, die im Maastricht lebten, starb an der K-T-Grenze aus. Das gleiche galt für die äußerlich dinosaurierähnlichen Krokodile. Es war schon immer ein Rätsel: Was erlaubte es diesen Gruppen (die alle noch lebende Vertreter in der heutigen Fauna haben), die Ereignisse mit unbedeutenden Artenverlusten zu überstehen, während die Dinosaurier und die letzte übriggebliebene Familie der Pterosaurier (Flugsaurier) verschwinden mußten?

Jablonskis Unterscheidung zwischen Hintergrund- und Massenaussterben mag hier nützlich sein. Obgleich dieser Unterschied auf der Annahme beruht, Massenaussterben sei ein so grobes Sieb, daß die ökologischen Abweichungen, die sich in den unterschiedlichsten Anpassungen der verschiedenen Lebewesen widerspiegeln, dafür, welche Gruppen überleben und welchen das nicht gelingt, wenig bedeuten. Die Verhältnisse in der Kreidezeit beginnen, ein wenig jenen zu ähneln, denen wir schon begegnet sind. Die Lebensräume sind offenbar von großer Bedeutung. Rein aquatische Lebewesen scheinen beispielsweise weniger betroffen zu sein als ihre Gegenstücke auf dem Land, untersucht man die Muster des Massenaussterbens in terrestrischen Lebensräumen. Dies mag zur Erklärung beitragen, warum Schildkröten, Krokodile und sogar die Riesenschlangen überlebten, während das anderen Gruppen nicht gelang. Viele unserer heutigen Riesenschlangen gehen gerne ins Wasser, nicht gerade die Anakondas Südamerikas, aber doch der große Netzpython aus Asien, der oft unter Wasser in Seen jagt.

Aber das Rätsel ist durch dieses Argument nicht völlig gelöst: Es ist noch keineswegs klar, warum die terrestrischen Echsen und Rhynchocephalen (die in Lebensraum und Lebensweise den Dinosauriern sehr ähnlich sind) das Sterben überstanden, die Dinosaurier aber nicht. Dies lag auch nicht an deren Größe. Zwar starben nur die großen Dinosaurier vollständig aus, während die kleineren Echsen und Rhynchocephalen dem Tod entgingen, doch überlebten auch deren große Verwandte. Wir kennen Verwandte des Komodowarans (der größten und furchterregendsten Echse unserer Zeit) schon aus der Kreide, und natürlich waren nicht alle Dinosaurier Riesen (obgleich die meisten der bis zum bitteren Ende der Kreidezeit Überlebenden die gewöhnlichen großen Dimensionen der Dinosaurier hatten). Die Auswirkung der Körpergröße auf das Aussterben wird sich als fesselndes Thema erweisen, wenn wir uns das Aussterben der Säugetiere während des Eiszeitalters ansehen werden. Dennoch erwähnen wir dieses Problem schon hier, denn es wird uns dabei helfen, konkurrierende Szenarien über die Ursachen der Massenaussterbewellen zu eliminieren.

Im Meer verhielt es sich recht ähnlich: Vielleicht gibt es dort einen relativen Schutz, darauf beruhend, wo die Organismen leben. Der Lebensraum scheint im Meer in hohem Maße mit der Wahrscheinlichkeit, ein Massenaussterben zu überleben, korreliert. Mikroskopisch kleine Lebewesen, die nahe der Wasseroberfläche treiben, werden von Massenaussterben oft unvermittelt und hart getroffen. Das Leben am Meeresboden ist fast immer weniger dramatisch beeinflußt. Unter den Bodenbewohnern sind diejenigen flacher Gewässer, etwa der Meeresarme, die sich in Kontinente hinein erstrecken, am meisten gefährdet. Sogar in solchen Umgebungen scheinen grabende Lebewesen, die im Schlamm und Sand des Meeresbodens leben, weit besser dran zu sein, als als die weniger gut geschützten Horden der über dem Meeresboden schwimmenden, dort ruhenden oder auf ihm festgewachsenen Tiere.

Kreide, die in den Ablagerungen der oberen Kreidezeit vorherrscht, ist vorwiegend aus einer unvorstellbar großen Anzahl extrem kleiner Plättchen zusammengesetzt – Teilen des Skelettsystems einzelliger photosynthetisierender Algen. Dies sind die Coccolithen. Einzellige photosynthetisierende Algen bilden die

Grundlage der Nahrungskette im Meer, die Stütze des größtem Teiles des Energiehaushalts der Weltmeere. Es ist ein Glücksfall, daß während des Jura verschiedene Elemente des Planktons der Ozeane harte Skelette entwickelten: Nicht nur die Coccolithen, sondern auch die dahintreibenden beschalten Amöben (die Foraminiferen, deren entfernte, den Meeresboden bewohnende Verwandte, die Fusulinen, eine so große Rolle bei den Ereignissen im oberen Paläozoikum spielten) erschienen erstmals im Jura. Dies ist eine Minimalangabe. Der Meeresboden ist ständig in Bewegung, bildet sich an den mittelozeanischen Rücken fortwährend neu, und der alte Seeboden wird an den Plattenrändern in die ozeanischen Gräben hineingezogen und verschwindet für immer unter der Koninentalkruste. Daher stammt die älteste noch heute existierende ozeanische Kruste nur aus dem Jura. Aber planktonische Foraminiferen und Coccolithen erscheinen seit jener Zeit auch in ufernahen Sedimentlagern, also können wir ziemlich gewiß sein, daß sich das kalkhaltige Plankton tatsächlich irgendwann im Jura entwickelte.

Im Jahre 1965 veröffentlichte der Meerespaläontologe M. L. Bramlette in der Zeitschrift *Science* ein überraschendes Diagramm, welches das Aussterben der Kalkalgen direkt an der Kreide-Tertiär-Grenze dokumentierte. Wie Bramlettes Graphik zeigte, rückten 27 der 28 bekannten Arten direkt bis unter die Grenze vor und verschwanden dann für immer. Nur eine Art erreichte definitiv das Tertiär. Aber unmittelbar an der Basis des Dan blühten dann wieder viele neue Arten auf. Der „Artenumsatz" war abrupt, hart und dramatisch.

Bramlettes Daten sind aus verschiedenen Gründen wichtig: Er befaßte sich mit der Basis der ozeanischen Nahrungskette. Seine Angaben zeigen ein verblüffend abruptes Aussterben. Coccolithen als Angehörige des Phytoplanktons leben sehr nahe der Meeresoberfläche, was wahrscheinlich wichtig ist, wollen wir die Ursache ihres Untergangs ermitteln.

In einer außerordentlich bedeutenden Studie nahe des tunesischen Ortes El Kef, befaßte sich der Paläontologe G. Keller nicht mit den Coccolithen, sondern mit den planktonischen Foraminiferen, eine oder auch zwei Stufen darüber im Nahrungsnetz. Keller sammelte seine Proben in extrem engen Abständen unter und über der K-T-Grenze, wofür er eine dünne Schicht mit einer Iridiumanomalie annahm. Sie entsprach derjenigen, die von der Alvarezgruppe bei Gubbio und später bei Stevns Klint und an vielen anderen Orten, an denen der Übergang von der Kreide zum Tertiär freiliegt, gefunden wurde.

Oberflächlich gleichen Kellers Foraminiferendaten völlig denen von Bramlettes Coccolithen: ein abruptes Aussterben vieler Arten aus der Kreidezeit, gefolgt von einer ungefähr genauso abrupten beträchtlichen Radiation neuer Arten unmittelbar nach dem Ereignis. Aber Kellers detaillierte, pingelige Probenentnahme offenbarte eine kompliziertere Geschichte. Diese hat direkte Bedeutung für die Hypothese, das Aussterben an der K-T-Grenze sei ein einziges, über Nacht eingetretenes Ereignis gewesen; denn Kellers Foraminiferen starben vielmehr in mehreren gesonderten Wellen aus, jede für sich ziemlich abrupt, aber gemeinsam bildeten sie einen recht ausgedehnten zusammengesetzten Vorgang.

Das Aussterben der planktonischen Foraminiferen bei El Kef begann 25 Zentimeter unterhalb der Iridiumanomalie, wo sechs Arten verschwanden. Acht Arten fanden ihr Ende genau an der Iridiumschicht. Aber weitere 22 hörten innerhalb von sieben Zentimetern über der Grenze in zwei getrennten Wellen zu existieren auf! Bramlettes Coccolithendaten hat man bisher noch nicht auf diese Weise einer erneuten Untersuchung unterzogen. Aber es ist recht wahrscheinlich, daß sich das, was wie eine einzige abrupte Aussterbewelle aussieht, als eine Serie kleiner Aussterbeschritte erweisen könnte, sowohl unter als auch über der Grenze. Immerhin führte Bramlette seine Arbeit vor der Entdeckung der Iridiumschicht durch, und die Dokumentation des Aussterbemusters konnte damals nicht so präzise sein wie zu der Zeit, als Keller seine Studien an den planktonischen Foraminiferen vornahm.

Wie sieht es bei den anderen, den größeren bodenbewohnenden Wirbellosen der Meere aus? Eine von den Paläontologen M. B. Johansen und F. Surlyk zusammengestellte überzeugende Tabelle des Auftretens von Brachiopoden im nordwestlichen Europa um die Maastricht-Dan-Grenze herum scheint ein abruptes Aussterben von etwa 20 Arten genau an der Grenze zu dokumentieren (genau unterhalb der Grenztonschicht). Sechs Arten, die als ökologische Generalisten angesehen werden, gelang es, über die Grenze hinwegzukommen. 23 Arten sind nach dieser Tabelle genau an der Basis des Dan entstanden. Alles in allem scheint das Aussterben der Brachiopoden sehr abrupt eingetreten zu sein, vergleicht man es mit dem Hintergrundaussterben dieser Tiergruppe in der oberen Kreide. Die anschließende Radiation betont noch das offensichtliche Ausmaß des Ereignisses.

Aber Surlyk und Johansen präsentieren auch die detaillierten Daten für Nye Klov, nach Stevns Klint der zweitberühmteste Aufschluß der K-T-Grenze in Dänemark. Hier ist das Muster ein wenig komplizierter. Acht Arten verschwinden kurz vor der Grenze, was – wie Surlyk behauptet – durchaus von einer Ungenauigkeit der Probenentnahme herrühren mag. Ebensogut kann es aber auch echtes Aussterben zu diesem Zeitpunkt bedeuten. Acht weitere Arten sterben genau unterhalb der Grenztonschicht aus (insgesamt sind 23 auf der Tabelle dargestellt), während die verbleibenden sieben der 23 Arten, von denen man weiß, daß sie im Maastricht untergingen, in zerbrochener und abgeschliffener Form in der Tonschicht selbst erscheinen. Surlyk hat vermutlich Recht mit seiner Annahme, diese Gehäuse seien aus ihrer ursprünglichen Lagerstätte herausgelöst und in der Tonschicht ein zweites Mal eingebettet worden. Doch er räumt auch ein, es könnte sich um tatsächliches Aussterben gehandelt haben.

Vergleicht man diese Befunde mit dem gewöhnlichen Muster der auf ein Aussterben folgenden Entfaltung, dann zeigt sich hier ein leeres Intervall von drei oder vier Metern vor dem Erscheinen der Arten des Dan. Das Aussterben der Brachiopodenarten im Maastricht scheint etwas schrittweiser, und die

Neuentwicklung von Arten etwas langsamer verlaufen zu sein, als die zusammengefaßten Daten des Auftretens über die Grenze hinweg offenbar anzeigen. Die Unterschiede zwischen der Tabelle der zusammengefaßten Daten und den Details bei Nye Klov ähneln den Abweichungen zwischen der Coccolithentabelle von Bramlette und den Foraminiferendaten, die Keller bei El Kef sammelte.

Ganz gleich jedoch, wie kompliziert das tatsächliche Aussterben und die nachfolgende Neuentwicklung von Brachiopodenarten auch immer gewesen sein mag, irgend etwas Überraschendes und Abruptes vernichtete die große Masse (80 Prozent der bekannten Arten) der Brachiopoden an der K-T-Grenze im Nordwesten Europas. Interessant ist, wie Surlyk hervorhebt, daß solche Brachiopodenarten ausstarben, die an den ungewöhnlichen Lebensraum angepaßt sind, wie ihn kreidehaltige Meersböden bedeuten; die sechs Generalisten hingegen überquerten die Grenze. Die Kreideablagerung endete abrupt an der Grenze, als sich ein harter Boden bildete und die Tonablagerung begann. Es dauerte eine Weile bis die Bedingungen für die Ablagerung echter Kreide wiederhergestellt waren. Erst dann konnten die überlebenden Arten mit einer neuen Radiation an die Kreide angepaßter Brachiopoden beginnen.

Die kreidehaltige Umwelt erschwert es natürlich auch, den Verlauf von Aussterben und Evolution in den anderen Gruppen wirbelloser Meerestiere zu erfassen, die ansonsten typische und häufige Mitglieder der Lebensgemeinschaften des Meeresbodens sind. Eine kreidehaltige Umgebung beherbergt nicht nur eine geringe Vielfalt von Lebewesen und vielleicht auch nur wenige Individuen – was es erschwert, Fossilien zu finden –, sondern erhält vor allem solche Tiere, deren Schalen sich aus dem stabileren Kalziumkarbonat (mehr aus Kalzit als aus Aragonit) zusammensetzen. Dies bringt Probleme für die Molluskenforscher unter den Paläontologen mit sich, die herauszufinden versuchen, was mit Schnecken, Muscheln und Ammoniten passierte. Es gibt Hinweise auf ein signifikantes Aussterben an der Grenze auf Artniveau unter den Muscheln (Bivalvia), aber auch darauf, daß einige für das Tertiär typische Arten schon in der obersten Kreide erschienen. Somit bestehen verschiedene Ansichten. Während einige Paläontologen die Veränderungen bei den Bivalvia an der K-T-Grenze als graduell bewerten, halten sie andere für abrupt.

Ein Aspekt der Vielfalt an Muscheln, der zur Vorstellung von einer allmählichen Abnahme führte, ist der offensichtliche Verlust großer ausgesprochen mesozoischer Formen. Die Inoceramen waren mächtige flachschalige Muscheln, die einfach wie heutige (und auch damalige) Austern auf dem Meeresboden lagen. Einige Inoceramen hatten einen Durchmesser von 120 Zentimetern. Sowohl ihre Anzahl als auch ihre Masse ließ sie zu häufigen Elementen und zu sicheren Leitfossilien jurassischer und kreidezeitlicher Lebensgemeinschaften werden. Surlyk zufolge gingen die Inoceramen in der oberen Kreide drastisch zurück: Vier Arten erreichten das Maastricht, aber keine dessen Schluß.

Noch ungewöhnlicher, aber charakteristisch für die Muschelfauna der Kreidezeit, waren die Rudisten. Ähnlich den Richthofeniiden unter den Brachiopoden der permischen Riffgemeinschaften nahmen ihre Schalen in geradezu unheimlicher Weise die Form von Korallen an. Die Bodenschale war zu einem tiefen Konus verlängert, und die Oberschale diente einfach als klappbarer Deckel. Der Deckel öffnete sich, wenn die Bedingungen zur Nahrungsaufnahme und zum Atmen günstig waren, und wurde geschlossen, wenn das Tier ruhte oder ihm Gefahr drohte. Und tatsächlich, diese korallenähnlichen Muscheln gingen so weit und bildeten Dickichte kleiner Riffe, eine bemerkenswerte Nachahmung der Lebensgewohnheiten und ökologischen Eigenschaften echter Korallen. Ihren Höhepunkt hatten sie schon in der frühen Kreidezeit. Als das Aussterben der späten Kreidezeit hereinbrach, waren sie längst verschwunden.

Weil so viele der markantesten und außergewöhnlich charakteristischen Faunenelemente des Mesozoikum das eigentliche

Ende der Kreidezeit beinahe, aber nicht völlig erreichten, entsteht der Eindruck, das Aussterben am Schluß des Mesozoikum sei hauptsächlich graduell verlaufen. Es gibt auch ganz gewiß ein graduelles Element, sogar im Maastricht; denn das Muster aus kleinen Schritten ließe sich als graduell interpretieren (obgleich das ein Mißbrauch dieses Wortes wäre). Aber wir sollten uns nicht durch das Schicksal einiger auffälliger Gruppen fehlleiten lassen: Dem allmählichen Schwinden einiger Taxa stehen klare Beweise dramatischer Ereignisse am Schluß der Kreidezeit selbst gegenüber. Die Ammoniten (nahe Verwandte des Perlbootes) zeigen das sehr deutlich.

Die Ammonoideen, die kennzeichnende Tiergruppe für das Leben in den mesozoischen Meeren, nahmen während eines Großteiles der oberen Kreide an Vielfalt ab. Der Paläontologe Steven M. Stanley bezeichnet die Ammonoideenevolution als »Aufschwung und Pleite«: Am Ende des Paläozoikum beinahe ausgelöscht, ging die große, für die Trias so charakteristische Radiation der Ceratiten offenbar gerade von einer der fünf Gattungen aus, von denen wir wissen, daß sie das Aussterben an der Grenze Perm-Trias überlebten. Nur zwei Gattungen scheinen dem Aussterben in der oberen Trias entgangen zu sein, von denen wiederum eine vermutlich die Grundlage für eine gewaltige Radiation der Ammonitentaxa in Jura und Kreide bildete.

Es mußte an der K-T-Grenze schon etwas passieren, um die Ammoniten zu vernichten. Es ist zwar völlig richtig, daß sich die Ammoniten in der oberen Kreide im Niedergang befanden, doch es stimmt einfach nicht, daß sie bis auf einige wenige zusammengeschrumpft waren (vergleichbar beispielsweise den Trilobiten nahe dem Ende des Paläozoikum). Manche Ammonitengruppen waren zweifellos vollkommen vital und in gutem Zustand. Sogar in den letzten Phasen der oberen Kreide standen sie noch in der Blüte und zeigten eine rapide Evolution. Diese Taxa wurden zweifellos in ihrer vollen Bewegung tödlich getroffen.

Die Ammoniten sind Kopffüßer mit äußeren, gekammerten Schalen. Diese sind im allgemeinen gewunden, in einer einfachen, ausgesprochen schönen logarithmischen Spirale. Doch von Zeit zu Zeit während ihrer langen Entwicklung wichen sowohl die Ammonoideen als auch die Nautiloideen von dieser Norm ab und bauten gerade Schalen oder J-förmige Gehäuse auf. Einige der allerletzten Ammoniten verließen jede kurvilineare Regelmäßigkeit, wurden zu einem verschlungenen, sogar verknoteten Gewirr von Röhren. Das weist wahrscheinlich auf ein seßhaftes Leben auf dem Meeresboden hin. Diese Tiere hatten also wohl das aktive Schwimmen aufgegeben. Einige dieser Merkwürdigkeiten veranlaßten Paläontologen einer vergangenen Ära über innere Ursachen des Aussterbens zu spekulieren: über stammesgeschichtliches Altern. Darauf werden wir im nächsten Kapitel zurückkommen. Tatsächlich bedeuteten solche ungewöhnlich geformten Organismen, daß die adaptive Evolution in einigen Zweigen des Ammonitenstammbaumes noch voll im Gange war, als sich die Kreidezeit ihrem Ende näherte.

Damit liefern uns die Ammoniten also zwei Hinweise: Es stimmt, ihre Vielfalt nahm tatsächlich ab. Dies war offensichtlich der Fall, wenn es auch zugegebenermaßen schwierig ist, Ammoniten in den Kreideablagerungen zu finden. Sie sind in einer derartigen Umwelt nicht gut erhalten und schwammen vermutlich nicht gerne in Meeren mit kalkhaltigem Grund. Wie viele der kalkhaltigen, körnigen Meeresböden bei den Bahamas (die sich oft als praktisch leblose Unterwasserwüsten herausstellen), beherbergten die Kalkböden einfach nicht die üppige Ansammlung von Lebewesen, die wiederum viele Räuber an oder nahe der Spitze der Nahrungskette hätte ernähren können.

Aber genauso wahr ist es, daß viele Arten von Ammoniten bis zum allerletzten Ende des Maastricht wohlbehalten am Leben waren und gediehen. Die Ammoniten liefern uns Hinweise auf beide Phänomene, und selbst wenn ihre Vernichtung nicht so katastrophal war, wie manchmal angenommen, kam es doch zu einem betont plötzlichen Verschwinden dessen, was von dem einst weit vielfältigeren Spektrum dieser Geschöpfe übriggeblieben war. Die Geschichte der Ammoniten erinnert stark an diejenige der Dinosaurier: Auch sie waren deutlich zurückgegangen. Aber irgend etwas ereignete sich genau am Ende der Kreidezeit tatsächlich und eliminierte die verbleibenden Arten in offenbar unsanfter, abrupter Weise.

Wir sind einem etwas gewundenen Pfad gefolgt, um die Muster des Aussterbens in der späten Kreidezeit zu verstehen. Einerseits zeigt Gruppe für Gruppe während eines Großteiles der oberen Kreide eine Abnahme ihrer Vielfalt. Andererseits scheint es in all diesen Gruppen immer einen Entwicklungsast gegeben zu haben, der nicht nur bis zum Ende überlebte, sondern offenbar aufblühte und sich sogar rasch entwickelte. Aus einem anderen Blickwinkel zeigen gelegentliche Studien einerseits eine drastische Vernichtung auf Artebene genau an der K-T-Grenze – eine Reduzierung, der unmittelbar eine neue Radiation folgt. Diese geht von ein oder zwei Arten aus, die es irgendwie schafften, über die Grenze hinwegzukommen. Andererseits belegen eingehende Analysen sorgfältig gesammelter Daten, daß diese Bilder einen synthetischen Charakter haben: Feinere Analysen scheinen zu offenbaren, daß das Aussterben ganz am Ende der Kreidezeit in Wellen eintrat. Von diesen schlug nur eine direkt an der Grenze zu (an der gewöhnlich – wenn auch nicht immer – sehr dünnen Sedimentschicht mit erhöhtem Gehalt von Iridium und anderen seltenen Elementen). Einige Wellen erfolgten kurz vor der Grenzschicht, andere anscheinend danach. Zur Neuentfaltung kam es, sieht man genauer hin, immer erst nach einem beträchtlichen Zeitintervall. Diese evolutionäre Reaktion auf das unmittelbar vorausgehende Aussterben trägt dazu bei, den ökologischen Umschwung zu dramatisieren, und führte vielleicht auch zur Interpretation des Massenaussterbens als ein aus ökologischer Sicht plötzliches Ereignis.

Anders ausgedrückt: Wir scheinen uns einem Szenarium von ziemlich abrupten Vorgängen zu nähern, welche die obere Kreide beendeten – eine Zeit, in der viele, wenn nicht gar alle in der Überlieferung erhaltenen Lebensräume Tierwelten mit etwas reduzierter Vielfalt beherbergten. Jeder dieser Vorgänge war anscheinend auch im ökologischen Zeitmaßstab ziemlich unvermittelt. Aber wieviel Zeit für diese Serie von Ereignissen nötig war, ist schwer zu beurteilen: Vielleicht sogar einige Hunderttausend Jahre.

Aber die ursprüngliche Hypothese von Alvarez geht ausdrücklich von einem plötzlichen und außerordentlich katastrophalen Ereignis aus. Dieses Szenarium wurde schnell ausgeweitet, so daß es Monate und sogar Jahre umschloß. Allerdings spricht die Impakttheorie eindeutig von ökologischer Zeit: von Tagen, Monaten, Jahren oder vielleicht wenigen Jahrzehnten – nicht von Jahrhunderten, Jahrtausenden oder Bruchteilen von Millionen Jahren.

Die Probleme, die wir Paläontologen haben, wollen wir die Dauer von Ereignissen innerhalb ökologischer Zeiträume bestimmen, haben es immmer erschwert, Erkenntnisse über ökologische Vorgänge, die wir durch eine lange Geschichte empirischer und theoretischer Erforschung der Organisation gegenwärtiger biotischer Systeme gewonnen haben, in die Paläontologie zu übertragen und auf sie anzuwenden. Oft widersprechen die Ergebnisse einfacher Extrapolationen von Vorgängen, die in wenigen Jahren oder Jahrzehnten ablaufen, auf geologische Zeiträume nahezu vollständig dem Muster, das wir in der paläontologischen Überlieferung sehen. Dies war ganz gewiß der Fall, als man versuchte, kurzfristige evolutionäre Vorgänge in die geologische Zeit hinein zu extrapolieren. Seit weit mehr als einem Jahrhundert suchen die Paläontologen nach graduellen Veränderungen von Entwicklungslinien in geologischen Zeiträumen.

Anstatt zu erkennen, wie sich die Eigenarten von Lebewesen über Jahrtausende oder Jahrmillionen hinweg allmählich wandeln, finden wir viel häufiger Arten, die während ihrer viele Millionen Jahre langen Geschichte nahezu unverändert bleiben.

Einer der Stützpfeiler der Theorie des „unterbrochenen Gleichgewichts" (*punctuated equilibrium*), die ich zusammen mit Stephen Jay Gould 1972 entwickelte, war die Erkenntnis dieser enormen Stabilität (wir nannten das *stasis*): Sie reflektiert eher die typische und tatsächliche Entwicklungsgeschichte von Arten als jene, die wir aus Extrapolationen von Vorgängen gewinnen, die über Tage, Monate und Jahre hinweg von Biologen an heutigen Lebewesen beobachtet wurden. Die Beobachtungen selbst sind in Ordnung; das Problem besteht darin zu verstehen, wie die Evolution im Verlauf geologischer Zeiträume tatsächlich funktioniert.

Aber unser Problem hier sieht ein wenig anders aus: Wie sollen wir ein plötzliches Ereignis von vor 65 Millionen Jahren erkennen? Die Iridiumanomalie kann uns sicher dabei helfen. Einige geologische Ereignisse – auch kurzzeitige – hinterlassen weitverbreitete, oft chemische Spuren. Diese umfassen nicht nur mutmaßlichen Niederschlag von Material, das durch einschlagende Metoriten oder Kometen aufgewirbelt wurde, sondern auch die Ascheregen von Vulkanen, die über Tausende von Quadratkilometern niedergehen können (wie bei der Eruption des Mount St. Helens). Im Meer abgelagerte Gesteine bewahren oft vulkanische Ascheschichten, und diese lassen sich häufig beinahe über ganze Kontinente hinweg einander zuordnen, weil die Auswürfe verschiedener Vulkane gewöhnlich unterschiedliche chemische Profile haben. Aber einige der Meßwerte knapp unter, an und knapp über der Iridiumschicht scheinen eine Reihe von Aussterbeereignissen anzuzeigen; inwieweit wir sicher davon ausgehen können, ein einziger solcher Vorfall (oder – wie immer häufiger angenommen wird – mehrere davon) könne das Szenarium eines ökologischen Kollapses auslösen, ist noch umstritten.

Pflanzen und die ökologische Verwüstung

Der Paläobotaniker Garland Upchurch hat die Kriterien, mit deren Hilfe man allmähliches von katastrophalem Aussterben unterscheiden kann, sorgfältig zusammengestellt. Dabei berücksichtigte er vor allem den klimatischen Wandel. Viele frühere Paläontologen hatten sich für eine langandauernde Abkühlung während der Kreidezeit ausgesprochen, die nach und nach immer mehr Taxa aussterben ließ. Eine Möglichkeit, zu erkennen, ob es kühler oder wärmer wurde oder ob das Klima unverändert blieb, besteht darin, die Hinweise auf das Ausmaß der Vergletscherung zu bewerten – das haben wir schon für das Perm gesehen. Wie wir jedoch feststellen mußten, können solche Hinweise schwierig zu interpretieren sein. Eine andere Methode ist natürlich ein Blick auf die Pflanzenwelt, vorausgesetzt wir wissen genügend darüber, welche Pflanzen kälteres Klima bevorzugen und welche tropisches. Gegen Ende der Kreide war die Pflanzenwelt in ihrem Aspekt modern genug (das heißt, es gab genügend ohne weiteres erkennbare Vorfahren unserer heutigen Floren), so daß es verhältnismäßig einfach ist, Floren kalter Gebiete aus hohen Breiten und die mehr gemäßigter, subtropischer oder tropischer Lebensräume zu unterscheiden.

Aber Pflanzen sind Bestandteile der Lebensgemeinschaften und damit auch potentielle Opfer des Aussterbens. Mit den Pflanzen haben wir Lebewesen, deren Muster relativen Überlebens und Aussterbens den Hinweisen auf ihre klimatischen Vorlieben gegenübergestellt werden können. Wir brauchen nicht einmal fossile Blätter, Stiele, Stämme und Wurzeln zu finden, um diese Information zu erhalten: Jede höhere Pflanzenart hat ihre eigene, ganz besondere Pollenform. Und Pollen erhält sich gut und ist leicht zu finden – viel leichter als Blätter und andere mit bloßem Auge erkennbare Teile der Pflanzenanatomie.

Upchurch formuliert die Vorhersagen für katastrophales Aussterben sehr prägnant. Vor allem sollten wir direkte Hinweise für ein echtes Massensterben unmittelbar an der durch diesen

Vorgang erzeugten Grenze finden. Und genau das zeigt die paläobotanische Überlieferung: Eine Anzahl typischer kreidezeitlicher Arten erreicht die Grenze bis auf wenige Zentimeter. Die Grenze selbst besteht, wenigstens in vielen terrestrischen Fundorten Nordamerikas, aus dem K-T-Grenzton, der gleichermaßen mit Iridium angereichert und voller geschockter Mineralien ist wie die berühmteren Gegenstücke aus marinen Ablagerungen. Aber selbst wenn wir ein stufenweises Absterben kurz vor und hinter dem Iridiumniveau in den Meeresablagerungen eingestehen, haben wir doch zahlreiche Hinweise darauf, daß einige marine Arten direkt an der Grenze verschwanden. Was ist also so Besonderes an den Daten über die Landpflanzen?

Ironischerweise überzeugte Upchurch (wie die meisten von uns) nicht das Verschwinden vieler Arten knapp unter der Grenztonschicht davon, daß es einen Massentod von Pflanzen an der K-T-Grenze gab, sondern das, was später zu Beginn des Paläozän passierte! Die Angiospermen beherrschen die Floren bis hinauf zur Grenze. Aber nach der Grenztonschicht dominieren die Farne. Genau dies passiert auch, wenn heutzutage Angiospermenwälder durch Vulkanausbrüche zerstört werden. Was nach der Ablagerung des Grenztones geschah, mit all seinen Hinweisen auf eine plötzliche Katastrophe – ob von einer massiven vulkanischen Eruption herrührend, oder, wahrscheinlicher, durch eine spektakuläre Kollision mit einem extraterrestrischen Körper herbeigeführt –, zeigt uns, wie verwüstet die Pflanzenwelt damals tatsächlich war. Die Angiospermen waren zeitweise verschwunden und wurden durch einige wenige Farnarten ersetzt. Die terrestrischen Ökosysteme schienen für Epochen zurückgeschlagen.

Upchurch meint, wir sehen das unmittelbare Ergebnis von Waldbränden, die am besten in Nordamerika dokumentiert sind, aber vermutlich ein weltweites Ausmaß hatten. Diese Feuer vernichteten viele Pflanzen und führten direkt zum Aussterben zahlreicher Arten. Sie lösten einen ökologischen Umbruch aus, der zu einer taxonomischen Umwälzung führte, als die Vernichtung so schwerwiegend wurde, daß ganze Arten verschwanden. Upchurch ist nicht der Ansicht, all dies sei unmittelbar nach dem Einschlag passiert: Einige Gruppen hielten sich noch für eine Weile, um dann doch einem Prozeß zu unterliegen, der wie eine verzögerte Reaktion aussieht. Nachdem sie irreparabel geschädigt waren, starben sie erst kurz nach der tatsächlich über Nacht eingetretenen Verwüstung durch den Einschlag aus.

Upchurch traf noch einige weitere Vorhersagen und sagte, welche Beobachtungen zu erwarten sind, sollte das Einschlagsszenarium grundlegend richtig sein. Beispielsweise sollten wir einen von der geographischen Breite abhängigen Effekt erwarten. Die Pflanzen höherer Breiten müßten sich besser halten als diejenigen gemäßigter oder gar tropischer Regionen. Wir sollten annehmen, die überlebenden Pflanzen seien in der Lage, Ruhestadien einzulegen. Bei den höheren Pflanzen kann sowohl die Pflanze selbst als auch ihr Samen über unterschiedliche Zeiten hinweg im Ruhezustand überdauern. Gewöhnlich nimmt die Fähigkeit, ungünstige Bedingungen zu überstehen, mit der geographischen Breite zu.

Wie der Ökologe George Stevens hervorhebt, sind Lebewesen höherer Breiten jahreszeitlichen Extremen gewöhnlich viel besser angepaßt als ihre Geschwister aus äquatornahen Gebieten. Upchurchs Hinweis auf die Fähigkeit, Ruhestadien zu bilden, besagt das gleiche: Die Anfälligkeit gegenüber dem Aussterben sollte in den Tropen am höchsten sein und abnehmen, je mehr man in höhere Breiten kommt. Beruhend auf der Kenntnis der tatsächlichen geographischen Breite dieser alten Floren und der physiologischen Toleranzen der Pflanzen (basierend auf der Ähnlichkeit der fossilen Arten mit heutigen) scheint das gefundene Muster gut zu diesen Überlegungen zu passen. Das Aussterben war offenbar in den Tropen ausgeprägter als in höheren Breiten, zumindest unter den Pflanzen.

All dies besagt natürlich, die Temperatur sei für das allgemeine Aussterbemuster verantwortlich gewesen. Nehmen wir an, die Temperaturen fielen und waren am Aussterben an der K-T-

Grenze beteiligt. Verliefen diese Temperaturänderungen dann graduell und kumulativ, oder wurden sie plötzlich ausgelöst – beispielsweise durch gewaltige Wolken von Teilchen, welche die Sonne verdunkelten und durch einen Einschlag (oder Vulkanausbrüche) während der Katastrophe am Schluß der Kreidezeit aufgewirbelt wurden? Hier stoßen wir auf so etwas wie eine Mauer, denn einige Paläontologen beharren auf der Vorstellung, die Temperaturen seien während der oberen Kreide bis ins Paläozän hinein ständig gesunken. Andere hingegen, wie Upchurch, sind der Meinung, es habe einen jähen Temperaturabfall gegeben; dieser sei jedoch durch den Einschlag selbst ausgelöst worden und ganz gewiß nicht nur eine Station eines generellen Temperaturrückgangs gewesen, der schon lange vor der Grenze begonnen hatte.

Dieses Problem ist keineswegs nur von wissenschaftlichem Interesse. Tatsächlich hat es eine große Bedeutung für uns: Wir müssen wissen, welcher Zusammenhang zwischen Aussterben und Klimawandel besteht; insbesondere sollten wir die relativen Auswirkungen verschiedener Geschwindigkeiten des Klimawandels auf Episoden des Aussterbens kennen. Was den eigentlichen Schluß der Kreidezeit angeht, haben wir immer noch keine einheitliche Meinung über den Zustand des Klimas, insbesondere über die globale Temperatur. Jeder denkt, es habe einen Temperaturabfall gegeben, und dieser Rückgang ist Bestandteil vieler Szenarien vom Einschlag eines festen Körpers. Aber er ist auch ein Bestandteil des Szenariums eines allmählichen Aussterbens.

Es mag bisher keinen abschließenden Konsens geben, aber die Ereignisse am Ende der Kreidezeit sind in den zahllosen Daten verkörpert sowie in den teilweise widersprüchlichen Interpretationen, die fast alle nach Alvarez' Hypothese von 1980 erschienen. Das Szenarium vom Einschlag eines großen Boliden, eines kosmischen Körpers (fast sicher wenigstens teilweise korrekt, angesichts der weitverbreiteten Iridiumanomalie und des Vorhandenseins geschockten Quarzes), schlug sich auch noch anderweitig nieder: Es regte zu außerordentlich intensiven Forschungstätigkeiten, insbesondere über die K-T-Grenze, aber auch über all die anderen großen Massenaussterben an.

Diese Forschung ist beunruhigend – für die Wissenschaft im allgemeinen, und für jeden von uns, der genauer wissen möchte, was bei den Massenaussterben passierte und wodurch sie verursacht wurden. Sie hilft uns, das Ausmaß der Aussterbeereignisse einzuschätzen und zu erkennen, daß Aussterben Realität ist. Vor allem helfen diese Untersuchungen, uns mit der Frage nach den Ursachen auseinanderzusetzen, so daß wir den Vorgang selbst von den zugrundeliegenden Ursachen trennen können. Sie werden uns auch helfen abzuschätzen, wie groß unser eigener Anteil sein könnte, den wir dem, was ohnehin schon in der Natur abläuft, noch hinzufügen.

Das Känozoikum:
Neuzeitliches Leben – und Aussterben

Das Leben breitete sich natürlich nach den K-T-Ereignissen wieder aus. Bisher hat es das immer getan. Wie wir schon gesehen haben, glich das Muster des Wiederaufbaus im Paläozän mehr dem Beispiel der Brachiopoden bei Nye Klov als Bramlettes ursprünglichem Diagramm der Coccolithenevolution. Es kam zu einer deutlichen Verzögerung, nicht zu einer völlig augenblicklichen Rekonstruktion von Ökosystemen. Natürlich braucht es Zeit, bis sich neue Arten entwickeln, und Ökosysteme setzen sich aus vielen Arten zusammen. Die meisten von ihnen entstehen neu aus den wenigen Überlebenden, denen es gelingt, dem Massenaussterben zu entgehen. Was überrascht, ist nicht, daß es eine Verzögerung gab, sondern daß diese Verzögerung so kurz war: „Typische" marine Lebensgemeinschaften hatten sich innerhalb weniger Millionen Jahre nach der K-T-Grenze etabliert.

In den vergangenen Jahren wurde viel darüber geschrieben, wie die Säugetiere schließlich erst Geltung erlangten und in eine Vielzahl verschiedener terrestrischer Lebensräume eindrangen (sowie in die Luft und das Wasser, einschließlich des Meeres), nachdem sich der feste Zugriff gelöst hatte, den die Dinosaurier und ihre nahen Verwandten auf diese Lebensräume während des größten Teiles des Mesozoikum ausübten. Es war keine nur vermutete Überlegenheit der Säuger über die Reptilien, sondern vielmehr eine Angelegenheit bloßen Zufalls, die letztlich die Herrschaft über die Lebensräume des Festlandes von den Kriechtieren zu den Säugern verlagerte. Die Dinosaurier verloren nicht, weil sie archaisch, primitiv, dumm oder in irgendeinem anderen Sinn unterlegen waren: Sie kamen einfach nicht durch die Katastrophe, während das einigen vermutlich ökologisch generalisierten Säugern gelang.

Ein weniger spektakuläres, aber ebenso aufschlußreiches Beispiel desselben Phänomens ereignete sich im Meer als direkte Folge der Ereignisse an der K-T-Grenze. Die Ammonoideen hatten die Nische der räuberischen Kopffüßer mit äußerer Schale vom Devon bis zum Ende der Kreide fest im Griff (zweimal hatten sie sie jedoch schon beinahe preisgegeben, denn sie kamen kaum durch die Aussterben an der Grenze Perm-Trias und in der oberen Trias). Das ist eine erstaunliche Zeitspanne von etwa 330 Millionen Jahren. Zwar haben wir keine sehr genaue Vorstellung davon, wann die Kalmare und Kraken erschienen oder wie häufig sie waren; denn ihre inneren Skelette sind, wenn überhaupt vorhanden, so dünn und werden so leicht abgebaut, daß sie kaum in der fossilen Überlieferung erscheinen. Aber wir wissen, daß es diese Tiere im oberen Paläozoikum gab. Schwimmende, räuberische Cephalopoden waren also auch damals nicht immer Ammonoideen.

Weiterhin gab es die Nautiloideen – wie die Ammonoideen schwimmende Kopffüßer mit äußerer Schale. Tatsächlich sind die Ammoniten nur spezialisierte Abkömmlinge, so etwas wie eine Untergruppe der mehr primitiven und generalisierten Nautiloideen. Die Nautiloideen waren früher entstanden (weit zurück im Kambrium) und hatten sich zum ersten Mal im Ordovizium zu einer Vielfalt von Formen entfaltet. Sie hielten sich vom Paläozoikum bis ins Mesozoikum, obgleich sie seit dem Devon immer weniger zahlreich und vielfältig waren als die Ammonoideen. Sogar wenn wir vom Silur ab keine Fossilien der Nautiloideen kennen würden, wüßten wir, daß sie überlebt haben, denn in den Wassern des westlichen Pazifik leben noch heute fünf Arten des gekammerten Nautilus. Aber vom oberen Paläozoikum an finden sich das ganze Mesozoikum hindurch immer wenigstens einige Nautiloideen. *Eutrephoceras* ist ein schöner, etwas mehr als tennisballgroßer Nautilide, der im kreidezeitlichen Pierreschiefer Nord- und Süddakotas recht häufig ist – die einzige Nautiloideenart in Gesteinen, die viele Ammonitenarten enthalten.

Die Nautiloideen überlebten jedoch die K-T-Ereignisse. Nach all den Jahren mäßiger Vielfalt erfuhren sie im Eozän so etwas wie eine Renaissance, etwa zehn Millionen Jahre nach dem Beginn des Tertiär. Sie entwickelten mehrere Gattungen; einige davon brachten sogar Schalenmerkmale hervor, die an die primitiveren paläozoischen Ammonoideen erinnerten. Man muß sich vorsehen, von Konkurrenz zwischen ganzen Gruppen zu sprechen: Ökologischer Wettbewerb vollzieht sich zwischen Angehörigen derselben Art am gleichen Ort und zwischen lokalen Populationen verschiedener Arten. Aber der Gesamteffekt solcher kompetitiver Wechselwirkungen zwischen Individuen oder Populationen mag auf die Dauer das Muster der Vielfalt in ganzen Ästen des Stammbaumes beeinflussen: Ebenso wie die Besetzung der Lebensräume auf dem Land durch die Dinosaurier offenbar die Säugetiere wirkungsvoll davon abhielt, sich zu entfalten, so scheint der Erfolg der Ammoniten die Entwicklung der Nautiloideen unterdrückt zu haben.

Zweimal scheinen die Ammonoideen die Nautiloideen übertroffen zu haben, nach dem Aussterben an der Grenze Perm-Trias und jenem in der späten Trias. Erst als die Ammoniten für immer verschwanden, konnten die Nautiloideen in verschiedene Nischen ausstrahlen. Die Unterwürfigen erben also tatsächlich – zumindest manchmal – die Erde, obgleich die Kalmare heute weit häufiger und vielfältiger vertreten sind als ihre alten Nautilusverwandten: Die Radiation der Nautiloideen war kurzlebig und überdauerte kaum das Eozän.

Dies bringt uns zu einem weiteren großen Massenaussterben, das die Bühne vorbereitete für die Ereignisse in der späten Eiszeit (im Pleistozän), an denen zum ersten Mal wir selbst beteiligt sind – der *Homo sapiens*. Es wird zwar nicht zu den fünf bedeutendsten Aussterben der vergangenen 600 Millionen Jahre gezählt, doch die biologische Uhr wurde am Schluß des Eozän ziemlich deutlich zurückgestellt. Auf dem Land mußten viele der primitiven Säuger, die im Paläozän entstanden und denen es gelungen war, bis weit in das Eozän hinein zu überleben, den modernen Gruppen weichen, die nach und nach während des Eozän in Erscheinung traten: Dazu zählen die Vorfahren der Pferde, Nashörner und Tapire (Unpaarhufer), der Schafe, Hirsche und Schweine (Paarhufer) sowie der Löwen und Tiger (Raubtiere). Wale und Fledertiere erschienen erstmals im Eozän, ebenso die Elefanten. Aber die reiche Sammlung von Pantodonten, Tillodontiern und Condylarthren – Namen, die einem an die heutige Säugetierfauna gewöhnten Ohr völlig fremd klingen – überlebten das Eozän nicht.

Der Säugetierpaläontologe Don Prothero stellte kürzlich alle Daten zusammen, die sich auf die Grenze zwischen Eozän und Oligozän beziehen. Die Überlieferung in den Sedimenten und somit die Daten zum Aussterben sind für die marinen Mikroorganismen des Planktons der offenen Ozeane bei weitem am besten. Zufriedenstellende, allerdings nicht ganz so gute Daten gibt es für die Gemeinschaften mariner Wirbelloser. Am lückenhaftesten sind sie für Tiere des Festlandes. Die Sedimente der Tiefsee regnen in einem konstanten Strom herab, sammeln sich auf dem Meeresboden und werden gewöhnlich nicht gestört, bis ein Schiff vorbeikommt und mit einer Maschine einen langen und kontinuierlichen Kern herausbohrt. Die Sedimente des Flachwassers unterliegen häufiger Veränderungen. Sie werden gelegentlich abgetragen und enthalten daher Lücken. Die Ablagerungen aus terrestrischen Lebensräumen (sogar solche aus Seen) sind bekannt für ihre Unvollständigkeit und gehen oft sogar nach der Ablagerung wieder verloren: Die Erosion verläuft rasch, wenn sich die Gesteine erst einmal über den Meeresspiegel erhoben haben.

Die Daten aus dem Meer offenbaren eine Aussterbeserie. Einige Ereignisse waren schwerwiegender als andere. In einer Folge von fünf getrennten Aussterben (davon eines direkt an der Grenze), alle innerhalb eines Zeitraumes von zehn Millionen Jahren, kam es zu einem großen Umbruch bei den Mikroorganismen des Planktons. Die Angaben über die großen Wirbellosen des Flachwassers sind ein wenig schwierig mit diesen fünf Episoden des Aussterbens beim Mikroplankton in Beziehung zu setzen, aber Prothero zitiert eine Studie von Thor Hansen, die eine hohe Aussterberate auf dem Artniveau zu drei getrennten Zeitpunkten im späten Eozän entlang der Küste im Golf von Mexiko dokumentiert. Beim ersten Aussterben verschwanden 89 Prozent der Schnecken und 84 Prozent der Muscheln, beim zweiten 72 Prozent der Schneckenarten und 63 Prozent der Muscheln, und das dritte, genau an der Eozän-Oligozän-Grenze, forderte 97 Prozent der Schnecken und 89 Prozent der Muscheln.

Prothero zufolge zeigen die Angaben über die Landpflanzen eine Abkühlung im späten Eozän. Die tropischen Floren scheinen damals Wäldern mit eher gemäßigtem Charakter Platz gemacht zu haben. Prothero selbst fand einen deutlichen Gipfel des Aussterbens von Säugetieren rund zwei bis drei Millionen Jahre vor der eigentlichen Eozän-Oligozän-Grenze.

Er schloß daraus, was nicht überrascht, diese Daten seien mit einem simplen, durch einen einzigen Einschlag eines außerirdischen Körpers verursachten Ereignis nicht zu vereinbaren. Protheros eigene Interpretation der mehrere Stadien umfassenden, sich über zehn Millionen Jahre erstreckenden Folge von Aussterben (und nachfolgender Neuentfaltung) setzt völlig auf klimatische Veränderungen, genauer auf Abkühlung. Geochemische Tatsachen weisen auf einen Rückgang der mittleren weltweiten Jahrestemperatur um zehn Grad Celsius während dieses geologischen Zeitabschnitts hin.

Die wesentlichen Fragen sind nun, was diese Abkühlung hervorrief, und wie diese wiederum fünf gesonderte Aussterbeepisoden verursachte. Zweifellos tauchen in unserer Übersicht der bedeutendsten Aussterbeepisoden der Vergangenheit Temperaturänderungen, insbesondere Temperaturabfall, immer wieder als Schuldige auf – ein Thema, das der Paläontologe Steven M. Stanley während der achtziger Jahre konsequent und eingehend verfolgte. Wir haben nun genug erfahren, um eine detaillierte Betrachtung darüber anzustellen, was genau die tiefere Ursache des Massenaussterbens ist und wie diese ihr Werk letztlich zustande bringt. Wir möchten wissen, ob es allgemeine kausale Kräfte gibt, welche die meisten, wenn nicht gar alle, weltweiten Massenaussterben der Vergangenheit miteinander verknüpfen.

Bevor wir uns nun der Betrachtung der Ursachen des Aussterbens zuwenden, sollten wir uns klar machen, daß wir noch nicht einmal die beeindruckendsten Vorfälle dieser Art alle erfaßt haben, wenn wir unsere Übersicht über diese Ereignisse dort beenden, wo das Eozän ins Oligozän übergeht. Das Aussterben der Eiszeit (des Pleistozän) während der vergangenen 1,6 Millionen Jahre – in gewissem Sinn ein noch weit schwerwiegenderes Ereignis als selbst die schlimmsten Katastrophen der entfernten geologischen Vergangenheit – stand damals erst noch bevor. Beim Aussterben an der Perm-Trias-Grenze verschwanden vielleicht 96 Prozent aller Arten. Das hatte einleuchtenderweise nicht nur enorme Auswirkungen auf das damalige Leben, sondern auch darauf, wie es später für alle Zeiten sein würde. Vor 10000 Jahren aber lebten Elefanten, Nashörner, Löwen und Faultiere sowohl in Nordamerika als auch in Europa. In unseren Augen eines *Homo sapiens* ist diese einfache Tatsache beeindruckender als das Ende der Trilobiten, der Verlust der Ammoniten, sogar als das Aussterben der Dinosaurier. Die Aussterben der Eiszeit stehen uns so nahe, daß wir nicht einmal sicher sein können, in den Vorgängen, die heutzutage um uns herum ablaufen, nicht noch die Fortsetzung dessen zu erleben, was schon im Gange war, bevor sich der *Homo sapiens* vor 100 000 Jahren herausbildete.

Am wichtigsten und der Grund dafür, warum wir uns jetzt der Diskussion der Ursachen der großen globalen Aussterben vor dem Pleistozän zuwenden, ist, daß wir damit tatsächlich eine von der Natur geschaffene experimentelle Situation vor uns haben. Eine Situation, die uns zu verstehen hilft, welche Auswirkungen die Aktivitäten unserer eigenen Art bisher gehabt haben, heute haben und vermutlich in der Zukunft haben werden. Schon allein durch ihren Namen deuten die Eiszeiten auf weltweite Abkühlung hin – als Ursache der globalen Aussterbeepisoden bereits deutlich hervorgetreten, bevor der Mensch erschien. Aber es gibt zwingende Beweise dafür, daß auch wir am Aussterben der Eiszeit beteiligt waren. Das werden wir sehen, nachdem wir die Ursachen der Umwälzungen in der Geschichte des Lebens vor Erscheinen des Menschen erörtert haben.

6

Ohne unser Zutun:
Die Ursachen
der Massenaussterben in
geologischer Vergangenheit

Es ist eine Sache, geschichtliche Ereignisse, auch Unglücksfälle, ohne weiteres zu akzeptieren; schließlich wissen wir durch Verbrechen und Verkehrsunfälle, wie das Unglück zuschlagen kann. Solange es sich an anderen Orten und zu anderen Zeiten zuträgt, beunruhigt es uns wenig – es kann uns ja nichts passieren. Doch wir leben inmitten einer steigenden Flut von Aussterbefällen, die durchaus ein Teil jener Welle sein mag, die schon vor einigen tausend Jahren anschwoll: nämlich des Aussterbens der Eiszeit, das so viele der größeren Säugetiere auf dem ganzen Erdball dahinraffte. Es genügt nicht, einfach zuzugeben, daß Massenaussterben eintreten können und auch tatsächlich eintreten. Wir müssen auch ihre Ursachen kennen, um unsere eigene Situation besser einschätzen zu können.

Es gibt eine deutliche Tendenz, die Ursache eines Unglücks seinen Opfern zuzuschreiben. Dies gilt sowohl für Verbrechen (denken Sie an Vergewaltigung und sogar Mord) als auch für Unfälle und sogar für das Auftreten einiger Leiden – insbesondere Krebs, der zweifellos, wenn auch unverständlicherweise, in unserer gegenwärtigen Gesellschaft mehr gefürchtet wird als Herzerkrankungen. Aber in dieser Schuldzuweisung liegt auch wieder eine gewisse Logik: Hat das Opfer Schuld, brauchen wir ein ähnliches Schicksal kaum zu fürchten; denn wir ängstigen uns vor allem vor dem Zufall, dem reinen Unglück, mit all seinen Ungewißheiten. Es gibt ja keinen Grund anzunehmen, daß wir nicht selbst das nächste Opfer sein werden.

Die Menschen machten sich schon immer Gedanken über das Aussterben: über seine Ursachen und darüber, was dies für künftige Ereignisse bedeutet. Dieses Interesse war nicht nur auf die Wissenschaft beschränkt: Das Schicksal der Dinosaurier ist seit dem frühen 19. Jahrhundert Gegenstand öffentlichen Interesses, ja sogar von Betroffenheit. Nach der lange Zeit dominierenden und durchaus beruhigenden Auffassung waren die Dinosaurier tapsige, primitive und gegen Ende ihrer Vorherrschaft sogar archaische Geschöpfe, die letztlich einfach überlegenen Lebewesen Platz machen mußten – den Säugetieren, also schließlich uns. Man erkannte nicht, daß aus der Behauptung, für die Dinosaurier sei die Zeit ganz einfach vorbei gewesen (sie hätten zu nichts mehr genutzt), gefolgert werden kann, daß auch die Säugetiere – und damit auch wir selbst – einmal zu nichts mehr nütze sein werden.

Wenn die Rhynchosaurier der Trias (entsprechend dieser Argumentation) den Dinosauriern Platz machen mußten, und die Dinosaurier wiederum den überlegenen Säugern das Feld räumten, so ist es nur folgerichtig, den Untergang der Säugetiere vorherzusagen – zugunsten eines neuen, bisher noch nicht existierenden und noch überlegeneren Geschöpfs.

Neigten wir bisher dazu, den Dinosauriern (und folgerichtigerweise allen Organismen, die nicht mehr unseren gegenwärtigen Lebensgemeinschaften angehören) ihr eigenes Schicksal selbst anzulasten, so geht uns doch bald jede Befriedigung wieder verloren, die sich aus unserer vermeintlichen Überlegenheit ergeben könnte, wenn wir annehmen, daß die Evolution zwangsläufig Geschöpfe von überlegener Struktur schafft, die letztlich die Oberhand gewinnen und die die früheren Erdenbewohner verdrängen. Dieses Bild von der Evolution selbst, das es uns erlaubt, die Opfer für ihren eigenen Untergang verantwortlich zu machen, impliziert auch, daß eine neue Serie von Opfern erscheinen wird. Den Opfern die Schuld zuzuweisen ist – sollte es überhaupt einen Sinn haben – bei Massenaussterben noch weniger realistisch, als wenn wir versuchen zu beurteilen, warum ein Verbrechen, ein Unfall oder eine Krankheit gerade den einen betraf und nicht einen anderen.

Dave Jablonskis Unterscheidung zwischen Hintergrundaussterben – normalen, statistisch ziemlich gleichmäßigen Geschwindigkeiten des Verschwindens von Arten, unabhängig von dessen Ursachen – und Massenaussterben ist ein gesunder Schritt davon fort, die Opfer verantwortlich zu machen. Das Aussterben von Arten ist ein ebenso normaler und regelmäßiger Vorgang wie deren Entstehen. Aber von Zeit zu Zeit tritt Aussterben gebündelt auf, in so kurzen Zeitabschnitten zusammengedrängt und so viele verschiedene Arten betreffend, oft über den ganzen Erdball ausgedehnt und in jedem vorstellbaren Lebensraum zuschlagend, daß offensichtlich etwas Außergewöhnliches geschehen sein muß.

Nehmen wir an, normales Hintergrundaussterben werde dadurch hervorgerufen, daß Arten keinen geeigneten Lebensraum mehr finden können, so ist es immer noch möglich, einen Qualitätsmangel verantwortlich zu machen – das Unvermögen, sich veränderten Bedingungen anzupassen. Als beispielsweise Schweine und Ratten nach Mauritius im Indischen Ozean gelangten, verschwanden die Dronten und andere Arten, die ihre Eier auf den Boden legten, sehr rasch. Als die Menschen damit begannen, die pinguinähnlichen flugunfähigen Riesenalken in Horden als Proviant (und wegen der kommerziell genutzten Federn) auf ihre Schiffe zu treiben, war das Schicksal dieser Art besiegelt.

Die Umweltverhältnisse verändern sich gelegentlich und stehen dann im Widerspruch zu den grundlegenden Anpassungen der Arten. Diese werden so zu einer leichten Beute und ohne weiteres hinweggerafft. Manchmal besorgt das eine Veränderung in der unbelebten Umwelt, aber oft auch ein Wandel in den biotischen Verhältnissen: beispielsweise Zusammentreffen mit anderen Arten, die mit vorher ungestört lebenden und solche Situationen daher nicht gewohnten Lebewesen konkurrieren, sich von ihnen ernähren oder sie parasitieren. Natürlich kann man auch in diesen Fällen die Opfer verantwortlich machen: Hätten die Dronten und die Riesenalken nicht ihr Flugvermögen eingebüßt, wären sie mit den neuen Gefahren besser fertig geworden. Aber eigentlich lief alles sehr gut für sie – solange bis völlig unerwartete Räuber ihren Weg kreuzten.

Ölverschmutzungen oder verlängertes Trockenfallen bei Niedrigwasser sind wohlbekannte Analoge kleinen Maßstabs für Massenaussterben und helfen uns, den Unterschied zwischen Hintergrund- und Massenaussterben zu erkennen. In periodischen Abständen, wenn Sonne, Mond und Erde eine Linie bilden, erreicht die Ebbe einen außerordentlichen Tiefstand und dauert besonders lange. Tage können vergehen, bevor die an den Felsen der Gezeitenzone festgewachsenen Wirbellosen wieder von Wasser überspült werden. Krabben, Schnecken und Seesterne können in tiefere Regionen entfliehen und unter den Wellen verschwinden. Austern, Miesmuscheln, Seepocken und Bryozoen jedoch müssen die Ebbe ertragen.

All diese Tiere – gewöhnt an periodisches Trockenfallen – haben Mittel, mit der Ebbe fertig zu werden. Alle brauchen sie Meerwasser zum Atmen und um ihre Nahrung zu gewinnen. Ihre generelle Strategie bei Wassermangel besteht darin, stillzuliegen, sich zu verkriechen und zu warten, bis die Flut zurückkehrt. Weil sie in ihren hartschaligen Gehäusen Feuchtigkeit speichern, können sie gewöhnlich überleben, nur nicht während der seltenen Zeiten langen Trockenliegens. Dann kommt es zu Massensterben, die quer durch die evolutionäre Ahnentafel gehen. In ganz extremen Fällen schließlich kann alles, was an einem bestimmten Küstenstreifen verankert ist, dahinsterben.

Kein marines Lebewesen überlebt es, dauernd der Luft ausgesetzt oder mit einem faulenden Morast von Rohöl bedeckt zu sein. Diese Tiere sind an einen Bereich von Normalbedingungen angepaßt, denen sie während ihrer Lebenszeit erwartungsgemäß ausgesetzt sind. Sie sind sogar darauf eingerichtet, mit gelegentlichen Extremen fertig zu werden, vorausgesetzt, diese traten in der Vergangenheit schon einmal auf: Die Evolution kann zuvor noch nicht erlebte Verhältnisse nicht voraussehen. Die Beinknochen von Hirschen sind um ein Vielfaches stärker als nötig, um die Stöße abzufangen, denen sie bei der Flucht vor einem Wolfsrudel ausgesetzt sind. Dies spiegelt vermutlich besondere Maßnahmen wider, die ihre Vorfahren gelegentlich ergreifen mußten, um nicht gefressen zu werden (etwa das Herunterspringen von einem Kliff). Aber so etwas hat seine Grenzen. Wenn ein Organismus Seewasser zur Sauerstoffgewinnung benötigt, ist die Zeit einfach begrenzt, die er ohne Wasser auskommt. Unter solchen Umständen überschreiten wir den Rahmen der generellen Anpassung und gehen über die Variation innerhalb von Populationen hinaus: Variationen nach dem Motto „wer ist besser als wer", auf die die Auslese einwirkt, um Anpassungen zu verändern, ja sogar zu verbessern.

In solchen Katastrophensituationen kann man dem Opfer keine Schuld zuweisen. Wenn der Lebensraum so stark verändert ist, daß die Todesrate sich 100 Prozent aller Individuen sämtlicher vorhandenen Arten nähert, müssen die Ursachen dafür außerhalb des Systems liegen. Die von solchen Vorgängen betroffenen unglücklichen Geschöpfe hatten einfach Pech. Doch sind Massenaussterben einfach alle nur Pech? Und wenn es so ist, sollten wir dann einfach zu Fatalisten werden und hoffen, daß es uns nicht erwischt? Weil insbesondere Massenaussterben auch ohne unser Zutun auftreten können, sollten wir deshalb hoffen, unser eigener, offensichtlich negativer Einfluß auf die physische Umwelt und die Lebensgemeinschaften unserer heutigen Erde mache nichts aus? Diese Probleme können wir näher beleuchten, indem wir die Impakttheorie überprüfen und sie verschiedenen Vorstellungen von irdischen Ursachen für Massenaussterben gegenüberstellen.

Außerirdische oder irdische Ursachen des Massenaussterbens?

Es ist heute offensichtlicher denn je, daß wir uns die Massenaussterben der Vergangenheit sehr genau ansehen müssen, um ihre Ursachen so gut wie möglich zu verstehen. Gemäß den Einsichten, die sich hierbei ergeben, werden wir Folgerungen für das Verständnis unserer eigenen Ökosysteme und darüber ziehen müssen, wie wir mit ihnen umzugehen haben. Grundsätzlich können wir sehr verschiedene Botschaften entnehmen. Gelangen wir beispielsweise zu dem Schluß, daß Massenaussterben sehr viele verschiedene Ursachen zugrunde liegen, von denen sich keine zwei in ihrer Kombination der beteiligten Faktoren gleichen, würde das die Versuche erschweren, unsere allerjüngste Vergangenheit und ihre Beziehung zur Gegenwart und nahen Zukunft zu verstehen. Natürlich müssen wir dieses Verständnis dennoch anstreben.

Andererseits könnte es auch eine oder zwei grundlegende Ursachen für Massenaussterben geben. Das würde es sehr erleichtern, Schlußfolgerungen für das hier und jetzt zu ziehen. Wie wir gesehen haben, sind in jüngster Zeit die ersten Anwärter für eine solche wiederholte Ursache die Zusammenstöße mit Objekten aus dem Weltraum: Einschläge von Boliden. Sollten sich diese wirklich als die Schuldigen erweisen (man erinnere sich, es gibt deutliche Hinweise auf einen solchen Einschlag an der Kreide-Tertiär-Grenze), dann können wir daraus unmittelbar schließen, daß das heutige Aussterben nichts mit den vergangenen zu tun hat: Was auch immer den Rückgang brütender Singvögel in Nordamerika verursacht, der Einschlag eines Asteroiden ist es gewiß nicht.

Allerdings gibt es einen faszinierenden Zusammenhang zwischen den Vorstellungen von einem nuklearen Winter und den Katastrophenszenarien, die mit den Einschlagsmodellen des Massenaussterbens einhergehen – einschließlich der versengten

Erde von weltweiten Feuern und der Verdunkelung der Sonne, mit fallenden Temperaturen und gestörter Photosynthese. Hervorragende Wissenschaftler haben vor dem Kongreß der USA die Gefahren eines nuklearen Winters bezeugt, der sich aus einem Atomkrieg ergeben würde: Sie führten das Einschlagsszenarium an und wiesen darauf hin, daß »das Experiment bereits ausgeführt wurde«. Wir können zwar hoffen, daß es in naher Zukunft keinen solchen Zusammenstoß geben wird, aber wir können entsprechende Auswirkungen ebensogut durch unsere eigenen Aktivitäten herbeiführen. Dies ist ein gutes Argument, auch dann, wenn sich das K-T-Szenarium als unrichtig herausstellen sollte oder (was wahrscheinlicher ist) nicht für alle oder sogar nicht einmal für *irgendeines* der anderen bedeutenden Massenaussterben gilt.

Außerdem ergeben sich Folgerungen aus der Antwort auf die Frage: Sind Massenaussterben periodisch, treten sie in irgendeinem rhythmischen Zyklus auf oder völlig zufällig? Sind sie periodisch, erkennen wir die Folgen für uns direkt aus den Berechnungen, wann die nächste Kollision erfolgen wird. Wir könnten sogar versucht sein, uns darüber nicht schon vorher den Kopf zu zerbrechen, weil wir uns entweder ganz auf das Glück späterer Generationen verlassen, die Zerreißprobe zu überstehen, oder weil wir hoffen, daß die künftige Technologie in der Lage sein wird, den Himmelskörper abzulenken und die Situation zu retten (darüber gibt es schon eine ganze Reihe *Science-fiction*-Szenarien). Ich nehme an, daß sich die meisten von uns darüber überhaupt keine Sorgen machen: Wahrscheinlich werden die Gletscher irgendwann einmal zurückkommen und schließlich die Zivilisation in den nördlichen Regionen unserer Hemisphäre auslöschen (die letzten Gletscher stießen bis nach New York vor und bildeten Long Island; doch der nächste Vorstoß scheint sich schon um 2000 Jahre zu verzögern!). Auch wenn Asteroide vielleicht ebenso unausweichlich sind wie das Vordringen der Gletscher, warum sollten wir ihretwegen besorgt sein?

Einigen der ersten Berechnungen zufolge, die auf der Annahme beruhten, die durch den Einschlag von Himmelskörpern ausgelösten Aussterben erfolgten tatsächlich regelmäßig und periodisch, wäre das nächste demnächst zu erwarten! Diese Angabe wurde zur allgemeinen Erleichterung bald revidiert. Die heute weitgehend anerkannte Zahl (akzeptiert von denjenigen, die meinen, es gebe ein periodisches Massenaussterben) für den Zeitraum zwischen den Einschlägen der Himmelskörper ist 26 Millionen Jahre. Dave Raup und Jack Sepkoski präzisierten die ursprüngliche Schätzung des Paläontologen Al Fischer von 32 Millionen Jahren durch eingehende statistische Analysen von Sepkoskis mit Hilfe eines Computers erarbeiteten Zusammenstellung von Daten aus der fossilen Überlieferung. Der wahre Zeitpunkt hängt überdies von der Genauigkeit der geologischen Zeitskala ab. Nach dem jüngsten Konsens unter den Fachleuten haben wir die nächste Detonation nicht vor 14 Millionen Jahren zu erwarten.

Natürlich müssen wir wissen, ob das Aussterben tatsächlich in regelmäßigen Abständen eintrat oder nicht. War es regelmäßig, spräche das sehr dafür, daß es astronomische Ursachen hatte: Nur astronomische Zyklen scheinen in diesen gewaltigen Zeiträumen abzulaufen. Wiederum durchdringt eine faszinierende Übereinstimmung zwischen der Interpretation der empirischen Ergebnisse und der Schlußfolgerungen das ganze Problem der möglichen astronomischen Ursachen der Massenaussterben – ähnlich derjenigen zwischen den Szenarien für den nuklearen Winter und für das K-T-Aussterben. Wurde das K-T-Ereignis durch einen Himmelskörper ausgelöst und gibt es ein regelmäßiges Intervall von 26 Millionen Jahren zwischen den Massensterben (was auf eine extraterrestrische Ursache hindeutet), könnten wir folgern, daß alle Massenaussterben durch einen Himmelskörper ausgelöst wurden, sogar wenn wir keine unwiderlegbaren Beweise in Form von Iridiumanomalien finden. Iridiumanomalien, geschockte Quarze und andere physikalische Hinweise, welche die Einschlaghypothese stützen, kennen wir vor allem (und nur in diesem Fall ganz zweifellos) von den Fundorten an der K-T-Grenze. Wir müssen im Auge behalten, daß es trotz anfänglicher Behauptungen (beispielsweise für die Perm-Trias-Grenze in China) heute keine bestätigten Iridiumanomalien gibt, die mit irgendwelchen Massenaussterben verknüpft sind, ausgenommen natürlich die Vorgänge an der K-T-Grenze.

Auch die Astronomen traten in Aktion: Wenn sie die 26-Millionen-Jahre-Periodizität von Raup und Sepkoski anerkennen, ergibt sich für sie die Aufgabe herauszufinden, was die Ursache dieses periodischen Bombardements durch Meteore oder Kometen sein könnte, die rasch als Einschlagskörper favorisiert wurden. Kometen haben ausschweifende elliptische Umlaufbahnen. In periodischen Abständen kommen sie aus den äußersten Bereichen des Sonnensystems hereingerast und beschleunigen ihr Tempo noch, wenn sie sich der Sonne nähern. Sie passieren sie in nahem Abstand, machen kehrt und werden mit enormen Geschwindigkeiten in die entferntesten Bereiche des Sonnensystems zurückgeschleudert. Anders als die neun bekannten Planeten, die alle in ihren eigenen Bahnen kreisen und daher nicht zusammenstoßen können, schneiden die Kometen die Bahnen der Planeten. Daher besteht eine reelle Wahrscheinlichkeit, daß sie mit ihnen kollidieren.

Die Oortsche Wolke ist ein gewaltiger hypothetischer Schwarm von Kometen am Rande unseres Sonnensystems. Sie wurde niemals direkt beobachtet. Nach dieser Hypothese verläßt ab und zu ein Komet die Wolke und wandert durch das Innere des Sonnensystems. Die Astronomen fragen sich, was viele Kometen gleichzeitig aus der Wolke herauslösen könnte, wodurch dann die Chancen eines Einschlags stiegen (und, das sollte gesagt werden, was vielleicht für das schrittweise Aussterben von Arten gerade vor, genau an und kurz nach der Kreide-Tertiär-Grenze verantwortlich sein könnte)? Zwei mögliche Kandidaten tauchten auf: Nemesis, das Geistesprodukt des Astrophysikers Richard Muller und seiner Kollegen, ist ein hypothetischer Begleitstern der Sonne. Sterne treten oft als Paare auf, deren Angehörige umeinander kreisen. Ist er genügend entfernt, könnten die Astronomen einen solchen Stern durchaus übersehen haben, dessen Schwerkraftwirkung vielleicht in regelmäßigen Abständen einen Kometenschwarm auslöst und ihn auf unsere Sonne zu sendet. Eine konkurrierende Hypothese verwies einfach auf einen Planeten X, dessen Abgelegenheit bisher seine Entdeckung verhinderte, aber dessen Existenz ebenfalls die Oortsche Wolke stören könnte.

Die Astronomen sagten die Existenz von Pluto voraus, des äußersten der neun bekannten Planeten, bevor sie ihn tatsächlich entdeckt hatten. Viele von uns können einen unsichtbaren Vogel durch seinen Gesang identifizieren; astronomische Körper werden durch ihre Schwerkraftwirkungen aufgezeigt: Gewisse Anomalien in den Umlaufbahnen der äußeren Planeten bedeuteten, daß Pluto vorhanden sein mußte. Eigentlich gibt es mehr Masse im Universum, als sich durch die Dichte der sichtbaren Sterne erklären ließe: Daher sind Astronomen von der Existenz sogenannter dunkler Materie überzeugt (obgleich ihnen deren Natur noch sehr unklar ist). Sie sind es gewohnt, auf der Grundlage von subtilen Hinweisen, die sich aus ihren Beobachtungen ergeben, auf das Vorhandensein bisher unbekannter Strukturen zu schließen. Aber in diesem Fall – das ist zu beachten – geht die Kette der Folgerungen letztlich von dem auf der Erde gewonnenen Schluß aus, Massenaussterben verliefen tatsächlich periodisch.

Wir können aber einfach nicht sicher sein, daß es so war. Die Debatte darüber geht unvermindert weiter, mit Jack Sepkoski und David Raup (sowie mehrerer, ihre Daten und Schlußfolgerungen akzeptierender Kollegen), die auf ihrem Standpunkt beharren, sowie einer Anzahl von Statistikern, Geologen und Paläontologen, die scharf widersprechen – in einem gewissen Ausmaß den Daten und in noch größerem Umfang der ganzen Natur der ausgesprochen statistischen Analysen. Ähnlich der Debatte über das Aussterben ganz allgemein ist es auch hier sehr schwer, eine Übereinkunft zu finden. Wie wir gleich sehen werden, gilt dies auch für die Diskussion über mögliche irdische Ursachen. Und es gilt auch für diejenigen, die verschiedene Seiten in der allgemeineren Diskussion vertreten, ob die Ursachen überhaupt irdischer, oder ob sie außerirdischer Natur waren.

Aber so unübersichtlich und heiß umkämpft das Feld der Kausalität des Massenaussterbens auch gegenwärtig ist, wir können wirklich Besseres tun, als verzweifelt die Hände zu ringen, nur weil wir glauben, wir würden nie verstehen, was diese Ereignisse einmal hervorrief. Es geht hier einfach um zu wichtige Dinge. So fesselnd die verwickelte Debatte um den Einschlag von Himmelskörpern auch ist, können wir doch nicht die deutlichen Hinweise darauf ignorieren, daß irdische Ursachen die wahren Schuldigen an den meisten der Massenaussterben waren. Diese Anhaltspunkte deuten auf klimatische Veränderungen hin – insbesondere auf globale Abkühlung –, als die dominierende Ursache der größten Aussterbeereignisse.

Es gibt jedoch eine ganze Reihe ernsthafter Anwärter für die irdischen Schuldigen. Es ist sehr wohl möglich, daß verschiedene Faktoren zusammenwirkten. Zwar gibt es noch Anhänger der Hypothese, das Iridium an der K-T-Grenze sei vulkanischen Ursprungs, doch stimmen die meisten Geologen heute offenbar darin überein, daß einer oder möglicherweise mehrere Himmelskörper nahe dieser Grenze einschlugen. Aber auch bei einem solchen Einschlag sehen wir in der globalen Abkühlung einen Bestandteil des Aussterbeszenariums. Tatsächlich neigen viele von uns dazu, den K-T-Einschlag (oder die Einschläge) als eine zusätzliche Erschwernis anzusehen, die eine mißliche Situation nur noch verschlimmerte. Eine solche Auffassung erhält noch mehr Gewicht, betrachten wir erst einmal die Rolle, die der Mensch beim Aussterben der Eiszeit und der Gegenwart spielte und spielt.

Aber wie in den heutigen Lebensgemeinschaften die Artenvielfalt nicht allein durch das Klima reguliert wird, scheinen auch in der Vergangenheit weitere Faktoren an dem massenhaften Zusammenbruch von Ökosystemen beteiligt gewesen zu sein. Man erinnere sich zum Beispiel der Rolle, die allein die Fläche bei der Regulation der Vielfalt in Ökosystemen spielt. Die Größe des verfügbaren Lebensraumes ist ein entscheidender Faktor für die Muster der Vielfalt. Viele Paläontologen haben behauptet, Massenaussterben reflektierten nur den einfachen Verlust von Lebensraumfläche. Legen wir zugrunde, was wir über die Auswirkungen des Verlusts von Lebensraum auf heutige Arten wissen, müssen Veränderungen in der Ausdehnung des verfügbaren Habitats in unserer Liste der möglichen Ursachen von Massenaussterben ganz obenan stehen.

Wie wir bald sehen werden (und wie in der Übersicht der Massenaussterben in den vorhergehenden Kapiteln deutlich wurde), gibt es zahlreiche empirische Hinweise, die globale Abkühlung mit Massenaussterben verknüpfen. Aber der Grund, warum mir diese Ursache zusagt, ist folgender: Klimatische Regulation spricht genau jene Faktoren als Ursachen des Massenaussterbens an, die – wie wir bereits gesehen haben (in Kapitel 2) – die Vielfalt überall auf der Erde zu jedem Zeitpunkt steuern. Ich möchte damit nicht behaupten, die Organismenwelt trüge immer den Keim ihres Untergangs in sich oder sie wäre ein reifes Opfer, das nur auf einen Unfall wartet. Sie scheint mir eher ein allgemeines System jener Art zu sein wie die Wirbellosenfauna der Gezeitenzone, die an den Felsen von Maine oder Kalifornien anhaftet: im wesentlichen ihren Anforderungen gewachsen – von Tag zu Tag, von Monat zu Monat und von Jahr zu Jahr. Die Biologen diskutieren über die Dynamik, welche die Anzahl von Lebewesen verschiedener Arten an einem gegebenen Ort reguliert. Konkurrenz und Beuteerwerb – Wechselwirkungen zwischen den verschiedenen Organismen, sowohl inner- als auch zwischenartlich – wurden verschiedentlich als hierfür mehr oder weniger wichtig herausgestellt. Natürlich gibt es Schwankungen darin, was vorhanden ist und was nicht, sowie darin, was überlebt und was verschwindet – von Tag zu Tag und besonders von Jahreszeit zu Jahreszeit und Jahr zu Jahr. Aber daneben gibt es diese unvorhergesehenen Ebben mit äußerst niedrigem Wasserstand oder jene Ölverschmutzungen, und die Spielregeln ändern sich.

Das ist es, wie ich annehme, was passiert, wenn die normalen Regulationssysteme der globalen Vielfalt weit über eine bestimmte Toleranzschwelle hinaus gefordert werden. Die normalen Faktoren dieser Regulierung (die, wie wir in Kapitel 2 gesehen haben, in erster Linie auf Anpassungen an die Temperatur und besonders an Temperaturschwankungen beruhen) werden unter gewissen Bedingungen ausgeschaltet oder aufgehoben. Das Ergebnis sind Massenaussterben.

Irdische Ursachen des Massenaussterbens

Die Naturwissenschaft wirkt oft wie ein *Perpetuum mobile*, doch nicht etwa wie eines, das sich einfach hin und her bewegt; vielmehr scheint es eine gewisse Richtung einzuhalten und uns im Verlauf der Zeit ein immer genaueres Bild vom Universum zu liefern. Sie gilt als etwas ganz anderes als beispielsweise Literatur, in der jede Generation Homers *Odyssee* in die Augenblickssprache übersetzen muß und sich so dieses große epische Poem neu erschließt, völlig unabhängig von den Übertragungen früherer Generationen. Von der Naturwissenschaft stellt man sich vor, sie baue auf der Arbeit früherer Generationen auf, behielte das bei, was noch ein klares Bild der Welt zu ergeben scheint, und ersinne verbesserte Theorien und Erklärungen, um falsche Anschauungen zu ersetzen, die einfach verworfen werden.

Doch es gibt auch in der wissenschaftlichen Gedankenwelt Stile und ewige Fragen, die von jeder Generation neu überdacht werden müssen. Der favorisierte Schuldige für die Massenaussterben war immer klimatischer Wandel, insbesondere weltweite Abkühlung. Doch das jüngste Neuerscheinen dieser Auffassung als vielleicht beherrschender, meistgenannter Anwärter spiegelt keineswegs einfach historischen Konservatismus und Kontinuität wider: Wir befinden uns noch keineswegs außerhalb des wilden Strudels empirischer und theoretischer Forschung über die Massenaussterben, in dem eine große Vielfalt von Ursachen – irdische und außerirdische – mit ungewöhnlicher Leidenschaft diskutiert wurden. Die Hypothese der globalen Abkühlung fand aufgrund neuer Beobachtungen und theoretischer Untersuchungen wieder zunehmend Unterstützung. Diese Untersuchungen verknüpfen das, was wir über jene Faktoren zu wissen glauben, welche die biologische Vielfalt auf der Erde ständig regulieren, mit solchen physikalischen und klimatischen Ereignissen, wie sie mit Massenaussterben einhergehen. Naturwissenschaft ist eine Mischung von Fortschritt-im-Wissen und einer ständigen Neueinschätzung der ewigen Fragen. In gewissem Sinn ist auch sie eine ständige Neuübersetzung alter Texte in eine neue Form.

Natürlich wurden in der Vergangenheit viele Hypothesen über die Ursachen von Massenaussterben vorgeschlagen, die einfach nicht richtig sein können. Bei unserem Streben zu verstehen, was tatsächlich passierte, und in unserem Verlangen, zuverlässige Prinzipien auf unser eigenes heutiges Problem anzuwenden, haben wir kaum Zeit an die widerlegten Vorstellungen der Vergangenheit zu verlieren. Doch die älteren Vorstellungen über das Massenaussterben spiegeln oft eine grundlegende Auffassung von der Organisation lebender Geschöpfe und ihrer Beziehung zu ihrer physischen Umwelt wider. Ein Verständnis der Natur dieser Betrachtungsweisen (die im Augenblick in der Biologie einfach indiskutabel sind, aber wer weiß schon, was künftige Biologen denken werden) kann uns klären helfen, was wir selbst über das Leben denken, über seine Organisation, darüber, was es erhält und wie es dazu kommt, daß es sich gelegentlich am Rand seines totalen Zusammenbruchs bewegt.

Die atemberaubendste Kategorie der altmodischen Theorien über die Ursachen des Aussterbens schiebt sie Schuld ganz ein-

fach allein auf das Opfer. Am besten bekannt ist das stammesgeschichtliche Altern. Nach dieser Auffassung sterben Arten aus,
weil ihre Evolution sie zu solchen Extremen führt, daß sie nicht
mehr lebensfähig sind. Am ungeheuerlichsten ist meiner Meinung nach der Fall der gewundenen mesozoischen Auster *Gryphaea*. Die Austern sind ein Zweig der Muscheln; ihre untere
Schale ist vergrößert und entweder an einem Gegenstand festge-
heftet oder ruht direkt auf dem Meeresboden. Die obere Schale
ist ein Deckel. Bei modernen Austern, wie der eßbaren *Crasso-
strea virginica*, ist die untere Schale kaum größer als die obere.
Doch bei *Gryphaea* und einigen anderen mesozoischen Austern
ist sie mehrfach gewunden und schwer. Die obere liegt als winziger Deckel obenauf. Die frühen Paläontologen nahmen an, die
Schalen einiger *Gryphaea*-Populationen im frühen Jura von
England wären so eng gewunden gewesen, daß dieser Deckel
sich einfach nicht mehr öffnen konnte. Eine spätere Röntgen-
analyse (über die Stephen Jay Gould in den siebziger Jahren
berichtete) zeigte deutlich, was eigentlich zu erwarten war, jedenfalls aus heutiger Sicht: Zwischen dem Deckel und dem
gewundenen Teil der unteren Schale hatte sich Schlamm angesammelt. Es war Schlamm und nicht Schale, was den Eindruck
hervorrief, der Deckel könne nicht mehr funktioniert haben.

Es gibt noch weitere derartige Geschichten: Die Riesenhir-
sche (gewaltige, heute ausgestorbene Verwandte des Rothir-
sches aus dem Pleistozän) vernichteten sich, so nahm man an,
selbst. Ihre Geweihe wurden angeblich so mächtig, daß die
Hirsche sie kaum zu tragen vermochten und sie sich beim Versuch, durch den Wald zu gehen, in den Ästen verfingen. Oder
nehmen wir die Ammoniten, die hier besonders deshalb relevant
sind, weil sie in das Massenaussterben an der K-T-Grenze ver-
wickelt waren. Eine ihrer Gruppen, die Scaphiten (von denen
wir jetzt wissen, daß sie sich – wenn sie überhaupt in dieser
Hinsicht irgendwie ausgezeichnet waren – ausbreiteten und gewiß prosperierten), sind gemessen an typischen Ammoniten etwas eigentümlich gewunden. Junge Scaphiten sind in normaler

Weise aufgerollt (ähnlich wie ein *Nautilus*), aber das ausgewachsene Tier lebt in der letzten, J-förmigen Kammer. Als ob dies noch nicht genug wäre, geben andere Ammoniten ihre Windungen vollkommen auf (etwa der treffend benannte *Baculites*), oder werden wirklich bizarr gewunden, vollkommen unregelmäßig verschlungen, so daß sich in Gattungen wie *Nipponites* keine zwei Individuen vollkommen glichen. Hiermit haben wir anscheinend Beweise dafür, daß sich Geschöpfe über einen Punkt hinaus entwickelten, nach dem es kein Zurück mehr gab, oder genauer, daß sie ihren evolutionären Antrieb verloren.

Diese Vorstellung vom stammesgeschichtlichen Altern entstammt der Idee, Arten hätten – ähnlich Individuen – eine Jugend, ein mittleres und schließlich ein Greisenalter. Arten, sogar ganze Organismengruppen, sollen hiernach einen normalen Lebenszyklus durchschreiten, mit unausweichlicher Degeneration an seinem Ende, was sich in phylogenetisch bizarren Formen äußere. Doch nach und nach entlarvte man alle diese klassischen Beispiele als falsch: Schließlich kann natürliche Auslese keine anatomischen Konstruktionen schaffen, die ihre Träger letztendlich vernichten. Vielleicht, so wurde im Fall der gewundenen Austern argumentiert, trat der erzwungene Verschluß, der zum Tod der Tiere führte, erst nach der Reproduktionsperiode der Muscheln auf. Natürliche Auslese würde solche Auswirkungen übermäßigen Wachstums nicht verhindern können, hätten sie sich immer erst dann gezeigt, wenn die Zeit der Fortpflanzung aus anderen Gründen schon beendet war. Aber sogar hier stellte es sich heraus, daß es Schlamm und nicht die Austernschale war, was den Deckel verschloß – und dieser schob sich erst dann zwischen die beiden Schalenhälften, als die Auster schon tot im Schlamm begraben lag.

Alle diese frühen Theorien über die Gründe für das Aussterben, die darauf hinauslaufen, die betreffenden Lebewesen hätten ihren Untergang selbst verschuldet, passen gut zu einer weiteren Gruppe von Vorstellungen – denjenigen von der Evolution aufgrund innerer Ursachen. Es gibt eine Menge derartiger Theorien. Sie sind ebenso veraltet und wissenschaftlich tot wie diejenige vom stammesgeschichtlichen Altern. Nomogenesis, Aristogenesis, Entelechie – diese und andere waren die Lieblingsideen prominenter Biologen (und Generäle – Jan Christian Smuts, von beträchtlichem soziopolitischen und historischen Einfluß in Südafrika, bescherte uns den Holismus, der ebenfalls hierzu gehört). Mit diesen Theorien war die Idee verknüpft, Evolution erzeuge, oder richtiger bedeute, Verbesserung oder Fortschritt. Sie sahen den evolutionären Wandel im wesentlichen durch Faktoren herbeigeführt und kontrolliert, die in der Natur der Organismen selbst liegen. Viele glaubten damals, es gäbe etwas in den Lebewesen – etwas dem Keimplasma inhärentes –, das Organismen automatisch größer und (oft) besser werden ließ als ihre Vorfahren.

Darwin sah das Zueinanderpassen von Organismus und Umwelt als Ergebnis einer Reaktion von Populationen auf Reize der Umwelt: Wandelt sich diese, könnte eine Variante unter den neuen Bedingungen einen erhöhten Überlebenswert bekommen und daher selektiert werden. Sogar wenn sich die Umgebung nicht verändert, ist es vorstellbar, daß natürliche Auslese so etwas wie einen „Verkaufsschlager" entwickeln kann: Varianten in einer Population können bessere Schwimmer sein, als es je gegeben hat, besser das Sonnenlicht ausnutzen oder was auch immer. Jene Qualitäten, die ihren erhöhten Erfolg herbeiführten, würden dann an die folgenden Generationen weitergegeben. Das muß einfach zur Verbesserung führen.

Fortschritt oder Verbesserung bilden die zentralen Punkte von beiden Sichtweisen: von Darwins ursprünglicher Sicht und den damit konkurrierenden Vorstellungen des Vitalismus. Der Unterschied liegt in der relativen Bedeutung, die inneren beziehungsweise äußeren Faktoren zugemessen wird. Nach Darwins Vorstellung, sowohl in ihrer ursprünglichen als auch in ihren modernen Formen, entstehen Varianten im Inneren des Organismus. Wir wissen heute, daß die letztliche Quelle von Variation Mutationen sind und daß Mutationen (obgleich sie durch äußer-

liche Mutagene ausgelöst werden können) weitgehend eine Angelegenheit biochemischer Fehler in den Keimzellen sind. Mu-
tation produziert ein mannigfaltiges Spektrum von Veränderungen. Diese werden von der Umwelt bewertet, und zwar über den
unterschiedlichen Erfolg der Individuen, die diese oder jene
Varianten tragen und versuchen, sich am Leben zu erhalten und
fortzupflanzen. In den älteren vitalistischen Theorien ist es mehr
eine inhärente Überlegenheit der Gene selbst, die letztlich den
Konkurrenzkampf gewinnen: Gewiß, die Schwachen bleiben
auf der Strecke, aber die Betonung lag auf dem Hervorbringen
der Überlegenheit im Inneren des Organismus, was man als
Ergebnis der Gentätigkeit für unvermeidlich hielt.

Nach unserer eigenen modernen biologischen Weltsicht leben
wir in einem Zeitalter, wo die äußere Umwelt dem Organismus
zumindest ein gleichwertiger Partner ist. Wer hat die Vorherrschaft – die Umwelt oder der Organismus? Heute neigen wir
dazu, Darwins grundlegendem Gedanken zu folgen: Organismen sind bis ins Feinste durch die Erfordernisse der Umwelt
ausgeformt. Zur Zeit Darwins gab es nur einen einzigen ernsthaften Konkurrenten für seine natürliche Auslese. Das war die
Vererbung erworbener Eigenschaften (gewöhnlich ungerechter-
weise mit dem großen französischen Biologen Jean Baptiste
Chevalier de Lamarck verknüpft). Nach dieser Hypothese domi-
niert die Umwelt noch weit mehr als bei natürlicher Auslese: Sie
löst direkte Reaktionen bei den Lebewesen aus, und diese Reaktionen (Schwielen, lange Giraffenhälse und so weiter) werden
von den betroffenen Lebewesen ebenso direkt auf ihre Nachkommen übertragen. Die Entwicklung der modernen Verer-
bungslehre etwa um die Jahrhundertwende herum beendete solche Vorstellungen (obgleich sie im Laufe der Zeit ab und zu
wieder aufflackern). Natürlich können unsere Einwände gegen
diese Hypothese nicht darauf beruhen, daß sich aus ihr eine
andere Vorstellung über die Bedeutung äußerer und innerer Faktoren für Evolution und auch Aussterben ergibt als aus der
Theorie von der natürlichen Auslese.

Das Leben hat selbstverständlich tiefgreifende Auswirkungen auf die physische Umwelt. Die schwerwiegendsten sind die chemischen Folgen der Atmung: Photosynthetisierende Organismen setzen Sauerstoff frei. Der Botanische Garten von Neapel soll eine um das Mehrfache reinere Luft haben, als in den angrenzenden Straßen gemessen wird. Global gesehen war es die Photosynthese, die zusammen mit vulkanischen Gasen die reduzierende (und aus der Perspektive vielzelliger Lebewesen giftige) Uratmosphäre zu einer verwandelte, die genügend Sauerstoff enthielt, um heterotrophes Leben zu ermöglichen.

Von weniger dramatischem Ausmaß, aber dennoch aussagekräftig, war die Evolution (irgendwann in der Mitte des Mesozoikum) des kalkschaligen Planktons – mikroskopisch kleiner photosynthetisierender Algen und beschalter Amöben (Foraminiferen), die in den oberen Schichten der Wassersäule der großen Ozeane trieben. Wie wir gesehen haben, erschienen die Coccolithen und Foraminiferen, die eine solch bedeutende Rolle bei dem Aussterben an der K-T-Grenze spielten, erst kurz vorher, irgendwann im Jura.

In den extremen Tiefen der Meere (gleichbedeutend mit extremen Drucken und Temperaturen) löst sich Kalziumkarbonat spontan. Oberhalb einer einer gewissen Grenze kann es sich hingegen ansammeln, wie die gewaltigen ozeanischen Kalkschlammablagerungen und ihre heute freiliegenden kreidigen Entsprechungen deutlich zeigen. Das Auftauchen des kalkhaltigen Planktons veränderte den Karbonatzyklus der ganzen Erde. Die gewaltigen Karbonatmassen, die heute auf dem Meeresboden ruhen, können so lange nicht wieder in diesen Kreislauf eintreten, bis sie in die tiefen Randgräben der Ozeane gezogen, in die Kruste aufgenommen und schließlich – zumindest teilweise – durch den Vulkanismus oder durch andere tektonische Aktivitäten wieder ausgestoßen werden. Das Leben kann tatsächlich enorme Auswirkungen auf den physischen Zustand der Erde haben, und dieser ist wiederum für die heute lebenden Organismen von Bedeutung. Ich sah einmal eine neuzeitliche

Landschnecke über die Karbonatschale einer 500 Millionen Jahre alten Schnecke hinwegkriechen, die in freistehendem Kalkstein eingebettet war – ganz sicher der Quelle für das Karbonat der Schale des lebenden Tieres.

Kurz und gut, wir leben in einem intellektuellen Klima, in dem uns die Umwelt dominierend und letztlich zu jeder Zeit entscheidend für das Leben aller Geschöpfe erscheint. Die Umwelt bestimmt sowohl ihre langfristige Evolution als auch ihr Aussterben. An diesen Auffassungen halten wir hartnäckig fest, obgleich wir uns selbst (die Art *Homo sapiens*) im Verlauf unserer Geschichte immer mehr von der Umwelt absonderten, ja sogar isolierten, was ganz besonders für die westliche Zivilisation gilt. Wir kennen nichts den Lebewesen Innewohnendes, was darauf hindeutet, ihr „evolutionärer Treibstoff" könnte ausgehen.

Für Arten gibt es keinen dem natürlichen Alterungsprozeß von Individuen entsprechenden Vorgang. Individuen altern, weil auf Kohlenstoff beruhende chemische Systeme äußerst verwundbar sind. Die natürliche Auslese kann den Tod nicht ausmerzen, aber sie kann mit den Zeitpunkten des Alterns und des Todes spielen, indem sie diese im Fortpflanzungszyklus hin und her schiebt. Wäre die Fortpflanzung nicht erfunden worden, wären die lebenden Systeme, die sich dennoch entwickelt hätten, schon seit langem ausgestorben. Sogar die sich fortpflanzenden Organismen sterben oft durch Einwirkungen der physischen oder biotischen Umwelt – Unfälle, Verfolgung durch Räuber und Krankeit –, bevor ihr jeweiliges Äquivalent unserer 70 Jahre Lebenserwartung abgelaufen ist.

Von Zeit zu Zeit versichern die Evolutionsforscher mutig, Organismen seien gegenüber der unnachgiebigen physischen Umwelt keineswegs so glück- und hilflos, wie wir sie oft darstellen. Doch alle diese Einwände sind niemals über die Phase des „ja...aber" hinausgekommen: Lebewesen bilden Riffe, Nester, Dämme und Baue, aber ihre Einwirkungen auf die physische Umwelt bleiben dürftig, vergleicht man sie mit den Effekten der physischen Welt (oder anderer Organismen) auf sie selbst. Dennoch sollten wir anerkennen, wie ungemein zäh einzelne Individuen oft sein können. Und Ölpesten zeigen uns, wie widerstandsfähig genetische Systeme – ganze Arten – gegenüber dem Aussterben häufig sind. Letzten Endes ist es aber der Stil unserer Generation (und vieler zumindest bis auf Darwin zurückgehender Generationen, trotz vitalistischer Verirrungen im frühen 20. Jahrhundert), Organismen als Sklaven ihrer Umwelt zu sehen.

Neben den anorganischen Elementen, denen sich Lebewesen gegenüber sehen, gehören zu ihrer Umwelt aber auch andere Lebewesen. Die meisten unserer Zeitgenossen neigen dazu – zweifellos als einfache Reaktion auf die Kompliziertheit des Lebens in der industrialisierten westlichen Welt –, nur noch andere Menschen zu sehen und vielleicht noch einige Haustiere. Aber die Völkerkunde zeigt deutlich, daß sich die Menschen ständig mit Tieren umgaben – und sich ihrerseits völlig auf die sie umgebenden Tiere und Pflanzen einstellten, von denen sie entweder abhingen oder die sie vermeiden mußten. Sehr viele Ökologen konzentrieren sich fast ausschließlich auf die Myriaden verflochtener Wechselwirkungen zwischen Lebewesen – Mitgliedern derselben Art und insbesondere auch Angehörigen verschiedener Arten, die im gleichen lokalen Ökosystem unmittelbar nebeneinander leben. Mit anderen Worten, wenn wir von der „Umwelt" sprechen, meinen wir damit oft andere Lebewesen – ob unserer eigenen oder einer anderen Art.

Ganze Theorien über die Struktur und das Funktionieren ökologischer Gemeinschaften sind fast vollständig in Form von organismischen Wechselwirkungen formuliert. Die Struktur natürlicher Lebensgemeinschaften hängt oft von den feinen Beziehungen zwischen den Angehörigen einer Vielzahl verschiedener Arten ab. Wohl jeder hat schon einmal das zyklische Auf und Ab in Kurven der Häufigkeit von Füchsen und Kaninchen gesehen: Ein Aufschwung in der Zahl der Beutetiere (Kaninchen) verursacht einen verzögerten Aufschwung der Population der

Räuber (Füchse); dies wiederum drückt rasch die Häufigkeit der Kaninchen so weit herab, daß die Füchse nun verhungern müssen. Danach kann sich die Kaninchenpopulation wieder ausdehnen, und so geht es dann immer weiter. Die Ökologie wimmelt von solchen Vorstellungen von Gleichgewichten, obgleich die Ökologen in jüngster Zeit zugeben, daß das Leben in Lebensgemeinschaften und Ökosystemen nicht ganz so glatt und geordnet organisiert ist. Wir müssen uns nun fragen, ob es irgendwelche Hinweise darauf gibt, daß jene Faktoren biotischer Wechselwirkungen, die anscheinend die Lebensgemeinschaften zusammenhalten, auch zum Zusammenbruch solcher Systeme führen können.

Die Antwort darauf scheint „nein" zu lauten. Der Zusammenbruch von Ökosystemen, elementarer Bestandteil eines Aussterbevorgangs, mag in einigen Fällen durchaus von einigen Schlüsselarten abhängen – beispielsweise von Arten an der Basis der Energie- oder Nahrungskette. Aber es gibt keine Beweise dafür, daß zwischen Arten verlaufende Wechselwirkungen so durcheinanderkommen oder intolerierbare Grenzen überschreiten können, daß solche Arten zum Aussterben getrieben werden – das heißt, bis *Homo sapiens* die Bühne betrat.

Manchmal dringen Arten in einen neuen Lebensraum ein und eliminieren dann vielleicht sogar einige seiner glücklosen, schon lange Zeit hier lebenden Bewohner. Dies passierte kürzlich, als die Braune Nachtbaumnatter (*Boiga irregularis*) nach Guam gelangte. Sie hat jetzt schon die Guamralle und einige weitere endemische Vogelarten vernichtet. Aber solche Invasionen wirken sich immer nur lokal aus. Ökologische Wechselwirkungen mögen am Hintergrundaussterben beteiligt sein, aber es gibt einfach keine Beweise dafür, daß sie jemals für den Zusammenbruch des ganzen Systems verantwortlich sein könnten. Der Keim massiver Selbstzerstörung scheint nicht aus den biologischen Wechselwirkungen selbst zu erwachsen. Wir müssen also weiter in der Umwelt nach Ursachen suchen. Sie liegen offenbar eindeutig im Bereich der physischen Umwelt.

Doch es gibt ein Element zwischenartlicher Beziehungen, das wir hier näher untersuchen müssen, weil es uns einen wichtigen Schlüssel für einige der Grundregeln des Artensterbens selbst liefert. Ratten und Schweine (die natürlich vom Menschen eingeführt wurden) vernichteten die Dodos. Die Wandertauben wurden durch Jäger ausgerottet, und die Braune Nachtbaumnatter (vermutlich ebenfalls von ihren Heimatinseln her durch den Menschen unbeabsichtigt nach Guam verschleppt) löschte mehrere anfällige Vogelarten aus. Eingeführte Arten können regelmäßig Aussterbevorgänge auslösen und tun das auch tatsächlich. Aber in all diesen Fällen haben die unterliegenden Arten nur ein kleines Verbreitungsgebiet. (Die Wandertauben waren weiträumiger verteilt, aber außerordentlich durch die Jagd mit Schußwaffen gefährdet.) Dies sagt uns einiges über Arten – was sie sind, wie sie sich verhalten und welche Rolle ihre Biologie im Aussterbevorgang selbst spielt.

Ölpesten, auch wenn sie von Menschenhand verursacht werden, scheinen auf den ersten Blick den Nachdruck von biologischen zu physischen Umwelturschen zu verlagern. Dennoch offenbaren sie viel über die Organisation biologischer Systeme. Das sagt uns wiederum eine Menge darüber, was wir erwarten sollten, wenn solche Systeme bedroht sind – aus welchen Gründen auch immer.

Die meisten Beispiele für durch biologische Vorgänge ausgelöstes Aussterben stammen, wie gesehen, aus sehr begrenzten Gebieten. Tatsächlich ereigneten sich fast alle Fälle auf Inseln. Die meisten Arten sind viel weiter verbreitet als die Guamralle oder die Dronte von Mauritius. Und das ist der entscheidende Punkt: Lokale Ökosysteme sind aus Organismen zusammengesetzt, die vielen verschiedenen Arten angehören. Oft wird irreführenderweise behauptet, ein Ökosystem setze sich aus Arten zusammen. Aber das stimmt einfach nicht. Ökosysteme bestehen aus örtlichen Populationen zahlreicher Arten.

Nahezu ausnahmslos ist jede gegebene Art hier und dort vorhanden, und ihre Individuen sind Teil vieler verschiedener Ökosysteme, oft in ganz unterschiedlichen Lebensräumen. Wenn die erwähnten niedrigen Ebben oder Ölpesten die Strände des nördlichen Kalifornien heimsuchten, haben – wenigstens bisher – immer Populationen der betroffenen Arten an anderen Orten überlebt. Aus diesen Populationen von außerhalb rekrutieren sich die Pioniere für den Neuaufbau. Sie kommen rasch herbei und bauen wieder Ökosysteme auf, die den vom Unglück ausgelöschten weitgehend (wenn auch niemals vollständig) gleichen.

Arten sind Banken genetischer Information. Ihre einzige Aufgabe ist es, diese Information zu verteilen. Arten stellen die neuen Rekruten, mit denen örtliche Ökosysteme ständig wieder aufgefüllt werden. Nirgends ist das offensichtlicher als dort, wo eine lokale Katatrophe ein Ökosystem zerschlägt, wobei der Lebensraum zerstört und die meisten, wenn nicht gar alle dort lebenden Arten vernichtet werden. Der Neuaufbau kommt selten von innen, sondern meistens von außen.

Man bedenke aber, daß Arten gegen das Aussterben abgepuffert sind, weil sie sich selten auf ein einziges Ökosystem beschränken. Damit eine Art ausstirbt, muß ein viel größeres, wirklich regionales Unglück eintreten, das ihr gesamtes Areal erfaßt. Ökologen wie Paul Ehrlich haben sicher recht, wenn sie hervorheben, der Verlust lokaler Populationen (sowie von Rassen beziehungsweise Unterarten) sei auch deshalb wichtig, weil mit ihnen genetische Information verlorengeht. Aber nichtsdestoweniger ist die Ebene der Art entscheidend: Solange einige vereinzelte Teilpopulationen der Art überleben, besteht die Chance, daß der lokale Charakter eines Ökosystems wiederhergestellt werden kann. Beispielsweise fördern große, durch Blitzschlag hervorgerufene Waldbrände (die also eine rein natürliche Ursache haben) die periodische Wiederherstellung von Wald- und Prärieökosystemen. Arten sind die kritische Grenzlinie. Durch ihre Natur selbst und ihre Verteilung widerstehen sie dem Aussterben. Wird diese Grenze überschritten, gibt es einen Schwelleneffekt. Neue Ökosysteme müssen dann aus anderem Material gebildet werden.

Wie in Kapitel 2 gesehen, sind die Individuen einiger Arten gegenüber verschiedenen Umweltbedingungen toleranter als andere (haben breitere Nischen oder sind eurytop), und die Nischenbreite hat eine enge Beziehung zur geographischen Verbreitung. Das Bild verdichtet sich: Es wird immer leichter zu erkennen, warum Lebewesen mit enger Nische, deren Areal geographisch beschränkt ist, gegenüber dem Aussterben gefährdeter sind. Bekanntlich gibt es in den Tropen viel mehr Arten als in höheren Breiten, weil hier ein viel ausgeglicheneres Klima herrscht und die Arten daher keine breiten Nischen benötigen. Die Tropen sind – auf dem Land und im Meer – voll von Arten mit geringer Verbreitung und nur sehr engen Nischen. Anscheinend gingen sie den höheren Breiten beim Aussterben schon immer voran – sowohl absolut, als auch relativ. Und das frühere Aussterben kann uns verstehen helfen, warum dies so ist.

Somit kann es nicht sein, daß die Wechselwirkungen zwischen den Lebewesen selbst jemals zu irgend etwas führen, was über vereinzelte Fälle von Hintergrundaussterben hinausgeht. Uns bleibt nur eine Wahl: Massenaussterben – wirkliche Zusammenbrüche von Ökosystemen mit weitreichenden Auswirkungen auf das Schicksal großer taxonomischer Einheiten – müssen Schwelleneffekte reflektieren. Lebewesen wie unsere Tiere der Gezeitenzone, die sich an den Felsen festhalten, wenn die Flut zurückgeht, müssen so konstruiert sein, daß sie diesen Schwankungen der physischen Umwelt widerstehen. Einige sind enger angepaßt als andere. Die Massenaussterben müssen also einfach Verhältnisse widerspiegeln, unter denen die Grenzen sämtlicher unterschiedlich angepaßter Organismen in einer Vielzahl von Ökosystemen im großen Maßstab überschritten werden. Ökosysteme können sich darauf einstellen, Verluste abzuwenden, aber sie können das nur, bevor sie zusammenbrechen. Die möglichen physischen und irdischen Ursachen dieser schwellenüberschreitenden Zusammenbrüche müssen wir untersuchen, wollen wir den Ursachen der Massenaussterben in erdgeschichtlicher Vergangenheit näherkommen.

Gletscher und Tektonik, Meeresspiegel- und Temperaturschwankungen: Die kausale Dynamik der großen Massenaussterben

Steve Stanley hat, inmitten seiner Karriere als einer der Gedankenvollen und Innovativen des neuen Schlages von Paläobiologen, wesentlich zum neubelebten Gebiet der Makroevolution beigetragen – zu den Vorgängen und zum Verlauf der Entwicklungsgeschichte im großen Maßstab. Er war es, der in den siebziger Jahren den Ausdruck „Artselektion" prägte. Seine Zusammenstellungen von Evolutionsraten waren entscheidend für unser tieferes Verständnis des evolutionären Wandels. Wie Dave Jablonski (und natürlich Jack Sepkoski mit seiner umfangreichen Datenbank) ist Stanley ein Meister darin, selbst riesige Datenmengen zusammenzutragen, und die Studien anderer in seine eigenen weitreichenden Schlüsse über die Natur des Evolutionsprozesses mit einzubeziehen. Stanley und Jablonski sind Experten für mesozoische und känozoische Mollusken. Beide wandten sich in den achtziger Jahren ernsthaften Betrachtungen über das Massenaussterben zu.

Erinnern Sie sich? Dave Jablonski ist derjenige, der den Unterschied zwischen Hintergrund- und Massenaussterben erkannte und hervorhob, Massenaussterben seien nicht einfach gesteigertes normales Aussterben. Dabei handele es sich vielmehr um Zeiten, in denen Schwellen überschritten werden. Von ihm stammt auch die Vorstellung von den Lazarustaxa, die ein effektives Maß dafür liefern, wie vollständig die Daten um eine Aussterbegrenze herum sind. Wie Jablonski bemerkte, hat uns die Tatsache, daß Roger Batten mehr paläozoische Schneckenarten in der mittleren Trias als im oberen Perm fand, viel darüber zu sagen, wie unvollständig die fossile Überlieferung sein kann. Das Aussterben kann schwerwiegender erscheinen, als es tatsächlich war, falls es sich herausstellt, daß einige der verschwundengeglaubten Taxa später wieder lebend auftauchen.

Jablonski hat eine vernünftige pluralistische Auffassung vom Massenaussterben. Er akzeptiert die Hinweise auf außerirdische Einflüsse und sogar deren Periodizität, aber er sieht auch, daß für die von anderen ins Feld geführten geographischen und klimatischen Faktoren ebenfalls vieles spricht. Ganz anders Steve Stanley: Er nimmt eine viel leidenschaftlichere Haltung zugunsten einer ganz bestimmten Erklärung des Massenaussterbens ein – nämlich des klimatischen Wandels, insbesondere des globalen Temperaturabfalls. Das ist ein altes Thema auf diesem Gebiet. Aber man muß zugeben, daß die Hinweise darauf sehr stark sind, und Stanley unternimmt sehr viel, um diese Hinweise zu mehren und Vorstellungen darüber zu entwickeln, wie dieser Mechanismus funktionieren könnte.

Die Vergangenheit der Erde wird durch Rückschlüsse entziffert. In den Felsen sind keine alten Thermometer vergraben, deren Quecksilbersäulen die Temperatur anzeigen, die zur Zeit ihrer Einlagerung herrschte. Aber es gibt Hinweise – direkte wie indirekte –, die zumindest andeuten, daß ein bestimmter Zeitabschnitt kühler war als ein anderer. Für die verhältnismäßig jüngere geologische Geschichte ist sogar weit mehr möglich als das: Die Häufigkeit der verschiedenen Sauerstoffisotope variiert mit der Umgebungstemperatur. Daher lassen sich die Oberflächentemperaturen der Ozeane für etliche zurückliegende Jahrmillionen mit einer recht hohen Genauigkeit dadurch ermitteln, daß man das Verhältnis der Sauerstoffisotope in den Schalen planktonischer Foraminiferen aus der fossilen Überlieferung der Tiefsee bestimmt.

Auch die Organismen sagen uns einiges über die Temperaturen: Löwen und Flußpferde an der Stelle, die heute Trafalgar Square heißt, zeigen uns zweifellos, daß das britische Wetter vor 120 000 Jahren während einer Zwischeneiszeit wärmer war als heute. Wie Steve Stanley hervorhob, bedeutet die Ausbreitung der Glasschwämme im Devon einen Temperaturabfall – wenigstens dann, wenn unser Wissen über die kälteliebenden Eigenschaften der heutigen Glasschwämme ein verläßlicher

Hinweis ist. Aber wir müssen vorsichtig sein: Das frühere Vorhandensein tropischer Organismen in höheren Breiten kann zwei Dinge bedeuten. Entweder war die Erde damals in der Nähe der Pole tatsächlich wärmer, oder die ständige Bewegung der Kontinentalplatten (die Kontinentaldrift) verlagerte die fossilen Überreste nachträglich in Klimate, in denen sie niemals gelebt haben.

Hiermit begegnen wir einem heftigen Streit zwischen jenen beiden Lagern von Paläontologen, die nach irdischen Ursachen für die Massenaussterben der Vergangenheit suchen. Wenn Steve Stanley der lauteste Ankläger globaler Abkühlung als Schuldigem ist, dann steht Anthony Hallam, ein geschätzter Paläontologe aus Birmingham in England, an der Spitze der Reihen jener, die eine andere altehrwürdige Erklärung bevorzugen: Hallam ist überzeugt, daß die für globale Abkühlung als Ursache angeführten Beweise gezwungen und widersprüchlich sind. Für Hallam und gleichgesinnte Paläontologen (bis zurück ins vergangene Jahrhundert) ist der wirklich Schuldige der Verlust von Lebensraum. Das gelte insbesondere in marinen Umwelten (in denen das Massenaussterben tatsächlich am eingehendsten untersucht wurde). Hier sei das Sinken des Meeresspiegels der wahre Sünder, vor allem der Verlust oder das Zurückweichen mariner Flachwasserlebensräume aus den inneren Regionen von Kontinenten.

Stanley hat die Argumente für den Verlust von Lebensraum als Schuldigen untersucht und fand sie wiederum „trivial". Wir wollen beide getrennt (und sachlich!) betrachten. Wir müssen uns hier vor allem deshalb mit diesen beiden konkurrierenden Hypothesen befassen, weil beide in verwirrend hohem Ausmaß auf genau den gleichen Daten beruhen: Der beste Beweis für einen Temperaturabfall war immer ein Abfall des Meeresspiegels!

Es gibt zwei Hauptursachen für Meeresspiegelschwankungen. Die eine ist das Wachstum der Gletscher, besonders der Polarkappen. Wie wir gesehen haben, sind die gegenwärtige verhältnismäßig hohe Lage der Kontinente und ihre relative Trockenheit ungewöhnlich, vergleichen wir diesen Zustand mit dem überfluteten Inneren der Kontinente – das war mehr die Regel als die Ausnahme während der vergangenen 600 Millionen Jahre (und wahrscheinlich schon zuvor). Sogar für Zeiten, in denen das Wasser noch die Kontinente bedeckte, haben findige Geologen Mittel ersonnen, die sich verändernden Tiefen anhand der Natur der Sedimente (und der in ihnen liegenden Fossilien) zu kartieren. Der Meeresspiegel bleibt selten völlig unverändert. Wir befinden uns heute in einer Zwischeneiszeit, und die Presse berichtet schon seit Jahren vom Anstieg des Meeresspiegels und von der Bedrohung der Küsten. Entsprechend dem Schreckgespenst der globalen Erwärmung (und jüngsten Behauptungen, das Eis der Antarktis schrumpfe schneller als erwartet) wird sich die Geschwindigkeit des Meeresspiegelanstiegs wahrscheinlich in den nächsten Jahren noch erhöhen – bis der nächste Gletschervorstoß, wann immer er beginnen mag, diese Tendenz wieder umkehren wird.

Aber es gibt einen Konkurrenten für eine strenge Kontrolle des Meeresspiegels durch die Gletscher. Die grundlegenden Mechanismen, die für die Bewegung der Platten der Erdkruste verantwortlich sind, wirken auch auf den Meeresspiegel. Die Erdkruste ist buchstäblich zerbrochen und in sechs große und eine Anzahl kleinere Stücke aufgeteilt – die Platten. (*Plattentektonik* ist die allgemeine Bezeichnung, die den Ausdruck Kontinentaldrift ersetzt hat, aus dem einleuchtenden Grund, daß nicht allein die Kontinente, sondern alle Bestandteile der Erdoberfläche, gewiß einschließlich der Böden der Tiefsee, an diesen Bewegungen beteiligt sind.)

Der Ursprung all dieser Bewegungen ist Wärme, die aus dem Innern der Erde aufsteigt – Wärme, die dem radioaktiven Zerfall entstammt. Im Laufe der Zeit wird dieser Zerfall einmal zu Ende sein, und mit ihm die Unruhe all dieser Bewegungen an der Erdoberfläche – Bewegungen, die uns die hohen Bergketten und die tiefen ozeanischen Gräben bescheren. Auf dem Mond sind diese Materialverlagerungen schon vorbei. Genau wie in einer Schale mit heißer Suppe (japanische Misosuppe zeigt das besonders gut) gibt es auf der Erde Stellen, an denen die innere Hitze durch Konvektion nach oben steigt. An der Oberfläche kühlt sich die Flüssigkeit ab und breitet sich aus, kühlt sich weiter ab und sinkt in einer abwärts gerichteten Konvektionszelle nach unten. (Kühlere Massen derselben Substanz sind dichter als die heißeren Regionen und sinken ab.) Außerdem ist die Oberfläche in einer Suppenschale unveränderlich, deshalb muß die Ausbreitung infolge eines Aufstiegs durch abwärtsgerichte Konvektionszellen ausgeglichen werden.

Die Erde gleicht sehr einer Schale mit heißer Misosuppe. Es gibt Regionen, in denen heißes Material des Erdmantels aufsteigt, und diese sind fast alle auf die Zentren der tiefen ozeanischen Becken konzentriert. (Der große ostafrikanische Grabenbruch, das Tote Meer und, wie einige sagen, der Baikalsee in Sibirien sind Gebiete, in denen sich dieser Vorgang heute auch auf Kontinenten ereignet. Irgendwann einmal werden die Kontinente an diesen Stellen zerbrechen. Dabei wird sich hier echter Meeresboden bilden. Die Serengetisteppe, was auch immer die Hand des Menschen aus ihr machen wird, ist dazu bestimmt, einmal eine benthische Lebensgemeinschaft zu beherbergen!) Der Mittelatlantische Rücken ist das spektakulärste Beispiel: Oben auf dem Rücken bildet sich hier aus hervorbrechender Lava ständig neues Gestein. Während sich die Lava abkühlt, breitet sie sich nach beiden Seiten aus und sinkt herab. Europa und Nordamerika sowie Afrika und Südamerika rücken dadurch mit einer Geschwindigkeit von rund einem Zentimeter pro Jahr auseinander.

Anders als Suppe in einer Schale ist die Erde nicht in einem festen Gefäß eingeschlossen. Potentiell könnte sie sich als Folge all dieser Konvektionen, die ihrer Kruste beständig neues Material hinzufügen, zwar ausdehnen. Aber dem ist nicht so: Es gibt auch Regionen mit Abwärtsbewegungen, wo Kruste abgebaut wird, genau im gleichen Tempo, wie sie sich andernorts bildet.

Das sind die tiefen ozeanischen Gräben, die dort entstehen, wo das dichte Material der ozeanischen Kruste hinabgleitet (die Erschütterungen, die hierbei auftreten, nennen wir Erdbeben).

Heutzutage können wir die Geschwindigkeit der Ausdehnung recht genau messen. Auf Island (das rittlings auf dem Mittelatlantischen Rücken sitzt) zeigen installierte Laser, daß Ost- und Westisland mit der Geschwindigkeit von einem Zentimeter pro Jahr auseinanderrücken. Wir können messen, wie viele Kilometer (etwa 560) sich die Felsen von San Francisco an der Westseite der San-Andreas-Spalte nordwärts verlagerten, und erhalten einen Durchschnitt von jährlich einem halben Zentimeter während der vergangenen 120 Millionen Jahre, seitdem die Falte offenbar aktiv ist. Aber durchschnittliche Geschwindigkeiten glätten das tatsächliche Tempo. Insbesondere die Ausbreitung des Meeresbodens scheint zu bestimmten Zeiten viel intensiver verlaufen zu sein als zu anderen. Dies wird sich wiederum direkt auf die relativen Höhen des Meeresspiegels auswirken.

In Zeiten, in denen sich der Meeresboden rasch ausdehnt, sollte in den Mittelozeanischen Rücken mehr Masse produziert werden. Wenn diese enormen Unterwasserberge wachsen, werden sie eine ebenso enorme Menge von Meerwasser verdrängen. Sehr viele Veränderungen des Meeresspiegels, einschließlich des Anwachsens und Schwindens flacher Meeresarme über den Kontinenten, lassen sich auf unterschiedliche Geschwindigkeiten von Vorgängen der Plattentektonik zurückführen.

Doch wie lassen sich die Einflüsse der Gletscher auf den Meeresspiegel und diejenigen der Tektonik auseinanderhalten? Das kann ein echtes Problem sein. Allgemein anerkannt ist, daß Gletscher eine entsprechende Wassermenge weitaus schneller aufnehmen und abgeben können, als durch Variationen in der Geschwindigkeit der Ausbreitung des Meeresbodens verlagert wird. Amerikaner benutzten gelegentlich das Wort *glacial* (eiszeitlich), um damit etwas als „quälend langsam" zu beschreiben, aber sich bewegende Platten sind Schildkröten und Gletscher Hasen, wenn es um das Verdrängen von Meerwasser geht.

Über geologische Zeiträume hinweg haben jedoch beide Mechanismen genügend Möglichkeiten, ihre Wirkungen zu erzielen.

Nicht jedes Fallen des Meeresspiegels bedeutet also, daß sich die Gletscher ausdehnen. Darauf weisen die Fürsprecher des Artendichte-Arealgröße-Effekts – die dem Verlust von Lebensraum eine große Rolle bei Massenaussterben zumessen – gerne hin. Doch gab es viele Zeiten, in denen ein deutliches, langandauerndes Absinken des Meeresspiegels sowohl mit Aussterben als auch mit unanfechtbaren Beweisen für Vereisung verknüpft war.

Gletscher hinterlassen viele Hinweise auf ihre Existenz. Long Island besteht aus nichts anderem als zwei vereinigten Endmoränen, einem gewaltigen Haufen von Fels und Sand, der von den Fronten der beiden südlichsten der vier eiszeitlichen Gletschervorstöße während der letzten Eiszeit hier abgekippt wurde. Tillite sind verhärtete Sedimente, welche die Gletscher zurückließen. Gletscher zerfurchen die Landschaft. Dabei hinterlassen sie U-förmige Täler und unverkennbare parallele Schrammen auf freiliegendem Grundgestein. Je jünger eine Vereisung ist, desto mehr verräterische Anzeichen hinterläßt sie. Aus dem Paläozoikum ist es schwieriger, Hinweise zu finden, aber es gibt sie. Beispielsweise beweisen Gletscherschrammen und Tillite deutlich, daß Nordafrika im oberen Ordovizium (überall) vergletschert war. (Es sei daran erinnert, daß sich die Platten bewegen. Inzwischen ist paläomagnetisch bewiesen, daß Nordafrika damals direkt rittlings auf dem Südpol saß.)

Es kann jedoch sehr irreführend sein, alles Aussterben der Vergangenheit einer einzigen Ursache zuzuschreiben. Die Vereisung im Ordovizium ist vielleicht am besten dokumentiert, und nur wenige Geologen bezweifeln den Zusammenhang zwischen dem Abfall des Meeresspiegels und der Vereisung zu jener Zeit. Andererseits gibt es keinen gleichwertigen direkten Beweis für eine Vergletscherung im oberen Devon. Die gängige Ansicht über das obere Perm ist (oder war zumindest bis vor ganz kurzer Zeit), daß sich das Klima verbesserte: Die großen Gletscherfelder des vorhergehenden Karbon schmolzen. Doch sank der Meeresspiegel weiterhin, darin sind sich alle einig. Stanley macht auf in jüngster Zeit gewonnene Anhaltspunkte für Vereisungen in einem nördlichen Block der Erdkruste aufmerksam, der heute einen Teil Nordsibiriens bildet. Außerdem müssen die polaren Eiskappen nichts mit Kontinenten zu tun haben. (Dies ist gegenwärtig zwar bei der Antarktis der Fall, aber nicht am Nordpol, den das gefrorene nördliche Polarmeer bedeckt. Das Fehlen von Beweisen für kontinentale Vereisungen bedeutet nicht, daß es zur entsprechenden Zeit überhaupt keine Eisfelder gab, obgleich das Eis über dem Meer niemals so stark wird wie echtes Kontinentaleis.)

Kritiker der Hypothese von einer globalen Abkühlung als der Ursache der meisten Massenaussterben (wie Tony Hallam) weisen gerne auf ausgedehnte Vereisungen hin, auf die kein Massenaussterben folgte. (Kritiker der Arten-Areal- oder Lebensraumverlust-Hypothese wie Steve Stanley heben in ähnlicher Weise Zeiten niedrigen Meeresspiegels hervor, mit denen keine Massenaussterben einhergingen.) Aber Vereisung ist eine Reaktion auf den globalen Temperaturabfall und nicht seine Ursache: Globale Abkühlung kann auch ausgelöst werden, wenn sich die weltweite Zirkulation des Meerwassers so verändert, daß größere Wassermengen von den Polen in die Nähe der Tropen gelangen. Die Zirkulation wiederum verändert sich, weil sich die Kontinentalplatten verschieben.

Vereisung und Nichtvereisung, durch Vereisung oder tektonische Faktoren ausgelöste Schwankungen des Meeresspiegels, durch Vereisung oder tektonische Faktoren verursachter klimatischer Wandel – dies sind die verwirrenden Variablen, die zur Diskussion stehen. Um sich aus dieser Konfusion zu lösen, hat Stanley verschiedene Aspekte der Massenaussterben selbst aus einem neuen Blickwinkel betrachtet. Dabei kam er zu dem Schluß, es gebe mehrere voneinander unabhängige Beweise dafür, daß die Ursache vieler dieser Aussterben tatsächlich globale

Abkühlung war (und nicht, wie er standhaft behauptet, einfacher Verlust von Lebensraum).

An erster Stelle unter diesen deutlichen Anzeichen der Auswirkungen klimatischen Wandels steht die Tatsache, daß in allen Fällen tropische Arten mehr betroffen sind als Lebensgemeinschaften höherer Breiten (hierbei sind die Verschiebungen der geographischen Lage der Kontinentalplatten, auf denen die Tiere jeweils lebten, immer berücksichtigt!). Die Lebensgemeinschaften der Korallenriffe waren immer auf einen Gürtel um den Äquator herum beschränkt und überschritten nie 40 Grad nördlicher oder südlicher Breite. Riffe sind die besten Beweise für tropisches Klima, und ihre Lebensgemeinschaften waren von jedem der großen Massenaussterben schwer betroffen.

Ein weiterer Hinweis auf eine globale Abkühlung ist, daß lange Zeit vergeht, bis die Riffe wieder zurückkommen, nachdem sie einmal in einer Welle des Massenaussterbens ernsthaft eingedämmt wurden. Dabei passiert es dann noch häufig, daß Kaltwasserformen die Organismen des warmen Wassers ersetzen (was zeigt, daß sich das kühlere Klima ausbreitete; vielleicht spiegelt es auch nur das asymmetrische Verhältnis zwischen der Flexibilität der Organismen höherer Breiten und dem engen Bereich wider, in dem sich tropische Arten wohlfühlen). Man erinnere sich, daß tropische Arten gegenüber klimatischen Schwankungen (oder anderen Umweltänderungen) intolerant sind; denn sie haben diese über Jahrtausende, ja Jahrmillionen hinweg nie erlebt. Sie spezialisieren sich und sind daher auf sehr kleine geographische Regionen beschränkt. Arten höherer Breiten, die an jahreszeitliche Umschwünge des Klimas und der übrigen Umwelt gewöhnt sind, sind viel eher in der Lage, sich an tropische Bedingungen anzupassen, als Arten der Tropen an kühlere Verhältnisse. Aber auf jeden Fall verringert weltweite Abkühlung die Breite des Tropengürtels und verbreitert die gemäßigten und arktischen Zonen. Deshalb sollten der Kälte angepaßte Organismen besser damit zurechtkommen als tropische.

Stanley geht auch auf das Problem des zeitlichen Verlaufs ein: Massenaussterben sind keineswegs Ereignisse, die über Nacht eintreten, trotz einiger früherer, mit der Impakthypothese für die K-T-Grenze in Verbindung stehender externer Szenarien. Wie wir gesehen haben, erfolgen die Aussterben in Wellen. Sie verlaufen nicht glatt und allmählich, sondern kommen oft in Stößen. Oft treten zwei oder gar mehr dieser Pulse auf, und das Ereignis insgesamt kann bis zu fünf Millionen Jahre dauern. Zwar erklären Anhänger der Impakthypothese das stufenweise Aussterben an der K-T-Grenze als das Ergebnis der Einschläge einer Reihe von Himmelskörpern, aber wir sollten dennoch fragen, ob solche Effekte nicht auch von den beiden wahrscheinlichsten der möglichen irdischen Ursachen des Massenaussterbens herrühren könnten.

Nach Stanleys Ansicht wirkt globale Abkühlung nicht augenblicklich, sondern sollte verschiedene Regionen und Lebewesen zu unterschiedlichen Zeiten beeinflussen. Sein am besten ausgearbeitetes Beispiel bezieht sich auf das Pleistozän (das letzte Eiszeitalter), was uns etwas über den Stand unseres Berichts hinausführt. Kurz gesagt, Stanley hat stichhaltige Argumente für unterschiedliche Auswirkungen weltweiter Abkühlung vorgetragen, indem er die Weichtiere an beiden Seiten des nordamerikanischen Kontinents während des Wachstums der Gletscher in den vergangenen Jahrmillionen miteinander verglich. Die Verluste waren im Atlantik sehr viel größer als im Pazifik. Diese Ungleichheit erklärt Stanley damit, daß die Tiere des Stillen Ozeans weiter nach Süden in wärmere Regionen ausweichen konnten als diejenigen des Atlantiks, die im Golf von Mexiko hängenblieben.

Ähnlich waren während des Pleistozän auch das Mittelmeer und die Nordsee Sackgassen, wohingegen die Faunen des westlichen Pazifik – ähnlich jenen, die Nordamerika im östlichen Pazifik säumen – einfach die Küstenlinie auf- und abwandern konnten, als die Temperaturen anstiegen beziehungsweise absanken. Tatsächlich sind die Kliffs bei Capitola in Kalifornien voller drei Millionen Jahre alter Fossilien, und die meisten davon gehören Arten an, die man auch heute noch in den Gewässern der Bucht von Monterey finden kann, deren Wellen gegen diese Steilküsten schlagen.

Für die Hypothese von der weltweiten Abkühlung spricht eine andere gewichtige Tatsache: Temperaturänderungen sind, obgleich sie Land und Meer in verschiedenen Regionen in unterschiedlichem Tempo beeinflussen, dennoch in ihrem Ausmaß wirklich global. Terrestrische tropische Lebensgemeinschaften sehen sich genau der gleichen Art von Problemen gegenüber wie ihre Pendants unter Wasser. Sie können sich nirgendwohin zurückziehen; denn ihre stabilen Lebensräume weichen gemäßigteren, jahreszeitlich mehr veränderlichen und variableren Bedingungen. Weil tropische Arten normalerweise ein viel kleineres Areal einnehmen als jene höherer Breiten (Rappoportsche Regel), sind sie gegenüber Umweltänderungen automatisch anfälliger.

Die Paläontologin Elisabeth Vrba (deren Arbeit über Antilopen in unserer Diskussion der Nischenbreite in Kapitel 2 eine Rolle spielte) hat ein weiteres Detail zu einem verwirrenden Aspekt der Beziehung zwischen Klimawandel und Aussterben hinzugefügt: Wenn die Temperatur allmählich abfällt, warum erfolgt das Aussterben dann in einzelnen Stößen oder Pulsen? Die Vorgänge in Afrika, an denen Antilopen und andere Taxa (sogar primitive Hominiden – Mitglieder unserer eigenen Entwicklungslinie) beteiligt waren, sind zwar erst Gegenstand des folgenden Kapitels, doch schon hier sei kurz angemerkt, daß Vrba in ihrer *turnover pulse*-Hypothese argumentiert, Organismen seien außerordentlich konservativ. Veränderungen der physischen Umwelt jeglicher Art – aber gewiß einschließlich von Temperaturänderungen – halten die Lebewesen so lange wie möglich stand.

Wie in Stanleys Szenarium werden die Individuen vieler Arten als erste Reaktion auf die Umweltveränderungen zunächst einmal abwandern, immer auf der Suche nach einem geeigneten

Lebensraum. Einige werden mit den Veränderungen besser fertig werden als andere (beispielsweise Arten hoher Breiten im Vergleich zu solchen aus den Tropen, wenn die Temperatur absinkt). Sogar festgewachsene Organismen (Bäume auf dem Land, Seelilien, Brachiopoden und viele andere im Meer) wandern einfach durch die Ausbreitung ihrer Samen oder Larven. Dabei sind, wie Stanley hervorhebt, die Erfolge unterschiedlich, weil auch die geographischen Bedingungen unterschiedlich sind.

Doch die Lebewesen jedes Gebiets und der verschiedensten Verhältnisse verfügen über eine gewisse Toleranz gegenüber Veränderungen, wodurch sie dem Aussterben widerstehen. Innerhalb einer lokalen Lebensgemeinschaft, sind einige Arten widerstandsfähiger (mehr eurytop) als andere. Aber letztlich werden diese Toleranzen überwunden. Vor allem wenn es sich hierbei um Toleranzgrenzen von Arten handelt, die für die Nahrungskette wesentlich sind, können dabei Aussterbewellen durch die Lebensgemeinschaft laufen – als verzögerte Schwelleneffekte, einige Zeit nachdem die ungünstige Umweltveränderung einsetzte, die letztlich zu den schweren Episoden des Aussterbens führte.

Damit zeigen Stanley und Vrba, wie gleichmäßiger und allmählicher Wandel der Umwelt zu verzögerten, plötzlichen Aussterbestößen – raschen Wellen des Massenaussterbens führen kann. Mehrere Wellen sind deshalb möglich, weil in unterschiedlich angepaßten Lebensgemeinschaften verschiedene Schwellen überschritten werden (beispielsweise werden unter sonst gleichen Bedingungen die Lebensgemeinschaften der Tropen vor denjenigen höherer Breiten getroffen) und weil sich entsprechende Ökosysteme in verschiedenen Teilen der Welt etwas voneinander unterscheiden. Eine ausgedehnte Abkühlung könnte sehr wohl auch die Wirbellosenfaunen des eiszeitlichen Pazifik erreicht und ein Aussterben bewirkt haben, das dem der eiszeitlichen Faunen des Atlantiks entsprochen hätte. Es hätte dann nur länger gedauert, bis es eingetreten wäre.

Überblicken wir die Tatsachen nochmals, die Regelmäßigkeiten des Aussterbens selbst sowie einige der Hinweise auf die physischen Bedingungen auf der Erde, wie sie während der hauptsächlichen Massenaussterben vorherrschten, dann erkennen wir das Aufkommen eines neuen Konsenses, demzufolge globaler Klimawandel – genauer, globale Abkühlung – praktisch immer beteiligt war. Abkühlung wird nachdrücklich mit der Doppelwelle globalen Massenaussterbens im oberen Ordovizium in Verbindung gesehen. Das Aussterben im späten Devon wurde jetzt ebenfalls mit globaler Abkühlung verknüpft. Sogar das späte Perm mit dem größten Aussterben aller Zeiten, das traditionell mit globaler Erwärmung in Zusammenhang gebracht wurde, scheint jetzt in Beziehung zu einem globalem Temperaturabfall zu stehen.

Ausgedehnte Salzablagerungen, die sich dann bilden, wenn die Verdunstung in einer marinen Umgebung den Zustrom von Süßwasser übersteigt, werden gewöhnlich mit warmem Klima in Verbindung gebracht (denn hohe Temperaturen beschleunigen die Verdunstung). Aber wie Steve Stanley aufzeigt, bedeuten Salzablagerungen zwar trockene aber nicht unbedingt warme Verhältnisse. Weil direkte Beweise für eine kontinentale Vereisung im oberen Perm fehlen, nahmen die Geologen lange Zeit an, die Gletscher des oberen Paläozoikum wären damals geschmolzen. Wie wir gesehen haben, scheinen·neuere Beobachtungen aus Sibirien dieser Vorstellung zu widersprechen, und die Bewegung der Kontinentalplatten vom Südpol fort bedeutet keinesfalls, daß es damals keine polaren Eiskappen gab.

Doch es bleibt ein Problem: Es gibt tatsächlich Beweise für ausgedehnte kontinentale Vergletscherung im frühen oberen Paläozoikum, als kein Massenaussterben stattfand. Stanley setzt dem die Behauptung entgegen, daß nicht jede Ausdehnung der Gletscher ein Massenaussterben auslöst. Dies soll dann nicht geschehen, wenn die anfängliche Abkühlung bereits Aussterbewellen hervorgerufen hat, wie es schon im oberen Devon der Fall war. Aber wieso konnte die angenommene weitere Abkühlung im obersten Perm dann so plötzlich das größte Aussterben aller Zeiten bewirken? Es ist klar, nicht alle Perioden glazialer Ausdehnung rufen gleich großes Aussterben hervor. Wir können annehmen, daß in solchen Fällen keine kritischen Schwellen erreicht wurden. Aber wir müssen auch zugeben, daß die Beziehung zwischen Aussterben und globalem Klimawandel – gewöhnlich Abkühlung –, obwohl sie ein wachsender Berg von Tatsachen stützt, weiterhin eingehender Untersuchung bedarf.

Von den verbleibenden Massenaussterben, die wir bisher betrachtet haben, fehlt nur dem in der Trias der überzeugende Beweis, daß es mit weltweiter Abkühlung verknüpft war. Sogar das Szenarium mit dem einschlagenden Himmelskörper (man erinnere sich, daß derartiges passiert sein muß, um die Iridiumanomalie zu produzieren) an der K-T-Grenze beschwört globale Abkühlung herauf (zusammen mit gewaltigen Bränden, Abschirmung des Sonnenlichtes und Blockierung der Photosynthese) – als direkten Effekt des Einschlags und wohl als wichtige Ursache des Aussterbens. Tatsächlich ist dieses Szenarium ein hervorragendes Beispiel für eine vermutete Vielfalt von Ursachen, die zu den Aussterbewellen unterhalb, an und oberhalb einer Grenze führte.

Aber wir müssen noch eine zweite konkurrierende irdische Ursache des Massenaussterbens betrachten. Das ist einfach der Verlust bewohnbarer Fläche. Die meisten Daten, die diese Vorstellung stützen, kommen aus dem Meer, besonders aus den Zeiten, als der Meeresspiegel so weit sank, daß sowohl alle Meeresarme über dem Inneren der Kontinente als auch das Meer über den Schelfgebieten verschwanden. Gegen diese Vorstellung gibt es ein ganz starkes Argument: Im deutlichen Gegensatz zum globalen Klimawandel, der Land und Meer gleichsinnig beeinflußt, hat ein Zurückweichen der Meere, wie auch immer sein Einfluß auf die marine Tierwelt sein mag, den entgegengesetzten Effekt auf die Landlebewesen.

Der Verlust von Meeresarmen bedeutet den Gewinn terrestrischen Lebensraumes. Dies hat sehr vielfältige Auswirkungen.

Als beispielsweise Zentralamerika vor etwa vier Millionen Jahren zum letzten Mal trockenfiel, war plötzlich eine Verbindung zwischen den Faunen Nord- und Südamerikas möglich. Die Tiere begannen, durch diesen neugeschaffenen Korridor nordwärts und besonders südwärts zu wandern. Gleichzeitig gab es zwischen dem westlichen Atlantik und dem östlichen Pazifik keine direkte marine Verbindung mehr. Als direkte Auswirkung dieses Trennungseffekts, dieser Isolation, sind inzwischen einige neue Arten von Meerestieren entstanden.

Die Idee, der Verlust von bewohnbarem Lebensraum könnte direkt am Aussterben beteiligt sein, ist schon sehr alt. Die Paläontologen wissen seit langem, daß das Verschwinden von Arten oft mit einem zeitweiligen Rückzug oder zumindest einer Einschränkung mariner Lebensräume über dem Inneren der Kontinente einherging. Raymond Moore, die dominierende Erscheinung der nordamerikanischen Wirbellosenpaläontologie Mitte des Jahrhunderts (und der Mann, der das monumentale Werk *Treatise on Invertebrate Paleontology* [Abhandlungen über die Paläontologie der Wirbellosen] begann, welches als ursprüngliche Datenbasis für viele der jüngeren Forschungen zum Massenaussterben diente), wies darauf hin, daß mit dem Schrumpfen der Binnenmeere die marinen Wirbellosen alle auf den Kontinentalschelfen zusammengedrängt werden. Dieses Szenarium zeichnet ein Bild von gesteigerter Konkurrenz um den Lebensraum und die Energieressourcen, die jeder der vielen Wirbellosen zum Leben braucht. Solche Zeiten sollten somit zum Aussterben von Arten führen. Und je länger derartige Perioden der Regression anhalten und je weitere Räume sie erfassen, desto vernichtender könnten die möglichen Aussterbeereignisse sein. Es könnte also durchaus eine gleitende Skala von kleinen bis hin zu großen Auswirkungen des Lebensraumes geben.

Ich habe ein überzeugendes Beispiel genau dieses Effekts bei meiner eigenen Forschung erlebt. Es war in sehr kleinem Maßstab und betraf das Verschwinden und vermutliche Aussterben einer einzigen Art. In dem Szenarium spielen Beziehungen –

sowohl ökologischer als auch evolutionärer Natur – mit einer Nachkommenart eine Rolle. Die geringe Dimension dieses Beispiels legt Hintergrundaussterben nahe, aber Effekte wie dieser könnten sich durchaus zu gewichtigeren Aussterbeereignissen vergrößern, wodurch die nützliche Unterscheidung Jablonskis von Hintergrundaussterben und echtem Massenaussterben allerdings etwas verwischt würde.

Die von afrikanischen Vorfahren abstammende Trilobitenart *Phacops milleri* ließ sich zu Beginn des Devon, vor vielleicht 380 Millionen Jahren, im östlichen und zentralen Nordamerika nieder. Kurz danach spaltete sich offensichtlich eine Tochterart, *Phacops rana*, von ihr ab. Beide lebten für zwei bis drei Millionen Jahre nebeneinander – *P. milleri* auf kalkigen Böden jener Gegend, die heute der amerikanische Mittelwesten ist, während *P. rana* die sandigen und schlammigen Böden der jetzigen Appalachen und des Alleghenyplateaus beanspruchte. In den Ablagerungen aus jener Zeit findet man die betreffenden Arten nie nebeneinander.

Schließlich trockneten jedoch die Meere des Mittelwestens aus, womit natürlich die marinen Lebensgemeinschaften vollständig verschwanden. In den östlichen Regionen blieb das Meer bestehen, und die Tierwelt schien nicht zu leiden. Im Laufe der Zeit kehrte das Meer in den Mittelwesten zurück und in dem Maße, wie die Lebensräume wiederhergestellt wurden, mit ihm praktisch auch alle Arten, die es dort vorher gegeben hatte. Vermutlich waren die Lebewesen des alten westlichen Meeres alle ausgestorben, und die Neuankömmlinge stammten von ihren Verwandten ab, die im Osten überlebt hatten. Aber *Phacops milleri* kam niemals wieder. Da er jetzt fehlte und vermutlich ausgestorben war, muß man folgern, daß er keinen Platz fand, wohin er sich zurückziehen konnte. In den Meeren des Ostens lebte bereits eine eine ähnliche Schwesterart. Als dann das Meer in den Mittelwesten zurückkehrte, kam der östliche *Phacops rana* mit ihm. Er konnte nun dort leben, da seine Geschwisterart hier untergegangen war.

Ich nehme an, dieses Beispiel gilt ganz allgemein. Mehr ins einzelne gehende Studien werden wahrscheinlich zeigen, daß viele Wirbellose – nicht nur diese beiden Trilobitenarten – tatsächlich verschiedene, engverwandte Arten waren: Eine Art jedes Paares lebte in den flachen Binnenmeeren, die andere war den etwas abweichenden Bedingungen der Meeresarme im Osten angepaßt. Auf jeden Fall haben wir wenigstens hier ein konkretes Beispiel, bei dem der Verlust des Lebensraumes durch Zurückweichen des Meeres mit ziemlicher Sicherheit die Ursache des Untergangs einer Art war.

Ray Moores junger Mitarbeiter Norman Newell (schon als jener Paläontologe erwähnt, der ziemlich allein die Erforschung des Massenaussterbens vom Zweiten Weltkrieg bis zu Beginn der achtziger Jahre am Leben hielt, wo sie dann schließlich förmlich explodierte) fühlte sich ganz besonders von der Lebensraumverlust-Hypothese angezogen. Er bemerkte, daß die Kreideablagerungen der oberen Kreidezeit ebenso wie die Salzlager aus dem oberen Perm Perioden des Rückzugs des Meeres aus dem Inneren der Kontinente kennzeichnen. Nachdem sie zurückgewichen waren, blieben die Meere auf ihrem dann niedrigen Niveau.

Wichtig ist, daß sich Kreide und Salz nur dann anreichern, wenn kein nennenswerter Zufluß von Sand und Schlamm aus dem Inneren der Kontinente stattfindet. Das schien Newell ein Hinweis darauf zu sein, daß Erosion das Innere der Kontinente schon vorher drastisch abgetragen hatte. Dies bedeutete wiederum den Verlust von lebenswichtigen Nährstoffen für die Meeresorganismen und (wie der Paläontologe Robert Bakker spekulierte) einen Abfall der Heterogenität der terrestrischen Lebensräume. Bakker hatte die findige Idee, das Aussterben der Dinosaurier könnte mehr eine Verlangsamung der Artbildung (die wiederum eine wachsende Homogenität der Lebensräume des Festlandes reflektiert) als einen Anstieg der Aussterberate der Dinosaurierarten an sich widerspiegeln – eine raffinierte Möglichkeit, Änderungen des Meeresspiegels mit dem Aussterben sowohl auf dem Land als auch im Meer in Beziehung zu setzen.

Wie wir bereits gesehen haben, wird das Sinken des Meeresspiegels auch als wesentlicher Beweis für globale Abkühlung angeführt, und viele Forscher favorisieren Abkühlung gegenüber dem Verlust von Lebensraum als Ursache des Aussterbens. Das Postulat vom Lebensraumverlust erhielt eine starke theoretische Spritze, als in den späten siebziger Jahren der Paläontologe Tom Schopf (der Gründer der Zeitschrift *Paleobiology* und die Personifizierung eines neuen Schlages theoretisch orientierter Paläontologen) einen verhältnismäßig neuen Zweig biologischer Forschung mit den Daten über das Massenaussterben im oberen Perm in Verbindung brachte.

Die schon erwähnte Theorie der Inselbiogeographie wurde in einer Monographie des bekannten Ökologen Robert MacArthur und des Ameisenspezialisten und Ökologen E. O. Wilson aus dem Jahre 1967 aufgestellt. Letzterer schrieb kurz darauf sein Werk *Sociobiology: A Synthesis*, womit er für ziemliches Aufsehen sorgte und einen neuen Zweig biologischer Forschung begründete. Wilson ist heute einer der weltweit führenden Sprecher für den Naturschutz und die Bedeutung systematischer Forschung als Mittel im Kampf um das Verständnis und die Bewahrung der bedrohten Lebensgemeinschaften der Erde.

MacArthur und Wilson wiesen eine enge Beziehung zwischen der Größe der bewohnbaren Fläche und der Anzahl der Arten nach, die auf ihr leben. Kleine Inseln beherbergen weniger Arten als große. Diese Beziehung (mit ihren unvermeidlichen, doch weitgehend erklärbaren Ausnahmen, welche die Regel bestätigen) ist mathematisch linear. Der Schluß schien unausweichlich: Mit einer Verringerung des Lebensraumes muß ein Zusammenbruch der Artenzahlen eintreten, der mathematisch diese Beziehung widerspiegelt – eine Beziehung, die nicht nur von Paläontologen, sondern auch von Forschern, die sich mit lebenden Organismen befassen, seit vielen, vielen Jahren registriert wurde.

Doch die Beziehung zwischen der Fläche des Lebensraumes und dem Aussterben ließ sich im Detail nur schwer nachweisen. Steve Stanley ist ein ganz besonders beharrlicher Kritiker der Idee und bemerkt, daß viele Analysen (etwa Schopfs Anwendung der Theorie der Inselbiogeographie auf die Krise am Ende des Perm) auf unzureichenden Daten aufbauen und nicht jeder Lebensraumrückgang zum Massenaussterben führte. Aber ich denke, es sollte allen klar sein, daß die beiden Effekte zusammenwirken können oder es wahrscheinlich sogar müssen. Dies ist die Form einer integrierten Theorie des Massenaussterbens, die mir am vernünftigsten erscheint.

In jedem Szenarium, das klimatische Veränderungen, insbesondere weltweite Abkühlung, mit Massenaussterben in Beziehung setzt, haben wir es automatisch mit den Vorstellungen von Lebensraumschrumpfung und letztlich Lebensraumverlust zu tun. Man erinnere sich, zum Aussterben wird es – definitionsgemäß – so lange nicht kommen, wie Individuen einer Art geeignete Lebensbedingungen finden können. Das muß hinreichend vielen Individuen gelingen, damit die zur weiteren Fortpflanzung nötige Populationsdichte erzielt wird. Es sei auch an die lebenden Toten der Ökologen Dan Janzen und George Stevens erinnert: Arten scheinen über größere Flächen verbreitet zu sein, als ihr tatsächlicher aktiver Lebensraum wirklich einnimmt, vor allem in den Tropen. Einsame Vorposten, die einen Platz zum Leben gefunden haben, aber zu dünn stehen, als daß sie sich fortpflanzen könnten, sind funktionell und genetisch tot. Zum Aussterben kommt es, wenn eine Art zahlenmäßig unter eine Grenze fällt, die alle noch übriggebliebenen Individuen zu lebenden Toten macht.

Die Tropen werden von Massenaussterben immer stärker getroffen als die gemäßigten Breiten, denn ihre tatsächlichen Artareale sind im Durchschnitt begrenzter als weiter im Süden und Norden. Wegen der engeren Anpassung tropischer Arten gibt es für sie nach einer Klimaänderung einfach weniger geeigneten Lebensraum. Dies gilt sowohl auf dem Land als auch im Meer.

Für eine tropische Art ist es viel weniger wahrscheinlich als für eine aus höheren Breiten, daß sie einen geeigneten Lebensraum erreicht. Solche Arten sehen sich dann einer Arealverringerung oder sogar völligem Arealverlust gegenüber und finden weit schwieriger einen Ausweg. Die gesamten Tropen schrumpfen zusammen – das bedeutet direkter Lebensraumverlust –, falls sich das Weltklima abkühlt. Die Abkühlungshypothese beruht ganz wesentlich auf einer ganz besonderen Form des Lebensraumverlusts.

Die meisten Szenarien des Lebensraumverlusts nehmen direkte Konkurrenz zwischen den zusammengedrängten Arten an. Dies soll der Mechanismus sein, der tatsächlich zu schwerem Aussterben führt. Dies muß aber nicht der Fall sein – oder genauer, die Konkurrenz kann mehr das Ergebnis unserer Schlußfolgerungen sein, als daß sie wirklich stattfände. Es trifft schon zu: Eine Art, die in einem bestimmten Gebiet Fuß fassen könnte, wird gelegentlich durch eine andere daran gehindert, falls die betreffende Nische schon mehr oder weniger durch eine andere Art (ob nahe verwandt oder nicht) besetzt ist (das heißt, es gibt dort andere Individuen, die ihren Lebensunterhalt auf gleiche Weise bestreiten). Dies ist also nur eine durch sinngemäße Auslegung implizierte Konkurrenz. Der Lebensraum ist zwar als solcher zu erreichen, jedoch schon von einer anderen Art besetzt.

Ebenso wahrscheinlich ist aber das Szenarium, das die lebenden Toten nahelegen. Sicher werden sich andere, gerade noch akzeptable Lebensräume finden, von denen aber keiner gut genug ist, eine Populationsdichte zu tragen, wie sie für die Fortpflanzung und dauerhafte Erhaltung der Population notwendig ist. Ich habe immer angenommen, das Aussterben von *P. milleri* beruhe auf unglücklichen Umständen. Die Binnenmeere trockneten aus und der Lebensraum, zu dem die Tiere hätten flüchten können, war schon von *P. rana* besetzt. Daß *P. rana* sich in das Innere des Kontinents ausbreiten konnte, nachdem die Lebensräume wiederhergestellt waren, ist genau die umgekehrte Situation: Plötzlich wurde geeigneter Lebensraum verfügbar, der noch von keiner Art mit ähnlicher Nische besetzt war.

Wandel der Umwelt erzeugt Lebensraumwandel. Lebensraumwandel an irgendeinem Ort heißt einfach Schrumpfen, vielleicht bis zum totalen Verlust einer Reihe von Bedingungen, die dann durch andere ersetzt werden. Zu den extremen Beispielen gehören Eisfelder, welche die Tundra überziehen, oder Meere, die das Innere von Kontinenten überfluten. Andere, subtilere Fälle sind natürlich häufiger. Globale Klimaänderungen – Abkühlung, aber potentiell auch Erwärmung – verschieben Lebensräume, lassen einige schrumpfen und andere sich ausdehnen. Das Überleben von Arten ist damit korreliert, ständig geeignete Habitate zu finden: Diese Fähigkeit hängt von dem Vermögen der Individuen ab, sich auszubreiten, oder auch von ihrer Nischenbreite. Die Fläche des Lebensraumes selbst ist eine entscheidende Variable. Sie beruht wiederum auf allgemeinen klimatischen Faktoren.

Steve Stanley hat wahrscheinlich recht: Ein Sinken des Meeresspiegels allein war (falls es beispielsweise einfach durch Ausdehnung des Meeresbodens und nicht durch Gletscher ausgelöst wurde, die auf globale Abkühlung hinweisen) höchstwahrscheinlich nicht die letztendliche Ursache der Massenaussterben der geologischen Vergangenheit. Aber Veränderungen in der Verteilung der Lebensräume, welche selbst wieder Änderungen der Größen anderer Lebensräume mit sich bringen, stehen den Lebensraumansprüchen der Organismen entgegen und bestimmen daher über Leben und Tod von Arten. Ein globaler Wandel der Umwelt verursacht Massenaussterben. Dies bewirkt er über seine Auswirkungen auf die Beziehung zwischen der Nische und der Verfügbarkeit des Lebensraumes.

Nun können wir uns verhältnismäßig jungen Zeiten zuwenden, um zu sehen, wie diese Vorstellungen mit dem Verlauf des Aussterbens in der Eiszeit übereinstimmen, und gleichzeitig den Einfluß abschätzen, den ein neuer Angehöriger der Szene hatte: *Homo sapiens.*

7

Der Eismensch kommt:
Klimatischer Wandel,
menschliches Handeln
und das große Aussterben
der Eiszeit

Die Natur konnte ihre ganz großen Dramen auch recht gut ohne unsere Art, den *Homo sapiens*, ablaufen lassen. Das Leben entstand vor wenigstens 3,5 Milliarden Jahren. Es entwickelte sich absolut ohne jegliche Beziehung zu einer Lebensform, die wir als menschlich bezeichnen. Und wie wir gesehen haben, war es im Verlauf der Äonen oft nahe daran zu verschwinden. Sogar wenn wir nach irdischen Ursachen hierfür Ausschau halten – als Hauptschuldigen ermitteln wir den Lebensraumverlust, der besonders durch klimatischen Wandel herbeigeführt wurde –, finden wir hierbei keine Rolle für den Menschen. Es gab keine Menschen, und der biologische Film, der auf der äußeren Erdrinde ablief, zeigte seine langen Perioden des *status quo*, seine Ausbrüche überschwenglicher Entfaltung und seine traumatischen Kämpfe von Aufruhr und Aussterben, völlig ohne unser Zutun – oder doch nahezu völlig.

Obgleich wir erst spät auf der Szene erschienen, gibt es eine Fülle von Beweisen dafür, daß Menschen – Mitglieder unserer eigenen und anderer Hominidenarten, die während der vergangenen drei Millionen Jahre lebten – tatsächlich ihre Auswirkungen auf unsere Mitgeschöpfe hatten. Wir sind sowohl Produkte der natürlichen Kräfte der Evolution und des Aussterbens als auch selbst eine aktive Kraft, die bereits einige andere Arten ausrottete und die Entwicklungsgeschichte weiterer veränderte. Alle unsere Vorfahrenarten und Angehörigen menschlicher Seitenlinien sind bereits ausgestorben. Einige Anthropologen sind sogar der Ansicht, *Homo sapiens* hätte, als er vor 36 000 Jahren nach Europa vordrang, den Untergang des Neandertalers verschuldet. Dieser wird machmal als Unterart unserer eigenen Spezies betrachtet, bildete aber höchstwahrscheinlich eine getrennte, allerdings eng mit uns verwandte Hominidenart.

Wir haben uns weiterentwickelt. Unsere nächsten Verwandten sind bereits ausgestorben. Auch unsere Art wird eines Tages unausweichlich verschwunden sein. Wir stehen nicht über der Natur, sondern leben in ihr. Aber wir sind von einer anderen, ganz besonderen Natur; denn wir sind paradoxerweise in unserer Anpassung so spezialisiert, daß wir zu außerordentlichen ökologischen Generalisten wurden. Wir sind eurytop, das heißt „für verschiedene Lebensräume geeignet". Obgleich unsere Eurytopie, unsere Generalistennatur, zum großen Teil von der Tatsache herrührt, daß unsere Art von einer langen Reihe körperlich und in ihrem Verhalten generalisierter Vorfahrenarten abstammt, werden wir erst durch unsere spezialisierteste Anpassung – unsere Kultur – wirklich zu Generalisten, die fähig sind, in so viele Lebensräume vorzudringen und sie zu erobern. Wir sind empfindungsfähige Lebewesen, die sich ihrer selbst bewußt sind. Durch unsere Sprache kommunizieren wir miteinander. Alle unsere Wirtschaftssysteme und Formen der Familiengründung (so verschieden sie auf der Welt noch sind) sind in verwickelter Weise mit kulturellen Konventionen verknüpft. Wir sehen die Natur – die physische Umwelt und andere Tier- und Pflanzenarten – in einer Weise, wie sie noch von keinem anderen Lebewesen gesehen wurde.

Wir nehmen die Natur durch das Filter unserer Kultur wahr – von den offensichtlichen Hilfsmitteln zum Sehen wie Ferngläsern, bis hin zu den subtileren Hilfsmitteln, die wir benutzen, um zu erforschen, was Natur ist. Für mich sind beispielsweise Arten reale Dinge, durch ein gemeinsames Reproduktionssystem miteinander verknüpfte Fortpflanzungsgemeinschaften. Für andere sind Arten nur Ansammlungen einander ähnlicher Organismen – keine realen, sondern vom menschlichen Geist künstlich geschaffene Gruppen. Wir sehen die Natur, wir beziehen uns auf die Natur durch das Jahrhunderte alte Filter der menschlichen Kulturgeschichte. Wir basteln weiter an diesem Filter herum, und die Biologen streben nach einer immer genaueren Beschreibung der Natur. Aber die Tatsache bleibt bestehen, daß der Vorgang des Nachdenkens über etwas den Beobachter oder Analytiker wohl oder übel vom Gegenstand seiner Untersuchung trennt. Sogar die Biologen meinen, Natur sei etwas Gesondertes, etwas, das studiert werden müsse. Wir haben uns, zumindest in modernen, komplexen Gesellschaften, von der Natur losgelöst.

So war es nicht immer. Der Völkerkundler Colin Turnbull hat die Nähe zur Natur, die sich einige Völker Afrikas offenbar erhielten, beredt geschildert. Ich war immer etwas zynisch gegenüber dem gezeichneten Bild von unberührten Völkern, die in enger Harmonie mit der Natur leben, aber Turnbulls Beschreibung der Mbuti, die durch den Ituri-Urwald im afrikanischen Staat Zaire wandern und dabei von „Vater Wald" und „Mutter Wald" singen, ist zu überzeugend, um sie zu ignorieren. Die Mbuti nennen sich selbst „Kinder des Waldes", und glauben, der Wald schenke ihnen alles, was sie brauchen: Nahrung, Unterkunft und Kleidung.

Kultur ist im weitesten Sinne eine Anpassung, unsere Methode, das Leben im Zusammenspiel mit einem lokalen Ökosystem zu bestreiten. Sie mag für uns heute ein Mantel sein, der die kalte grausame Welt daran hindert, zu tief in unser Leben einzudringen, und gleichzeitig viele von uns (ganz gewiß den Stadtbewohner, aber sicher auch den Bauern auf dem Lande) von allen außer den durchdringendsten Äußerungen der Natur, wie dem Wetter, abschirmt.

Unsere Entfremdung von der Natur ist ein verständlicher Auswuchs, ein Nebenprodukt des Ausnutzens unserer Anpassung, die uns eine fortgesetzte Existenz in dieser Welt ermöglicht. Wir erfanden Werkzeuge, die es uns erlaubten, zu jagen, später Tiere zu domestizieren und Ackerbau zu betreiben. Unsere Art entwickelte sich aus Allesfressern. Wir haben sogar gegen das Wetter etwas unternommen. Wir schufen Kleidung und komplizierte Unterkünfte mit Heizung, Klimaanlagen und Wasserleitungen darin – alles nur, um die Elemente fernzuhalten. Unser auf Sprache beruhendes Kultursystem bietet den enormen Vorteil, daß sich die Übertragung von Information nicht mehr darauf beschränkt, was die Gene von Generation zu Generation weitersagen: Wir können einander erzählen, wie etwas gemacht werden muß. Jeder neue Trick, der erfunden wurde und der uns hilft, der Natur unsere Existenz abzuringen, wird begierig aufgegriffen, verbessert und weitergegeben.

Es ist nicht schwierig zu erkennen, wie ein so fein darauf abgestimmter Prozeß, der Natur den Lebensunterhalt zu entreißen, ziemlich rasch immer effektiver wurde. Noch überrascht es, daß die Menschen begannen, diesen Vorgang als eine Zähmung, ja sogar eine Eroberung, der Natur anzusehen. Wenn die Menschen auch nicht so weit gingen, sich selbst zu Göttern zu erklären, so genierten sie sich doch nicht, sich für das Abbild Gottes zu halten. Das kann natürlich ein sehr veredelndes Bild sein, aber es bedeutet auch die glatte Verleugnung unserer natürlichen Herkunft. Die jüdisch-christliche Tradition fordert von uns, die Natur zu beherrschen. Wir haben vergessen, wer wir sind.

In der westlichen Industriegesellschaft gibt es einige, die darauf bestehen, wir seien tatsächlich keine Geschöpfe der Natur, wenigstens nicht in dem Sinn, daß wir »jede Eichhörnchenart« auf Kosten des ökonomischen Fortschritts schonen müßten (wie es George Bushs Innenminister Manuel Lujan 1990 ausdrückte). Es gibt andere, die meinen, wir seien so sehr ein Teil der Natur, daß der Verlust jeder Art unser eigenes Überleben bedrohe. Dies sind schwierige Fragen. Tatsächlich ist es seit langem unser kulturelles Erbe, daß wir nur allein uns sehen, geteilt in manchmal friedliche, manchmal sich bekriegende Nationalstaaten, nur von unseren Haustieren, unseren Nahrungsquellen und den wenigen Arten umgeben, die anscheinend menschliche Gesellschaft gern haben. Wir teilen die Welt auf und kaufen Land, als lebte dort sonst nichts weiter – oder wenigstens als hätte die Anwesenheit anderer Lebewesen nichts mit Eigentum zu tun. Ist dies ein zutreffendes Bild? Ist es so, können wir dann überleben, als die Beherrschenden von einer Handvoll Arten? Und angenommen, wir könnten das, würden wir es dann auch wollen? Gehören wir noch so sehr zur Natur und sind so naiv, daß wir denken, eine derart einförmige, unveränderliche Existenz würde es uns erlauben zu gedeihen?

Diese Probleme können wir nicht ignorieren, sondern müssen uns ihnen auf der Grundlage gewisser Kenntnisse nähern. Wir sollten wissen, wieweit die Anwesenheit des Menschen mit den Regelmäßigkeiten der Entfaltung und besonders des Aussterbens während der vergangenen drei Millionen Jahre zusammenpaßt. Wir stammen aus der Natur, unsere Kulturen haben sich jedoch so weit entwickelt, daß wir uns selbst heute zumeist über ihr stehen sehen, unabhängig von ihr und nicht mehr ihren Launen unterworfen. Wie haben wir das erreicht? Hat unser Verlangen zu leben, uns in natürlicher Umwelt zu behaupten, in der Vergangenheit jemals zum Aussterben geführt? Oder ist es nicht überhaupt hochmütig anzunehmen, daß wir die Natur jemals wirklich beherrscht hätten? Wir müssen Strategien entwickeln, um zumindest unseren eigenen zusätzlichen Anteil an einem letztlich grundlegenden Aspekt des Lebens auf der Erde zu minimieren – dem Aussterben.

Der Anfang: Die frühen Hominiden des Pliozän-Pleistozän

In großer Zahl vorhandene große Tiere hinterlassen in ihrer Umwelt immer Anzeichen ihrer Existenz. Je größer die Tiere, und je größer ihre Anzahl, desto größer ist ihr Einfluß auf ihren Lebensraum: Elefanten zerstörten vor etwa zehn Jahren beinahe den Tsavo-Nationalpark in Kenia, als eine Trockenheit die eßbare Vegetation so verminderte, daß sie die vorhandenen Elefanten nicht mehr ernähren konnte. Berggorillas, die nun durch den Film und besonders die Bücher von Dian Fossey so bekannt geworden sind, hinterlassen in der Vegetation ebenfalls eine Spur von Chaos und Zerstörung. Gorillatrupps sind klein. Das sind aber auch ihre Territorien. Doch insgesamt besteht ein Gleichgewicht: Die Populationsgröße wird durch die verfügbaren und verläßlichen (das heißt erneuerbaren) Ressourcen geregelt. Über unendlich lange Zeiträume hinweg bestimmt die Wechselwirkung zwischen der Fortpflanzungsbiologie und den Erfordernissen, den Lebensunterhalt zu bestreiten, die charakteristischen Muster der Verteilung, der Ökonomie und des Fortpflanzungsverhaltens, wodurch sich die Individuen einer Art in die Natur ihres Lebensraumes einpassen.

Ohne Zweifel ist die Geschichte der Hominiden während der vergangenen drei Millionen Jahre in erster Annäherung eine Geschichte anwachsender Zahlen: Die Körpergröße nahm zu, ebenso die Populationsgröße von Gruppen, die als einige wenige und weitverstreute Grüppchen begannen. Der allgemeine Einfluß, den wir Menschen auf unsere physische und biologische Umwelt ausübten, reflektiert im Grunde die einfache Tatsache, daß wir selbst große Säugetiere sind und in zerstörerisch großen Anzahlen existieren, wie sie eigentlich (in der Welt der Säuger) eher für Ratten und Mäuse typisch sind (und hier meistens nur für solche Arten von Ratten und Mäusen, die zu Vagabunden wurden und die Welt als Mitreisende und Opportunisten durchstreifen und so von der Existenz des Menschen profitierten). Die Geschichte des Menschen sieht in der Tat nicht nach einer wörtlichen Verwirklichung der biblischen Forderung aus, »Herrschaft auszuüben« über alle anderen Arten.

Aber die Geschichte der Hominiden ist viel mehr als eine geometrisch anwachsender Haufen sich ausdehnender Populationen. Sie ist ebenso eine Geschichte von Artbildung und Aussterben sowie der Ausbeutung einer Vielzahl verschiedener ökologischer Nischen – so verschieden, wie sie zahlreiche unserer Vorfahren und Verwandten aus nahen Seitenzweigen des Stammbaumes als Bestandteile eines großen Spektrums unterschiedlicher Ökosysteme vorfanden.

Charles Darwin meinte, weil die meisten Menschenaffen in Afrika leben (und weil er annahm, Schimpansen und/oder Gorillas seien unsere nächsten Verwandten), sei Afrika die Wiege der Menschheit. Sogar nachdem Darwin die Wissenschaft davon überzeugt hatte, daß sich das Leben durch natürliche Vorgänge entwickelt haben muß, fiel es manchem schwer, die Existenz echter menschlicher Fossilien zu akzeptieren. Der deutsche Anatom Friedrich Mayer, ein herausragender Vertreter der Wissenschaft des späten 19. Jahrhunderts, behauptete beispielsweise, die Skelettreste, die man in den fünfziger Jahren jenes Jahrhunderts in einer Höhle bei Düsseldorf fand, seien die Knochen eines »rachitischen Kosaken«, der wahrscheinlich von seinen Kameraden devongekrochen war, um während des Krieges allein zu sterben. Tatsächlich handelt es sich um den ersten Fossilfund eines Neandertalers.

Etwas später ließ sich der holländische Arzt Eugene Dubois, frustriert durch seine Suche nach menschlichen Fossilen in Afrika, die er finden wollte, um Darwins Vorhersage zu bestätigen, als Angehöriger der holländischen Armee in Ostindien nieder. Dubois fand die Schädeldecke und den Femur (Oberschenkelknochen) eines Geschöpfs, das er *Pithecanthropus erectus* nannte. Das stabile Schädeldach bedeckte ein Gehirn, das viel kleiner war als das unsere, daher der Name *Pithecanthropus*, was „Affenmensch" bedeutet. Der Oberschenkelknochen war jedoch so menschenähnlich, daß er zweifelsohne zu einem vollkommen aufrecht gehenden, zweibeinigen Wesen gehörte. Skeptiker bestanden darauf, Dubois habe nur die Knochen eines ausgestorbenen Menschenaffen gefunden, und Dubois selbst sprach von seinen Fossilien (die er inzwischen unter den Dielenbrettern seines Eßzimmers versteckt hatte) als von den Knochen eines gigantischen eiszeitlichen Gibbons. Heute wissen wir, daß diese Knochen die ersten vieler inzwischen bekannter der weitverbreiteten und langlebigen Art *Homo erectus* waren – unseres Vorfahren aus dem mittleren Pleistozän.

Ich will damit nicht sagen, alle frühen Entdeckungen echter fossiler Hominiden seien ausnahmslos abgetan worden. Die meisten Biologen erkannten, daß die Vorstellung von der Evolution auch den Menschen betreffen mußte, sollte ihr nicht jede Bedeutung genommen werden. Obgleich die Menschen metaphorisch gesprochen lange an der Möglichkeit ihrer gottähnlichen Natur herumbastelten, war es dennoch immer bekannt und niemals vergessen, daß wir Tiere sind und uns deshalb zweifellos mit allen anderen Lebewesen zusammen entwickelt hatten, den Tieren, Pflanzen, Pilzen, Protisten, Bakterien und Viren. Es mußte einfach fossile menschliche Überreste geben, und dennoch herrschte immer Abneigung, sie als solche anzuerkennen, wenn sie zum ersten Mal auftauchten – ein Verhalten, das sich bis weit in unser Jahrhundert hinein nicht änderte.

Der letzte berühmte Fall der Zurückweisung eines Vorfahren ereignete sich 1924, als Raymond Dart, ein junger englischer Anatom, der an der University of the Witwatersrand in Johannesburg lehrte, eine Kiste öffnete, die ihm ein Vorarbeiter aus einem Steinbruch geschickt hatte. Fossile Paviane und andere Säugetiere waren von den Kalksteinbrüchen an einem Ort namens Taung schon bekannt, und Dart hatte eine Übereinkunft mit dem Vorarbeiter getroffen, ihm die Fossilien in einer Kiste zu schicken, wenn sich genügend angesammelt hatten. Dart öffnete diese letzte Kiste, als er sich für einige Augenblicke von den Vorbereitungen zu einer Hochzeit fortstahl. Als er den Dekkel aufmachte, fiel seinem anatomisch geschulten Auge sofort ein besonderes Exemplar auf. Es war ein kleiner Schädel mit abgebrochenen äußeren Knochen, so daß der Abdruck des Gehirns sichtbar wurde. Dart sah sofort, daß es ein menschliches Gehirn war – und nicht dasjenige eines Affen. Die sorgfältige Arbeit der folgenden Tage brachte das Gesicht eines Kindes ans Licht.

Menschliche Gehirne unterscheiden sich von Affenhirnen in feinen aber konstanten Zügen. Dart hatte Eigenarten erkannt, die unter den lebenden Primaten nur vom Menschen bekannt sind. Aber wiederum wurde die Behauptung zurückgewiesen, es handele sich um einen primitiven Angehörigen unseres eigenen Stammbaumes, dieses Mal durch eine Fachwelt, die zwar völlig darauf eingestellt war, die Existenz menschlicher Fossilien zu akzeptieren, aber dennoch meinte, Darts Material sei zu primitiv, viel zu affenähnlich, um wirklich „einer von uns" zu sein, ganz gleich wie fernstehend auch immer.

Diese Ablehnung hatte noch andere Gründe. Sie beruhten offensichtlich auf Rivalitäten zwischen den Berufskollegen und dem Glauben, das *missing link* sei mit dem unglückseligen *Eoanthropus dawsoni* bereits entdeckt, dem gefälschten Piltdownmenschen, der mehrere führende Anthropologen jener Zeit für sich eingenommen hatte – auch den Mann, der Dart ausgebildet hatte. Dieser bestritt die menschliche Natur des Geschöpfs, das Dart *Australopithecus africanus* genannt hatte. Wir stellen diese Art heute sehr nahe an die Basis unseres eigenen Stammbaumes. Zwar gab es zumindest zur Zeit Darts tatsächlich viele Gründe, den fossilen Anwärter irgendeines anderen auf menschliche Vorfahrenschaft abzulehnen (das geht auch heute weiter, wie jeder weiß, der die Zweikämpfe zwischen Richard Leakey und Donald Johanson kennt!), aber dennoch hat die alte und tief verwurzelte Lehre, wir seien etwas von der Natur Abgesondertes, einen tiefen Einfluß auf die wechselhafte Geschichte unserer gemeinsamen Bemühungen gehabt, die

Evolution des Menschen zu verstehen. Sogar die professionelle anthropologische Paläontologie konnte nur schwer die kulturell verwurzelten Ansichten über unsere Stellung in der Natur über Bord werfen.

Bekanntlich gibt es nicht nur eine Interpretation der fossilen Überlieferung der Hominiden. Besonders absurd sind die oft wiederholten Rufe nach mehr Daten. Wie jedermann weiß, bestürmt jedesmal, wenn ein einigermaßen aussagefähiges Exemplar ausgegraben wird (heutzutage meistens in Ostafrika), eine Kakophonie von Stimmen, die rivalisierende Interpretationen herausschreien, unser Ohr. Besonders albern ist die Behauptung, die Entdeckung eines einzigen Exemplars fordere jeden auf, nach Papier und Bleistift zu greifen, um alle früheren Interpretationen der menschlichen Phylogenie zu verwerfen und unser Bild von der Stammesgeschichte des Menschen vollständig zu revidieren. Aber der Ruf nach neuen Daten führt – wird er gelegentlich mit einer frischen Entdeckung beantwortet – nur zu weiteren Ausbrüchen von Meinungsverschiedenheiten.

Wir würdigen oft die Tatsache nicht genügend, daß sich durch die intensiven Anstrengungen nach dem Zweiten Weltkrieg – angeführt durch die alten Leakeys (die schon lange vor dem Krieg begonnen, aber bis in die fünfziger Jahre hinein keine hominiden Fossilien gefunden hatten) – die menschliche fossile Überlieferung rasch bemerkenswert verdichtete. Dennoch ist das Verhältnis der Anthropologen zur Anzahl der zur Untersuchung verfügbaren Knochen noch weit größer als für die meisten anderen Säugetiergruppen. Wir mögen unsere Schwierigkeiten damit haben, unsere Geschichte zu verstehen, aber wir bemühen uns weiter um sie, weil sich aus dieser Arbeit zahlreiche Schlußfolgerungen darüber ergeben, wer wir sind, wie wir uns in der Vergangenheit in die Natur einfügten, und was dies alles dafür bedeutet, wie wir uns heute selbst der übrigen Natur gegenüber sehen sollten.

Über das Alter, die Natur, den Verlauf der Evolution und den Untergang der ausgestorbenen Hominidenarten lassen sich einige Dinge recht bestimmt sagen. (Den Ausdruck „Hominid" benutze ich hier in eingeschränkter Bedeutung – er bezieht sich nur auf *Homo sapiens* und die Mitglieder unserer Abstammungslinie seit der Abspaltung unserer Vorfahren von denen der heutigen Menschenaffen vor etwa vier bis fünf Millionen Jahren. Genaugenommen gehören nach der Meinung der meisten Anthropologen wir, unsere fossilen Vorfahren und die Menschenaffen alle zu einer Familie, den Hominidae.) Vor allem ist zu erwarten, daß wir um so affenähnlichere Fossilien finden, je weiter wir in der Zeit zurückgehen.

Als die Biochemiker Mary-Claire King und Allan Wilson die verwirrende Tatsache publizierten, daß der moderne *Homo sapiens* und der Schimpanse (die Art *Pan troglodytes*) offenbar nicht weniger als 99 Prozent ihrer genetischen Information miteinander teilen, bestätigten sie nur, was vergleichende Anatomen schon seit Jahrhunderten wußten: Wir sind sehr eng mit den Schimpansen verwandt. Diese 99 Prozent haben nach wie vor eine große Schockwirkung in Auseinandersetzungen von Evolutionsforschern und Kreationisten – jenen Menschen, die unsere natürliche Herkunft und Naturnähe verleugnen, weil sie die biblischen Mythen von einer übernatürlichen Schöpfung vorziehen.

Obgleich die Kreationisten heute mikroevolutionäre Verbindungen zwischen allen möglichen Arten zugestehen, bestehen sie beim Menschen auf einer übernatürlichen Schöpfung. Die 99 Prozent erinnern uns auch daran, daß all das, was uns als gewaltiger Unterschied erscheint – Aussehen, Intelligenz, besonders Sprachgebrauch, und was dieser für die Entwicklung und Aufrechterhaltung kultureller Systeme bedeutet – auf einem verhältnismäßig geringen genetischen Unterschied beruht. Auf jeden Fall deuten alle Zeichen auf eine enge Verwandtschaft zwischen uns und den Menschenaffen hin, und die fossile Überlieferung sollte diese Tatsache widerspiegeln: Aller Voraussicht nach müßten die frühesten Fossilien des selbständigen menschlichen Stammbaumes Affen kolossal ähnlich sehen, abgesehen von einigen Zügen, welche die Evolution den Menschenaffen erst an ihrem separaten Stammbaumast aufprägte.

Genau das finden wir auch. Don Johansons berühmte Lucy und ihre Verwandten, die wir aus drei bis vier Millionen Jahre alten Ablagerungen in Äthiopien kennen (und von denen behauptet wird, sie seien auch durch gleichaltrige Fossilien aus Ostafrika vertreten) zeigen ein eindeutig äffisches Grinsen. Das Gehirn dieser Art namens *Australopithecus afarensis* (was südlicher Affe aus der Afarregion in Äthiopien bedeutet) hat etwa die Ausmaße eines Schimpansenhirnes – im Durchschnitt etwa 450 Kubikzentimeter. Die Anthropologen Jack Stern und Randy Sussman analysierten die Fußknochen dieser Fossilien und schlossen, sie seien noch ausgezeichnet zum Greifen geeignet gewesen. Das deutet sehr stark darauf hin, daß Lucy und ihre Kameraden einen Großteil ihrer Zeit auf den Bäumen der Wälder ihrer Heimat verbrachten. (Es gibt darüber berechtigte Debatten: 3,5 Millonen Jahre alte Fossilien von Laetoli in Tansania sollen ebenfalls zu *A. afarensis* gehören. Daneben gibt es aber an diesem Ort mehrere berühmte Serien von Fußspuren, die von völlig aufrechtgehenden Hominiden hinterlassen wurden, „eingefroren" in versteinerter vulkanischer Asche.)

Gewiß, insgesamt waren diese primitiven Hominiden nicht größer als kräftige Schimpansen. Stammesgeschichtlich gehörten sie zwar zu unserer menschlichen Linie, glichen aber funktionell weit mehr großen, die Savanne bewohnenden Affen (die aber noch auf Bäume fliehen konnten!) als irgend etwas, das wir als entschieden menschlich ansehen würden. Der Anthropologe Tim White, der zusammen mit Johanson die äthiopischen und die von Laetoli stammenden Überreste von *Australopithecus afarensis* analysierte und benannte, glaubt, diese Art sei die einzige Hominidenart gewesen, die vor drei bis vier Millionen Jahren lebte. Johanson und White denken, daß *A. afarensis* der Vorfahr aller anderen Hominidenarten war, die noch folgen sollten – alles in allem eine vernünftige Interpretation des Bildes, wie es sich bisher darstellte.

Das Bild wird aber ein noch bißchen vollständiger und komplexer, wenn wir auf den nächsten Zeitraum blicken, der vor etwa drei Millionen Jahren begann. Hier finden wir Darts Kind von Taung neben anderen südafrikanischen Exemplaren, die später entdeckt und zusammen mit dem Kind zur Art *Australopithecus africanus* gestellt wurden. Alle scheinen sie vor drei bis zweieinhalb Millionen Jahren gelebt zu haben. (Das Kind von Taung wurde niemals präzise datiert, bevor seine Fundstelle abgebaut war. Es scheint ein wenig jünger, vielleicht 2,25 Millionen Jahre alt zu sein.) Diese Geschöpfe wogen etwa 100 Pfund und hatten Gehirne von durchschnittlich 450 Kubikzentimetern.

Der springende Punkt bei diesen kleinen Hominiden ist das vollkommene Fehlen irgendeiner wirklich bemerkenswerten, sie von anderen Formen unterscheidenden Eigenschaft! Einige anatomische Merkmale lassen sie ein wenig fortgeschrittener als *A. afarensis* erscheinen, aber sonst sind sie vollkommen generalisierte kleine Hominiden – primitive Versionen von uns selbst. Ihr schlanker Bau, ein besonders scharfer Kontrast zu ihren späteren Vettern, kennzeichnet sie als grazil. Wir sind ein weiteres Beispiel eines grazilen Hominiden mit einem leichten Skelett. Dieser Körpertyp bedeutet ökologische Generalisierung, wenigstens wenn wir ihn mit dem einiger der robusten und ökologisch sehr spezialisierten späteren Zweige des Stammbaumes der Hominiden vergleichen.

Nachdem man sie erst einmal als ziemlich unangenehme kleine Jäger interpretierte (ein Bild, das der Stückeschreiber Robert Ardrey in seiner *African Genesis* zeichnete), sehen wir heute in diesem grazilen *A. africanus* mehr den Gejagten als den Jäger (obgleich sie zweifellos kleine Tiere aßen, konnten sie ihrer habhaft werden). Die südafrikanischen Fundstätten sind Ansammlungen von Knochen in Höhlen, die sich in altem Kalkstein gebildet hatten. Die Knochen sind in eine harte Brekzie eingeschweißt, bestehend aus Fragmenten von Stein und Knochen, die durch wiederabgelagerten Kalk zusammenzementiert wurden. Der Paläontologe Bob Brain, der sich viele Jahre lang dem Ausgraben und der Analyse südafrikanischer Höhlenfossilien widmete (besonders denen von Swartkrans), fand, daß sich die Knochen der frühen Hominiden zusammen mit denjenigen anderer Arten ansammelten, als sie von oben herabfielen; wahrscheinlich wurden sie von Leoparden fallengelassen, die auf Bäumen lagen und dort ihre Beute verzehrten. Das scheint auch heute noch um die Eingänge dieser unterirdischen Höhlen herum zu geschehen.

Mehr als von der Jagd scheinen sich die Individuen von *A. africanus* durch das Sammeln von Früchten und Pflanzen ernährt zu haben. Dart meinte zwar, Beweise für einen ganzen Sack von osteodontokeratischen (aus Knochen, Zahn und Horn bestehenden) Werkzeugen zu haben (und lieferte damit die Anhaltspunkte für Ardreys These von den „Killeraffen"), doch Brain ist der Ansicht, daß all diese Werkzeuge ebenfalls nur Reste von Leopardenmahlzeiten sind. Bis vor fast zwei Millionen Jahren wurden noch keine Steinwerkzeuge hergestellt.

Etwa vor 2,5 Millionen Jahren wandelten sich die Dinge auf der ganzen Welt und gewiß in Afrika ziemlich radikal. Die besten Daten für diesen Kontinent stammen von den Fundorten in den Sedimenten Ostafrikas – die berühmte Olduvaischlucht in Tansania und Richard Leakeys Schichten am Turkanasee in Nordkenia nahe der äthiopischen Grenze sind in dieser Hinsicht besonders bemerkenswert. Die Schichten sind alle gut datiert: Das Alter von Lavaströmen und vulkanischen Aschen läßt sich direkt radiometrisch bestimmen. Darüber hinaus verliert das Magnetfeld der Erde (aus nicht völlig erkannten Gründen) periodisch an Stärke und kann sogar bis auf Null herabgehen. Wenn sich das Feld wieder aufbaut, nimmt es bisweilen eine umgekehrte Polarität an. Der Nordpol kann beispielsweise negativ und der Südpol positiv werden, während es, bevor das Feld seine Stärke verlor, genau umgekehrt war. Diese alten Polaritäten sind in stark eisenhaltigen Gesteinen zuverlässig festgehalten. Noch nach Millionen Jahren ist eine Spur des herrschenden Magnetfeldes aus jener Zeit vorhanden, als sich die Steine bildeten. Wir können Zeiten mit negativer oder positiver Polarität einander gleichsetzen und dadurch eine gute Vorstellung davon bekommen, was gleichzeitig auf dem Land und im Meer geschah. Das ist für eine zuverlässige Einschätzung von evolutionären Ereignissen und Vorgängen in der Umwelt entscheidend.

Solche gut miteinander in Beziehung gesetzte Fundorte machen deutlich, daß es vor etwa 2,5 Millionen Jahren eine offensichtliche Episode globaler Abkühlung gab. Dieser Zeitpunkt gehört noch ganz zum Pliozän. Das ist ein wenig verwirrend, weil wir dazu neigen, die Eiszeit mit dem späteren Pleistozän gleichzusetzen (das erst vor 1,6 Millionen Jahren begann). Aber klimatisch gesehen fing die Eiszeit im Pliozän, vor 2,5 Millionen Jahren, an. Sie bewirkte eine radikale Neugestaltung der Umwelt. Das führte zum Aussterben vieler Taxa und zur nachfolgenden Entfaltung der sie ersetzenden Arten. Säugetierpaläontologen neigen dazu, in diesem Ereignis den Beginn der Modernisierung der Säugerfauna der Welt zu sehen. Dieser Vorgang hatte auch beträchtliche Auswirkungen auf die Arten innerhalb unserer eigenen Entwicklungslinie.

Die Paläontologin Elisabeth Vrba dachte vor allem an dieses 2,5 Millionen Jahre alte Ereignis in der Umwelt, als sie ihre *turnover pulse*-Hypothese entwickelte, der wir schon kurz im vergangenen Kapitel begegneten. Die Reaktion in Afrika auf diesen weltweiten Temperaturabfall war (besonders im Osten und im Süden) ein Rückgang der tropischen Wälder sowie die Entwicklung von Waldinseln im nun stark ausgedehnten offenen Grasland und in den Savannen. Als Folge davon starben viele Antilopen und andere Säugetiere aus. Nach ihnen erschienen Arten, die entweder eingewandert waren oder sich neu entwickelt hatten: Auf jeden Fall verstanden es diese Tiere, die neuen Lebensräume auszunutzen. Neben all den anderen Säugern, den übrigen Wirbeltieren, Wirbellosen und Pflanzen waren die frühen afrikanischen Hominiden ebenfalls stark von diesem Klimawechsel betroffen. Dieses Ereignis veränderte den weiteren Verlauf der menschlichen Geschichte.

Australopithecus africanus verschwand vor etwa 2,5 Millionen Jahren und erschien nach den damaligen Ereignissen niemals wieder, wenngleich das Kind von Taung tatsächlich ein wenig jünger als 2,5 Millionen Jahre alt sein mag – aber seine Datierung ist unsicher. Diese grazile, ökologisch generalisierte Art mit kleinem Körper, die zweifellos in kleinen und wahrscheinlich weit verstreuten Gruppen lebte, hat die damaligen Ereignisse nicht mit verursacht. Vielmehr waren diese Geschöpfe Opfer von Leoparden und nicht Jäger, für die Ardrey sie hielt, und auch Opfer des ökologischen Zusammenbruchs: des Verschwindens ihres gewohnten Lebensraumes und ohne Zweifel des Verlusts der Nahrungsquellen, von denen sie abhingen.

Aber wir existieren, also bedeutete der Verlust der einzigen bekannten Hominidenart vor drei bis zweieinhalb Millionen Jahren nicht das Ende der Hominiden. Kurz danach erschien auf der Hominidenszene etwas Neues. Die robusten Australopithecinen tauchten auf – mit ihren massigen Kiefern und Knochenkämmen am Schädel, woran die starken Muskelmassen ansetzten, mit denen sie diese Kiefer bewegten. In gewisser Weise waren sie primitiver als der frühere *A. africanus*: Das massiv ausgebildete Gesicht und die gewaltigen Zähne erinnern mehr an Gorillas als an Menschen. *Australopithecus africanus* war grazil, ein Geschöpf, in dem wir uns schon eher selbst sehen können als in den größeren, robusteren Formen, die später auftraten, zuerst in Ost-, bald danach auch in Südafrika.

Alle diese robusten Arten waren ganz eindeutig daran angepaßt, sehr harte Knollen zu kauen, darüber hinaus Nüsse und andere pflanzliche Nahrungsmittel. *Australopithecus africanus* mag seine pflanzliche Ernährung durchaus nebenbei durch ein wenig Aas ergänzt haben. Aber vermutlich verzehrten diese kräftigen Kerle ähnlich den Berggorillas (die fast ausschließlich Bambus fressen) nur zähes Pflanzenmaterial. Wir kennen heute wenigstens drei Arten dieser spezialisierten Vegetarier (wie Sie sich vielleicht erinnern, bringt ökologische Spezialisierung offenbar höhere Artbildungs- und Aussterberaten mit sich).

Die früheste Art (die von einem erst vor kurzem entdeckten, inoffiziell als „schwarzer Schädel" bezeichneten Exemplar bekannt ist) heißt *Australopithecus aethiopicus*. Die zweitälteste ist die ostafrikanische Art, zuerst (von Louis Leakey, dessen Gruppe sie 1959 in der Olduvaischlucht entdeckte) *Zinjanthropus boisei* genannt. Dies änderte man später in *Australopithecus boisei*. Die jüngste unter den robusten Arten (aber die als erste entdeckte) war *Australopithecus robustus* aus Südafrika. *Australopithecus robustus* und *A. boisei* lebten vor etwa 1,5 Millionen Jahren. Weil sie eine gesonderte Linie vertreten (und nichts direkt mit unserer eigenen Evolution zu tun haben), bilden sie uns gegenüber einen phylogenetischen Nebenzweig und tragen zu Recht einen eigenen separaten Gattungsnamen. Die Bezeichnung *Paranthropus* wurde erstmals vor vielen Jahren von dem weitsichtigen Anthropologen John Robinson vorgeschlagen.

Wenn die spezialisierten pflanzenfressenden Arten nichts mit unserer eigenen Stammesgeschichte zu tun hatten, wer waren dann unsere damaligen Vorfahren? Der Anwärter ist der berühmte *Homo habilis* („geschickter Mensch"), der von Louis Leakey vor allem auf der Grundlage einer recht modern wirkenden Hand aus der Olduvaischlucht beschrieben wurde. *Homo habilis* erschien vor etwas mehr als zwei Millionen Jahren und wird als einer unserer direkten Vorfahren angesehen. Allerdings sind einige Exemplare von *Homo habilis* nur schwer von *Australopithecus africanus* zu unterscheiden. Später im Verlauf der Evolution ist es kaum zu sagen, wo *Homo habilis* aufhört und wo *Homo erectus* beginnt.

Eurytope Arten neigen dazu, für verhältnismäßig lange Zeiträume zu existieren und sich während der Dauer ihrer Existenz allmählich zu wandeln. Aber wie wir bereits gesehen haben, sind wir Menschen auf etwas eigentümliche Art eurytop: Wir entstanden aus den primitiven, unspezialisierten und grazilen Formen, die vermutlich auch ökologisch generalisiert waren.

Doch unser Markenzeichen, die wesentliche menschliche Anpassung, ist die Kultur: Das ist genau jene Eigenart, die es uns
erlaubte, vernichtende Raubzüge gegen die Umwelt zu unternehmen, und der Herrschaft über unsere Mitgeschöpfe sehr
nahe zu kommen.

Sicher ist, daß wir zusammen mit dem Erscheinen von *Homo
habilis* die ersten Werkzeuge finden – sehr einfache, sogar un-
bearbeitete Steinbeile. Anatomisch bedeutet *Homo habilis* einen
enormen Schritt vorwärts in einem ganz entscheidenden Aspekt:
in der Hirngröße. Bei einem aufsehenerregenden Exemplar, das
Richard Leakey an seiner Fundstelle (Koobi Fora) östlich des
Turkanasees entdeckte, beträgt die Hirngröße etwa 780 Kubikzentimeter. Unseres ist etwa 1 400 Kubikzentimer groß. Einige
Neandertaler hatten offenbar sogar noch größere Gehirne. Aber
780 Kubikzentimer ist ein Riesensprung von der Kapazität von
400 bis 500 Kubikzentimetern der früheren Australopithecinen.

Mit *Homo habilis* nahmen die grundlegenden Merkmale, die
wir heute als menschlich ansehen, Gestalt an. Die Art lebte nicht
lange (und wir wissen wenig darüber, was ihren Untergang her-
beiführte), aber aus *Homo habilis* entstand der außerordentlich
erfolgreiche *Homo erectus*. Zum ersten Mal verließen Menschen Afrika, um große Teile Europas und Asien zu besiedeln.
Damit sind wir nun schon weit im Pleistozän. *Homo erectus*,
dessen früheste Vertreter aus Afrika stammen (wo er zweifellos
entstand), erschien vor rund 1,6 Millionen Jahren – offensichtlich ein Kind der nächsten Abkühlung, derjenigen, die offiziell
die eigentliche Eiszeit einläutete (wenngleich dieses Ereignis
offenbar weit geringere und viel weniger weitreichende Auswirkungen hatte als die Abkühlung im Pliozän vor 2,5 Millionen
Jahren). Erst viel später breitete sich *Homo erectus* von Afrika
her über die Nachbarkontinente aus. Die Menschen von Choukoutien nahe Peking lebten mehr als eine Million Jahre nach
diesen ersten afrikanischen Vertretern des *Homo erectus*.

Für den größten Teil des Pleistozän, von vor 1,6 bis vor 0,3
Millionen Jahren, gab es nur eine einzige Hominidenart auf der

Erde. Auf die alte Welt beschränkt, hinterließ sie ihre gegenüber den unbearbeiteten Beilen von Olduvai wesentlich vervollkomneten Steinwerkzeuge überall zwischen Kapstadt und Zentraljava und an vielen Stellen von Nordafrika bis West- und Mitteleuropa. Gletscher kamen und gingen, wie auch die feuchten Regenperioden in Afrika (die heute wiederum als synchron mit den Kaltzeiten der höheren Breiten betrachtet werden; der Zusammenhang zwischen dem Gletscherwachstum im Norden und den häufigeren Niederschlägen der Tropen, sollte er tatsächlich vorhanden sein, ist allerdings noch keineswegs völlig verstanden).

Homo erectus begann, die Widerstandskraft und Anpassungsfähigkeit eines echten Eurytopen zu zeigen. Die Anthropologen diskutieren über das Ausmaß evolutionärer Entfaltung dieser Art, die sich über ein gewaltiges Territorium ausbreitete und für eine reichliche Million Jahre im Pleistozän überlebte. Einigen erscheint die regionale Differenzierung in den Typen ihrer Steinwerkzeuge ausgeprägter als diejenige des Körperbaus. Andere behaupten, so wesentliche Eigenschaften wie die Gehirngröße hätten tatsächlich allmählich zugenommen. Die Anzahl der gefundenen Individuen ist nicht optimal (wir brauchen mehr Daten!), doch die durchschnittliche Schädelkapazität der späten Exemplare aus China scheint signifikant größer zu sein als diejenige der eine Million Jahre älteren afrikanischen Individuen – zumindest denken das einige Anthropologen. Andere verweisen auf einen frühen afrikanischen Schädel mit einem der größten Schädelinhalte eines *Homo erectus*, der je gefunden wurde, und behaupten, der Unterschied zwischen den Hirngrößen der frühesten und spätesten Exemplare sei bedeutungslos.

Unzweifelhaft war *Homo erectus* eine ungemein erfolgreiche Art, deren grundlegende kulturelle und körperliche Anpassungen es schafften, angesichts der gewaltigen klimatischen Schwankungen erstaunlich stabil zu bleiben. Die Temperaturen fielen und stiegen, so daß andere Arten ausstarben, aber *Homo erectus* lebte weiter. Wenn es auch nicht gerade so war, daß sie die Änderungen ihrer Umwelt nicht beachten brauchte, so gibt

es doch gute Gründe anzunehmen, daß sich in dieser Art die
Fähigkeit zu entwickeln begann, solche Wechselfälle zu mei-
stern. Diese Geschöpfe gewannen eine gewisse Herrschaft über
ihre Umwelt und zeigten einige Flexibilität, mit verändernden
Bedingungen zurechtzukommen – Markenzeichen unserer eigenen Art. Diese kulturellen und körperlichen Anpassungen blieben stabil, weil sie funktionierten. Und sie funktionierten sogar
dann, wenn die Umwelt die ausschweifendsten Veränderungen
hervorbrachte; denn ihr Wesen war kreative Flexibilität. Diese
Menschen begannen, etwas gegen das Wetter zu unternehmen –
zwar konnten sie es nicht verändern, aber sie schützten sich vor
ihm und fielen ihm nicht automatisch zum Opfer.

Homo erectus aß zweifellos Fleisch, obgleich wir nur wenig
über seine Fähigkeit zu jagen wissen. Gewöhnlich ging man
davon aus, daß die späteren Populationen Feuer gebrauchten –
möglicherweise ein weiterer Hinweis auf die Gewohnheit,
Fleisch zu verzehren. Wie sich jedoch herausstellte, ist die
Holzkohlenschicht in den Höhlen von Choukoutien, auf die sich
die Vorstellung vom Feuergebrauch des *Homo erectus* stützt,
eher natürlichen als menschlichen Ursprungs.

Mit *Homo erectus* begann unsere Abstammungslinie, sich die
Umwelt zu unterwerfen. Doch diese Art, weitverbreitet wie sie
war, lebte noch in wirklich kleinen Gruppen. Es gibt keinen
Hinweis auf massenhaftes Töten von Beutetieren, noch gibt es
irgendeinen anderen Grund anzunehmen, die Populationsgrößen
hätten sich den Grenzen der Ressourcen auch nur angenähert.
Flexibilität war der Schlüssel. Verschiedene Populationen lebten
an verschiedenen Orten und zu verschiedenen Zeiten – und
mußten sich mit außerordentlich unterschiedlichen Zusammenstellungen eßbarer Ressourcen auseinandersetzen. Wir finden
keinen Hinweis darauf, daß *Homo erectus* in irgendeiner Weise
mehr war als ein ungewöhnlich tüchtiger Bestandteil eines der
unzähligen Ökosysteme des Pleistozän.

Die Menschen gehörten damals also noch zu örtlichen Lebensgemeinschaften. Unsere Flexibilität zeigt sich mehr in der

Fähigkeit zu überleben und in evolutionärer Unnachgiebigkeit. *Homo erectus* überlebte weit mehr als zwei Millionen Jahre verhältnismäßig unversehrt und unverändert. Die Flexibilität äußerte sich auch darin, in wie vielen verschiedenartigen Umwelten diese Menschen existieren, sogar aufblühen konnten. Es gibt keinen Hinweis darauf, daß *Homo erectus* in irgendeiner Weise die Umwelt des unteren und mittleren Pleistozän veränderte oder andere Arten ins Aussterben trieb. Wir waren noch ein Teil der Natur, und selbst wenn diese vielleicht ein kleines bißchen weniger Macht über uns hatte als vorher, so hatten wir doch kaum Macht über sie.

Klimatischer Wandel und Aussterben im Pleistozän

Zeichen der Anwesenheit von Gletschern finden wir bis weit zurück ins obere Präkambrium. Wir begegnen ihnen besonders im oberen Ordovizium, weniger offensichtlich nahe dem Ende des Devon und besonders deutlich im oberen Paläozoikum. Es gibt die Vorstellung, das Leben im späten Mesozoikum sei von globaler Abkühlung beeinflußt gewesen, obgleich deren Ursache unklar ist: Sie könnte die Auswirkung des plötzlichen Einschlags eines Himmelskörpers gewesen sein. Im Oligozän gab es wieder eine Abkühlung. Und vor 2,5 Millionen Jahren, noch im Pliozän, hatte die bis dahin stärkste Abkühlung des gesamten Känozoikum beträchtliche Auswirkungen auf die sich bildenden Lebensräume, verursachte vermutlich das Aussterben einiger Arten (sie erschienen niemals wieder als Lazarustaxa) und ebnete damit den Weg für andere. Einige entstanden neu, und einige kamen einfach aus ähnlichen Lebensräumen von anderswo. Dieser starke globale Abfall der Temperaturen mit all seinen dramatischen Auswirkungen signalisierte den Beginn der Eiszeit, obgleich das Pleistozän, das lange als Synonym von

Eiszeit galt, offiziell erst vor rund 1,6 Millionen Jahren begann (nach traditioneller Übereinkunft der Geologen zu dieser Grenze).

Gletscher sind natürlich eine Auswirkung und nicht die Ursache weltweiter Abkühlung. Darüber, was die Abkühlung selbst hervorrief, wird noch immer diskutiert, obgleich einige allgemeine Prinzipien völlig klar sind. Die Erde hat zwei Energiequellen: endogene und exogene. Mit anderen Worten, die Erde erzeugt ihre eigene Wärme durch radioaktiven Zerfall tief unter ihrer Oberfläche. Erinnern wir uns, wenn wir in irgendeine Höhle oder einen Minenstollen hinabgehen (mit oder ohne Kanarienvogel), weicht die feuchte Kühle schnell der Wärme – einer Wärme, die nur noch zunimmt, je tiefer wir kommen.

Durch die Erdkruste steigt ständig Energie in Form von Hitze empor, nur um sich zu zerstreuen, wenn sie die Oberfläche erreicht. Dieser Wärmefluß ist im allgemeinen so unbedeutend, daß seine direkten Auswirkungen auf das lokale und – wenn wir alles zusammennehmen – sogar globale Klima kaum zu spüren sind. Ausnahmen bilden Gebiete mit ungewöhnlich konzentriertem Hitzefluß, wie die Schlote in der Tiefsee und die terrestrischen Thermalquellen, die äußerst bemerkenswerte Kleinstlebensräume hervorbringen: Die Hitze in den Thermalschloten der Tiefsee wird von einem auf Schwefel basierenden Stoffwechselweg in Bakterien eingefangen, der die Grundlage der Nahrungskette in solchen Tiefen bildet, in denen schon lange keine Photosynthese mehr stattfindet.

Es gibt aber auch direkte und wirklich globale Auswirkungen konzentrierten Wärmeflusses: Als Krakatau 1883 explodierte, waren bald darauf die Sonnenuntergänge in der nördlichen Hemispäre besonders farbenfreudig, und weltweit sanken die Temperaturen; die Explosion war offensichtlich die Ursache für das „Jahr ohne Sommer" 1888 und für den berühmten Schneesturm von New York des gleichen Jahres, aber auch von Schneestürmen im Juli, Temperaturen weit unter dem Normalwert und einer allgemein schlechten Ernte.

Aber solche vulkanischen Ereignisse bringen keine Energie an die Erdoberfläche. Statt dessen blockieren sie ihren Zustrom aus der anderen Hauptenergiequelle der Erde, derjenigen, die in erster Linie für die Oberflächentemperaturen und die Existenz von Leben auf unserem Planeten verantwortlich ist: der Sonne. Die in die Stratosphäre ausgestoßene Asche reflektiert das Sonnenlicht, schickt viel davon wieder in den Weltraum zurück und verringert dadurch den Betrag an Sonnenenergie, welche die Erde erreicht, erheblich. Als Folge davon fallen die Temperaturen nach solchen lokalen, konzentrierten Ausstößen endogener Energie bei Vulkanausbrüchen, statt anzusteigen.

Es gibt noch eine andere, allerdings sehr komplexe Kategorie von sekundären Auswirkungen des inneren Energiestromes auf das Klima. Man erinnere sich, daß die die Platten der Erdkruste von endogener Energie bewegt werden. Der grundlegende Verlauf des Wetters auf der Erde spiegelt Bewegungen sowohl in der Atmosphäre als in den Ozeanen wider. Diese Bewegungen werden in einem hohen Maße von der aus dem Meere ragenden Landfläche und der Lage dieses Landes im Verhältnis zu den Ozeanen bestimmt. Dies zeigt sich am deutlichsten an der Zirkulation in den Ozeanen. Vereinigen sich zwei Kontinentalplatten, kann das Wasser nicht mehr zwischen ihnen hindurchströmen.

Ein verhältnismäßig triviales aber dramatisches Beispiel ereignete sich erst vor sechs Millionen Jahren, als die Afrikanische und die Europäische Platte so eng aneinandergerieten, daß die Straße von Gibraltar vollkommen geschlossen wurde. Das Mittelmeer degenerierte zu einem gewaltigen, extrem salzigen Binnengewässer. Und weil der Wasserverlust durch Verdunstung den Betrag des hinzufließenden Süßwassers, das von den verhältnismäßig wenigen Flüssen (einschließlich des mächtigen Nils, der Donau und der Rhone) herangeführt wurde, weit überstieg, trocknete es innerhalb von etwa einer Million Jahren aus! Gewaltige Salzlager, die eine sehr harte und kontinuierliche Schicht unter dem Bodenschlamm bilden, bezeugen dieses Er-

eignis und damit eine enorme direkte Auswirkung der Platten-
bewegungen auf die Umwelt!

Doch andere Effekte der Plattenbewegung und Lage der Kontinente sind, obwohl subtiler, sogar noch schwerwiegender. Der
Golfstrom verläßt heute die westliche Hemisphäre, nachdem er
die Bermudainseln passiert hat, in nordöstlicher Richtung durch
den Nordatlantik. Durch seinen Einfluß können in Großbritannien Palmen wachsen, obgleich dieses ebenso weit nördlich
liegt wie Neufundland im westlichen Nordatlantik. Die Zirkulation der Meere und der Atmosphäre verteilt die Sonnenenergie,
die sich andernfalls mehr auf die Tropen konzentrierte und in
den Polarregionen noch weniger zu spüren wäre, als es schon
der Fall ist. Alles, was die hauptsächlichen Muster der Zirkulation in den Ozeanen unterbricht (die wiederum in hohem Maße
die Zirkulation in der Atmosphäre bestimmen), muß starke Auswirkungen auf das Klima haben – und die Plattentektonik, angetrieben durch endogene Energie, bestimmt letztlich die physische Struktur der Erdoberfläche.

Tatsächlich führte die Plattentektonik zur heutigen Konfigu-
ration der Kontinente und Ozeanbecken und war auch für das
Anwachsen und Schwinden der kontinentalen Eisschilde der
nördlichen Hemisphäre in den vergangenen 1,6 Millionen Jahren
verantwortlich. Ein Schlüssel zum Rätsel der globalen Abkühlung und Vergletscherung ist die Anwesenheit einer kontinentalen Landmasse an wenigstens einem der Pole. Im Ordovizium
war dies Nordafrika; heute sitzt Antarktika über dem Südpol.
Sogar bei trockenem Klima mit nur wenig Niederschlag sammelt sich hier Eis an, wann immer die jahreszeitlichen Perioden
des Abschmelzens nicht mit dem Schneefall Schritt halten. Die
antarktische Eisbedeckung existiert seit wenigstens fünf Millionen Jahren. Von Antarktika aus strömt kaltes Wasser nordwärts,
überquert den Äquator in großer Tiefe, kühlt die Meere deutlich
ab und damit auch die Atmosphäre auf der Nordhalbkugel.

Es gibt noch eine völlig andere Kategorie von Erscheinungen,
die sowohl den Betrag der Sonnenenergie, der die Erde erreicht,

als auch seine Verteilung auf dem Globus beeinflussen. Wie jeder weiß, steht die Erde nicht aufrecht: Vielmehr ist ihre Rotationsachse (welche die wirklichen, nicht die magnetischen Nord- und Südpole festlegt) in einem Winkel von 23,5 Grad geneigt. Hinzu kommt noch die Tatsache, daß die Umlaufbahn der Erde um die Sonne nicht vollkommen kreisförmig, sondern vielmehr elliptisch verläuft. Somit ist klar, warum es Jahreszeiten gibt, die sich am deutlichsten in den höheren Breiten ausprägen und am Äquator nicht mehr festzustellen sind. Im Moment ist die nördliche Hemisphäre von der Sonne abgewandt und auf ihrer elliptischen Bahn nahe dem sonnenfernsten Punkt: Daher haben wir auf der nördlichen Hemisphäre Winter; die Sonnenstrahlen fallen sehr flach ein, und die Dichte der Sonnenstrahlung ist gering. Auf der südlichen Halbkugel finden wir zu dieser Jahreszeit natürlich das Gegenteil: Je höher hier die Breite ist, desto später kann man im Sommer noch nach draußen gehen und Zeitung lesen.

Aber das war nicht immer so, und es wird auch nicht lange so bleiben. Die Erde ist buchstäblich ein Kreisel: Ihre Achse verlagert sich zwischen 22 und 25 Grad. Und genau wie die Achse eines Kreisels rotiert sie, statt ständig in die gleiche Richtung zu zeigen. Die Geschwindigkeiten dieser Änderungen in Neigung und Richtung der Achse sind bekannt, desgleichen, wie diese zur Position in der Umlaufbahn in Beziehung stehen. Der jugoslawische Physiker Milutin Milanković berechnete, daß sich die Verschiebung der Achsenneigung zwischen 22 und 25 Grad innerhalb von 41000 Jahren vollzieht. Die Verlagerungen von Neigung und Richtung der Erdachse auf der elliptischen Umlaufbahn verursachen alle 22000 Jahre eine Verschiebung von Sommer und Winter. Wenn die Neigung zur Sonne hin mit der kürzesten Distanz von der Erde zur Sonne zusammenfällt, gibt es die heißesten Sommer. Ziehen wir weiterhin in Betracht, daß auch die Erdbahn nicht immer in der gleichen Ellipse verläuft, sondern sich gelegentlich der Kreisform annähert, dann haben wir die Faktoren für eine regelmäßige und komplizierte (aber interpretierbare) Veränderung der Sonnenenergie, welche die Erdoberfläche erreicht.

Während der vergangenen 1,6 Millionen Jahre gab es ungefähr 15 Perioden starker Abkühlung und etwa 50 von geringerer Wirkung. Jüngste Untersuchungen von Tiefseebohrkernen zeigten eine bemerkenswerte Übereinstimmung zwischen den von Milanković errechneten Zyklen und den Schwankungen der irdischen Temperaturen während des Pleistozän. Es gab tatsächlich vier oder fünf große Gletschervorstöße auf der nördlichen Halbkugel, und während jedes dieser Vorstöße kam es zeitweise zu Erwärmung (Schmelzen) und Abkühlung. Aber warum wirkten sich diese Milanković-Zyklen (die wahrscheinlich schon immer abliefen, seit sich die Erde um die Sonne dreht) nur in begrenzten Zeiten der Erdgeschichte so stark aus: während der vergangenen 1,6 Millionen Jahre und in anderen bemerkenswerten Perioden globaler Abkühlung und Vereisung?

Die Milancović-Zyklen ergeben regelmäßige Oszillationen zwischen extremer Erwärmung und extremer Abkühlung sowohl in der nördlichen als auch in der südlichen Hemisphäre. Um die Vereisung im Pleistozän zu verstehen, müssen wir von folgendem ausgehen: Während der Phasen der Abkühlung auf der nördlichen Halbkugel, als die Gletscher südwärts vordrangen und die Winter außerordentlich kalt wurden, reichte die damalige Wärme im südlichen Polarsommer nicht aus, die antarktische Eiskappe abzuschmelzen. Die polare Eiskappe war durch einen um die Antarktis verlaufenden Meeresstrom wirkungsvoll isoliert und schmolz daher nicht, als die Gletscher im Norden vorrückten.

Diese antaktische Eiskappe, das Produkt der Plattenbewegung, die Antarktika direkt über den Südpol schob, war selbst wiederum die unmittelbare Ursache der weltweiten Abkühlung – eines Abkühlungseffekts, der die extremeren nördlichen Sommer milderte und auch dann große Bereiche des Globus zum Einfrieren brachte, wenn die Sommer auf der Südhalbkugel am wärmsten wurden. Fortlaufende Änderungen in der Zirkulation der Meere beeinflussen weiterhin die direkten Effekte der Oszillationen der Umlaufbahn. Plattentektonik, Milanković-Zyklen und möglicherweise periodische Fluktuationen des Kohlendioxidgehalts in der Atmosphäre verursachten also die heftigen klimatischen Schwankungen auf der nördlichen Halbkugel während der vergangenen 1,6 (oder eigentlich 2,5) Millionen Jahre.

Die kontinentalen Gletscher sollten wir uns etwas näher ansehen. Ich bin immer noch erstaunt darüber, daß sich vor nicht mehr als 18 000 Jahren eine Eisdecke immerhin bis nach Iowa, Illinois, Ohio, Pennsylvania, New Jersey und New York nach Süden erstreckte. An einigen Stellen war die Eisdecke drei Kilometer stark! Ich habe schon geschildert, wie anders die terrestrischen Lebensräume waren, als Eis das Land bedeckte, wo sich heute Prärien erstrecken oder dichte Nadelwälder wachsen. Daß die Lebewesen angesichts solcher enormen Veränderungen zunächst einmal fliehen, scheint sicher.

Wie wir gesehen haben, wandern sogar Bäume, wenn sie mit herannahenden Gletschern konfrontiert sind oder das Klima einfach zu rauh für sie wird. Im allgemeinen ziehen sie südwärts zu Refugien, die einen geeigneten Lebensraum bieten, und zwar einfach durch die Verbreitung ihrer Samen. Werden die Lebensverhältnisse jedoch zu harsch, sehen sogar die mehr eurytopen Arten der höheren Breiten ihrem Waterloo entgegen und sterben aus. Die Eiszeiten sind gleichermaßen für ihr Aussterben wie auch für die Herausbildung ihrer eigenen, spezialisierten Lebewesen bekannt, die den extrem kalten klimatischen Bedingungen zur Zeit der umfangreichsten Vergletscherung angepaßt waren. Oft waren es ganz besonders die großen Tiere, die mit dem Anwachsen und Schwinden der Gletscher kamen und gingen. Ein großer Körper speichert die Wärme und ist ein guter Schutz gegen die Kälte.

Die Mammuts, Mastodonten, Wollhaarnashörner und Riesenbisons, die in unseren Museen in den Dioramen aus der Vergangenheit so beeindrucken, waren offensichtlich dem Leben in und um die Eisfelder des eingefrorenen Nordens angepaßte Geschöpfe. Man stelle sich die heutige Tundra zu irgendeinem südlicheren Breitengrad verlagert vor. Die Paläontologen Dale und Mary Lee Guthrie haben ein unwiderstehliches Bild von ihrer sogenannten *Mammutsteppe* gezeichnet – einer gewaltigen Supertundra, so trocken (und so kalt – für lange Zeiten minus 50 Grad Celsius), daß keine Bäume wachsen konnten. Doch verschiedene Säugetierarten kamen erstaunlich häufig vor; sie konnten unter solchen extremen Bedingungen überleben – ja sogar prächtig gedeihen. Ganz offensichtlich waren die extremen klimatischen Schwankungen des Pleistozän ebenso ein Antrieb für die Evolution wie die Ursache für das Erlöschen von Lebewesen.

In erster Annäherung sind die Ursachen für die damaligen markanten Faunenumschwünge klar: Die zunehmende Kälte löste den uns nun schon bekannten Vorgang des Rückzugs in Richtung der Tropen aus. Steve Stanley hat, wie bereits erwähnt, diesen Vorgang an marinen Muscheln demonstriert und sogar gezeigt, daß sich der Weg nach Süden an der Westküste des nordamerikanischen Kontinents als einfacher erwies als an der Atlantikküste. Die ungehinderte Rückzugsroute und die Verfügbarkeit geeigneten Lebensraumes führte zu größeren Überlebensraten der marinen Muschelarten des Pleistozän an der Westküste, als es sich für die Ostküste ergab.

Klimatische Veränderungen, besonders die Kälteeinbrüche, welche die Lebewesen dazu veranlassen, sich weiter in Äquatornähe nach geeigneten Refugien umzusehen, vergrößern einige Lebensräume auf Kosten anderer. Es ist im Endeffekt dieses Dahinschwinden des Lebensraumes, entweder durch Schrumpfen oder Totalverlust, das zum Aussterben führt. Heute finden wir an der Nordflanke des Himalaja einen Überrest der gewaltigen Mammutsteppe, die sich einstmals vom Inneren Alaskas, das erstaunlicherweise eisfrei war, über Asien hinweg nach Europa erstreckte. Echte kontinentale Gletscher waren im wesentlichen auf das östliche und zentrale Nordamerika und auf Westeuropa beschränkt.

Es bestehen kaum Zweifel, daß der Mensch – wenigstens zu Beginn – wenig (in aller Wahrscheinlichkeit gar nichts) mit den Aussterbewellen des Pleistozän zu tun hatte. Wie bereits gesehen, betraf das Aussterben und die nachfolgende Artbildung, die den ersten Kältestoß im oberen Pliozän vor 2,5 Millionen Jahren reflektieren, die tropische ostafrikanische Fauna in hohem Maße und spielte höchstwahrscheinlich eine wichtige Rolle beim Verschwinden des *Australopithecus africanus*, ebenso beim ersten Erscheinen der beiden spezialisierten robusten Australopithecinen und der Gattung *Homo*.

Weiter im Norden, wohin niemals Hominiden (zumindest keine, die zu unserem eigenen Ast des Stammbaumes gehörten) ihren Fuß gesetzt hatten, ereignete sich vor 2,5 Millionen Jahren ebenfalls ein erstaunlicher Faunenumschwung: Die sogenannte Villafranchium-Fauna, die wir aus Europa und ganz besonders schön durch Fossilien von den Siwalikbergen Pakistans kennen, erlebte die Ankunft der ersten echten (modernen) Pferde, als auch der Mammuts, Rinder und anderer großer, typisch pleistozäner Formen (obgleich das Villafranchium im Pliozän begann, das immerhin noch 0,9 Millionen Jahre dauern sollte). Der erste Gletschervorstoß des echten Pleistozän scheint einen weniger ausgeprägten Einfluß auf die Faunen insgesamt gehabt zu haben, wenngleich dieses Ereignis durch den Aufstieg des *Homo erectus* in Afrika gekennzeichnet zu sein scheint.

Vor etwa 0,9 Millionen Jahren gab es eine mächtige Aussterbewelle. Damals erschienen zum ersten Mal die großen Säugetiere, wie wir sie von den Rekonstruktionen der berühmten Teergruben von La Brea bei Los Angeles (die unglaublichen Höhlenmalereien von vor 16 000 Jahren in Spanien und Frankreich gar nicht zu erwähnen) gut kennen. Dieser Zeitpunkt scheint auch den Augenblick zu markieren, als der Mensch erstmalig Afrika verließ. In Europa und Asien tauchte *Homo erectus* wohl während des Vordringens des großen Elstereisschildes auf. Als die Gletscher vorstießen und sich zurückzogen, kam es natürlich ständig zu Evolution und Aussterben. Einige klimatische Ereignisse waren offenbar einschneidend genug, um die uns nun schon bekannte Geschichte von Verschwinden und Auslöschung in Gang zu setzen; dieser folgte durch den Lebensraumwandel das Erscheinen solcher Arten, die neu für das betreffende Gebiet waren.

Dieses erstmalige Erscheinen von Arten in einem Gebiet beruht zum Teil auf einfacher Zuwanderung von Individuen auf der Suche nach einem akzeptablen Lebensraum. Aber manche Arten waren wirklich neu. Vermutlich hatten sie sich als Reaktion auf die neuen ökologischen Gelegenheiten entwickelt. Aber was in der letzen, abschließenden Phase der pleistozänen Fauna passierte – mit den Wollhaarnashörnern, den Höhlenbären, den Riesenbisons, den Mastodonten, den Mammuts, der Säbelzahnkatze (irrtümlicherweise oft „Tiger" genannt), den Direwölfen, den Riesenfaultieren und den Riesenkondoren –, das wirft nun doch Fragen über die Rolle des Menschen auf.

Als das Pleistozän seinen Lauf nahm, überlebte *Homo erectus* so manchen heftigen Klimaumschwung. Es gab warme und dann wieder kalte Zeiten. Zumindest kulturell scheint sich *Homo erectus* dabei nicht sehr verändert zu haben (jedenfalls deuten das die Werkzeuge an, die er hinterließ). Wie wir gesehen haben, meinen einige Paläoanthropologen, der *Homo erectus* des späten Pleistozän aus Asien sei von dem früheren *H. erectus*, den wir nur aus Afrika kennen, recht verschieden gewesen. Im mittleren und oberen Pleistozän (beginnend vor etwa 300 000 Jahren) weisen einige hier und da über die alte Welt verstreute Fossilien darauf hin, daß sich in der heterogenen eurasischen Landschaft mehrere Arten aus *H. erectus* entwickelt hatten. Zumindest ist dies die Auffassung des Paläoanthropologen Ian Tattersall.

Was geschah mit *Homo erectus*? Das Aussterben fordert nicht deshalb seine Opfer, weil deren Zeit abgelaufen ist und sie für zu archaisch geworden und daher überholt sind. Auch sehen wir Aussterben nicht als Niederlage des Alten, des Vorfahrenhaften oder Primitiven gegenüber den fortgeschritteneren Abkömmlingen, die im Verlauf der Evolution entstanden. Die Säugetiere entwickelten sich nicht erst und überlisteten und verdrängten dann die Dinosaurier, so daß diese schließlich ausstarben. Sollte es tatsächlich so etwas gegeben haben, dann verlief es genau andersherum: Die Säuger (die schon etwa ebenso lange existierten wie die Dinosaurier – seit der mittleren Trias während des ganzen Mesozoikum) konnten erst die Herrschaft übernehmen, als die Dinosaurier ausgestorben waren. Dann dauerte es allerdings nicht mehr lange, bis sie sich explosionsartig entfalteten und alle möglichen Formen und Körpergrößen annahmen. Dies spiegelte die neuen Gelegenheiten wider, die sich für sie in den lokalen terrestrischen Ökosystemen ergaben. Jetzt konnten sie hier die Hauptrollen spielen.

Doch es liegt nahe anzunehmen, das Erscheinen von einer oder mehreren neuen Hominidenarten mit größeren Gehirnen habe schließlich den *Homo erectus* vernichtet, nachdem er nahezu eine Million Jahre lang existiert hatte. Schließlich sind wir ökologische Generalisten – ein ökologischer Status, den uns nicht nur unsere generalisierte Physiologie und Anatomie verleiht, sondern ironischerweise auch unsere Spezialisierungen: die großen Gehirne und unsere Kulturen, die auf unseren kognitiven Fähigkeiten beruhen.

Ich glaube, daß alle Angehörigen der Gattung *Homo* (und vermutlich auch die grazilen *Australopithecus*-Arten) im Grunde eurytop, also ökologische Generalisten, waren. Und in der Regel koexistieren Generalisten nicht mit nahen Verwandten: Eurytope teilen sich Nischen zumeist nicht. Wie wir gesehen haben, spaltete sich unser Stammbaum kurz nach dem großen Aussterben vor 2,5 Millionen Jahren in zwei getrennte Äste. Dabei entstand der Generalist *Homo habilis* (unser eigener Vorfahr) und der spezialisierte Zweig mit den streng vegetarischen robusten Australopithecinen. Vermutlich konnten die robusten Australopithecinen und unsere eigene Gattung *Homo* deshalb im gleichen Gebiet nebeneinander leben, weil sie nicht direkt miteinander konkurrierten.

Aber bewegliche Trupps einer zierlichen, eurytopen Art neigen zu Zusammenstößen und konkurrieren miteinander. Wie wir wissen, gilt das auch für uns. Es erscheint unwahrscheinlich, daß zwei Arten eurytoper Hominiden lange nebeneinander existieren konnten. Dies ist in der Tat das Bild, das wir bald sehen werden, wenn wir uns mit dem Verschwinden des Neandertalers in Europa befassen. Im Falle von *Homo erectus* fehlen uns einfach die detaillierten Informationen, welche uns die fossile und archäologische Überlieferung für die Geschichte des Neandertalers bereitstellt. Tatsächlich benannte offiziell noch kein Anthropologe irgendeine neue Art, die in Europa mit jenen Restpopulationen von *Homo erectus* koexistierte, die wir aus Asien kennen. Aber ich kann mich nicht der spekulativen Vermutung enthalten, daß es der Konkurrenzdruck einer rivalisierenden und von ihm abstammenden Hominidenart (der Schatten des Ödipus!) war, der letztlich *Homo erectus* auslöschte.

Vor 100 000 Jahren jedenfalls, während des letzten Gletschervorstoßes, bevölkerten die Neandertaler die europäische Bühne. Etwas gedrungener und in klassischer Ausprägung robuster als der moderne *Homo sapiens*, werden die Neandertaler von vielen Paläoanthropologen nach wie vor nur als eine Variante des modernen Menschen angesehen – als die Unterart *neanderthalensis* der Art *Homo sapiens*. Früher einmal die Quelle eines Phantasiebildes von einem gebeugten, trotteligen Höhlenmenschen, sieht man heute die Neandertaler mit ihren großen Gehirnen (etwas größer als unsere) als genauso fortgeschritten an wie die modernen Menschen, dazu noch als an die kalten Bedingungen angepaßt, die im Europa des oberen Pleistozän herrschten. Aber ihre Anatomie verweist auf die Unfähigkeit der Neandertaler, jene Vielfalt von Lauten zu bilden, wie sie eine menschliche Sprache in Vollendung erfordert. Das, sowie die anatomischen Unterschiede zwischen diesen robusten Hominiden und dem grazilen, modernen *Homo sapiens*, der in den europäischen Ablagerungen ganz plötzlich vor etwa 34 000 Jahren auftauchte, summieren sich (nach meiner Meinung und, was wesentlicher ist, nach derjenigen von Ian Tattersall, Chris Stringer, Eric Trinkhaus und weiteren Experten) zu einer überzeugenden Stütze der Hypothese, *Homo neanderthalensis* und *Homo sapiens* seien zwei verschiedene Arten.

Nach einer älteren Auffassung entwickelten sich die Menschen, nachdem sie sich von ihrem Schmelztiegel in Afrika über die benachbarten Kontinente ausgebreitet hatten (was bekanntlich erstmals *Homo erectus* gelang), überall dort, wo sie sich in ihrem neu erweiterten Verbreitungsgebiet niedergelassen hatten. Der Anthropologe Carleton Coon ging so weit zu behaupten, die Art *Homo sapiens* sei nicht weniger als drei Mal an drei verschiedenen Orten entstanden! Danach entwickelten sich die modernen Menschen getrennt in Afrika, Asien und Europa (über das Stadium der Neandertaler) aus *Homo erectus*; die Vorläufer der drei großen heutigen Menschenrassen spiegeln also Unterschiede wider, die schon bei den Populationen von *H. erectus* vorhanden waren. Doch Arten sind nach allgemeiner Ansicht Fortpflanzungsgemeinschaften, die sich in einem separaten Vorgang von der jeweiligen Vorfahrenart absonderten. Arten haben also schon definitionsgemäß nur einen einzigen Ursprung. Wenn *Homo sapiens* eine einzige gültige Art bildet (und das ist zweifellos der Fall) und nicht mit *Homo erectus* identisch ist, muß er an einem bestimmten Ort aus diesem entstanden sein, oder aus einer der verschiedenen Arten, die sich möglicherweise im oberen Pleistozän von *H. erectus* abspalteten.

In jüngster Zeit haben sich sowohl fossile als molekulare Hinweise gehäuft, die ziemlich deutlich machten, daß *Homo sapiens* sich tatsächlich an einem einzigen Ort entwickelte. Wo? Noch im Schmelztiegel – irgendwo in Afrika. Zwar verließen Gruppen von *Homo erectus* Afrika schon vor diesem Zeitpunkt, aber es ist nahezu gewiß, daß keiner der Hominiden des mittleren Pleistozän in Europa und Asien überlebte und zum Vorfahren des modernen Menschen wurde.

Allan Wilson, derselbe Biochemiker, der uns zusammen mit Mary-Claire King die erstaunliche Zahl von 99 Prozent genetischer Identität von Mensch und Schimpanse bescherte, leitete die Forschergruppe, die verkündete, daß der Vorfahr von *Homo sapiens* – buchstäblich unser aller Mutter – eine afrikanische Frau war, die irgendwann zwischen 100 000 und 150 000 Jahren vor unserer Zeit lebte. Wilson untersuchte die DNA der Mitochondrien. Das sind jene Organellen innerhalb der Zellen, die für die Energieumwandlung zuständig sind. Wilsons Arbeitsgruppe rekonstruierte die originale Abfolge der Bestandteile der DNA-Kette in den Mitochondrien unserer Vorfahren. Die Forscher versuchten also, den gemeinsamen Ausgangszustand zu finden, von dem aus sich die Vielfalt entwickelte, die wir heute in den verschiedensten menschlichen Völkern finden. Wir erben unsere Mitochondrien-DNA ausschließlich von unseren Müttern. Folglich war der gemeinsame Vorfahr von uns allen, wie er durch die Mitochondrien-DNA aufgefunden wurde, eine Frau – zutreffend „Eva" genannt. Die rekonstruierte Vorfahrenfolge entspricht am ehesten heutiger Mitochondrien-DNA aus Afrika. Wir stammen also alle aus Afrika.

Nach jüngsten Erkenntnissen stimmt Wilsons Zahl von 100 000 bis 150 000 Jahren ziemlich gut mit den 90 000 oder mehr Jahren überein, die man kürzlich für anatomisch moderne Menschen in Südafrika fand. Einige der Datierungen von *Homo sapiens* im Mittleren Osten (einem Teil des heutigen Israel), die man lange um 45 000 Jahre herum vermutete, wurden ebenfalls erheblich zurückverlagert – auch bis zu etwa 90 000 Jahren. Wie wir gesehen haben, kamen wir vor rund 34 000 Jahren nach Europa. Als wir es erreichten, verschwanden die Neandertaler. Diese offenbar abrupte Verdrängung mag durchaus als ausgesprochene Vernichtung abgelaufen sein. Es sieht so aus, als habe unsere eigene Art im Mittleren Osten tatsächlich für kurze Zeit mit den Neandertalern koexistiert. Aber unsere Ausbreitung nach Europa trägt alle Anzeichen einer plötzlichen Invasion. Und es gibt keinen Grund anzunehmen, wir seien erst hierher gelangt, nachdem irgend etwas anderes die Neandertaler vernichtete.

Die Neandertaler verschwanden für immer in einem Ereignis von Hintergrundaussterben: Keine andere bekannte Art erlosch zu diesem Zeitpunkt. Mein Eindruck ist, daß wir für die Neandertaler das waren, was heute die Nachtbaumnatter für die Guamralle ist. Aber die Dynamik war damals anders. Es gab keine Verfolgung oder sogar richtigen Krieg. Die beiden Hominidenarten waren einfach Konkurrenten um die gleichen Ressourcen. Das führte zum vorhersehbaren Ergebnis. Eine mußte gewinnen und schließlich den gesamten Lebensraum erobern.

Vom passiven Opfer zur aktiven Kraft: Der Mensch bekommt eine Rolle beim Aussterben

Die Mbuti im Ituri-Urwald sind eine der ständig weniger werdenden seltenen Menschengruppen, die noch ihren ursprünglichen Status als integrierter Teil ihres lokalen Ökosystems bewahrt haben. Diesen Status hatte unsere gesamte Art während des Großteiles ihrer bisherigen Geschichte. Sogar als vor 16 000 Jahren die aufsehenerregenden Malereien an den Höhlenwänden Westeuropas entstanden, gliederte sich unsere Art noch in kleine Gruppen, die als Jäger und Sammler von ihrem Land lebten. Wie wir gesehen haben, ist vieles in der Hominidenevolution, einschließlich einiger der früheren Episoden des Aussterbens von Hominidenarten, direkt mit ökologischen Ereignissen verknüpft, die gleichzeitig auch viele andere Arten betrafen.

Wie bei allen anderen Arten spiegelt sich auch in unserer Geschichte der Einfluß der Umweltveränderungen wider. Aber während wir uns bei unserem Überblick über die menschliche Geschichte der modernen Zeit nähern, beobachten wir, wie *Homo sapiens* eine aktive Rolle als umweltverändernde Kraft übernimmt – anfänglich als vermutete, später als unzweifelhafte Ursache des Untergangs anderer Arten. Dieser Wandel reflektiert unseren veränderten Status gegenüber den Ökosystemen ganz allgemein. Unsere Rolle als aktive Kraft bei Veränderungen der Umwelt ist eng mit der geometrischen Zunahme der menschlichen Bevölkerung verknüpft, wie sie sich in den letzten paar Jahrtausenden vollzog.

Gegenwärtig bevölkert *Homo sapiens* die gesamte Welt. Die Bevölkerung wuchs. Sie vermehrt sich immer noch exponentiell. Der Paläontologe Norman Newell, jene Stimme aus der Wildnis, die Mitte unseres Jahrhunderts nahezu allein auf der Realität von Massenaussterben beharrte – und der den Willen hatte, ihre Ursachen zu erhellen –, wandte sich kürzlich einem Stück eleganter Wissenschaft zu: Zusammen mit dem Paläontologen und Statistiker Leslie Marcus wies er einen unglaublich engen Zusammenhang zwischen dem Anstieg des Kohlendioxids in der Atmosphäre und dem Wachstum der menschlichen Bevölkerung zwischen 1958 und 1983 nach. Der Korrelationskoeffizient betrug 0,9985. Der höchstmögliche Wert wäre 1,0 gewesen. Empirische Daten zeigen sonst niemals eine so enge Beziehung. Trotz des Fehlers, den wir begehen, wenn wir allein von einer Korrelation auf einen ursächlichen Zusammenhang schließen, kann es keinen Zweifel geben, daß der Kohlendioxidanstieg auf der Aktivität des Menschen beruht. Er ist nicht nur die Folge der industriellen Revolution, sondern auch der Zerstörung weiter Teile der Vegetation der Erde durch Feuer. (Ein durch einen Satelliten aufgenommenes Infrarotphoto der Erde bei Nacht zeigt einige der großen Zentren der Weltbevölkerung: Die Wärme- und Lichtstrahlung der großen Städte ist natürlich zu erkennen. Aber die Lichtpunkte liegen vor allem in Asien, Afrika und Südamerika. Es sind nichts anderes als brennende Wälder.)

Doch das war es nicht, was Newell und Marcus zeigen wollten. Geistreich wie sie sind, dachten sie an die Kehrseite dieser Beziehung: Man kann die Weltbevölkerung einfach dadurch zählen, daß man den Kohlendioxidgehalt der Atmosphäre mißt! (Dies geht natürlich nur im Weltmaßstab, weil sich die Atmosphäre durchmischt. Daher besteht keine Hoffnung, mit dieser Methode beispielsweise die zu niedrig geratene jüngste Volkszählung in den USA zu korrigieren!) Wir sind jetzt bei über fünf Milliarden Menschen angelangt und werden immer noch mehr. Kriege, Pogrome und Epidemien (alles Tragöden – Geißeln, deren Einfluß auf das menschliche Leben wir beseitigen müssen) beeinflussen dieses geometrische Emporschießen der Weltbevölkerung kaum.

Der Anthropologe Marvin Harris schrieb kurz nach der ersten der sogenannten Energiekrisen, welche in den USA und anderen westlichen Ländern aus politischen Problemen des Mittleren Ostens entstand, einen fesselnden Bericht über die menschliche Geschichte vom Standpunkt des Energieverbrauchs her gesehen. Er sieht das Bevölkerungsswachstum nicht als eine gleichmäßige (wenn auch exponentielle) Kurve, sondern als eine mit vielen auffälligen Unregelmäßigkeiten, betrachtet man sie nur aus genügender Nähe. Harris nimmt vernünftigerweise an, Populationen seien im allgemeinen nahe ihres sogenannten Fassungsvermögens; denn seit Darwin herrscht die Auffassung, Populationen würden durch ihre Ressourcen reguliert. Hindern sie nicht andere Faktoren (beispielsweise Krankheiten) daran, sind Populationen gewöhnlich nahe ihrer Maximalgröße, die sie bei den vorhandenen Ressourcen und den ökologischen Anpassungen der Organismen selbst erreichen können. Zwei Arten mögen trotz ähnlicher energetischer Anforderungen an die Umwelt dennoch unterschiedliche optimale Populationsgrößen haben, was von der Art und Weise abhängt, wie die Organismen gewöhnlich die verfügbaren natürlichen Ressourcen ausnutzen.

Harris denkt einfach, verschiedene Neuerungen menschlicher Anpassungen hätten die nutzbaren Ressourcen beträchtlich erweitert, und als direkte Folge davon wäre die menschliche Bevölkerung stark angewachsen. Nehmen wir die Erfindung des Ackerbaus, die in verschiedenen Kerngebieten erfolgte, beispielsweise im fruchtbaren Gürtel um Tigris und Euphrat, im Industal, im Niltal und um das Gebiet um Mexiko-Stadt herum (in diesem Fall allerdings keine Fluß- sondern eine Seenland-schaft). Sofort nahm die Populationsgröße zu; denn die Energie-ressourcen (kultiviertes Getreide und Haustiere) waren nicht nur verläßlicher und führten daher zu Seßhaftigkeit (im Gegensatz zur teilweise oder gänzlich nomadischen Lebensweise der Jäger und Sammler), sondern auch weit reichhaltiger als das, womit die Jäger und Sammler rechnen konnten. Mehr noch, für die Jäger und Sammler, deren Trupps normalerweise das unter sich aufteilten, was gesammelt wurde, gab es eine maximale effekti-ve Populationsgröße, die sie nicht überschreiten konnten.

Die Landwirtschaft eignet sich zwar zu kleinen Unternehmen (eine immer weniger realistische Möglichkeit in den USA), aber sie ist die eigentliche Grundlage der Verstädterung; denn die Nahrung muß nicht von den Stadtbewohnern selbst, sondern kann von jemand anderem produziert, und dann durch die Städ-ter von den finanziellen Erträgen ihrer andersartigen Arbeit ge-kauft werden. Kulturell begründete technologische Revolutio-nen, betonte Harris, beruhen gewöhnlich auf Innovationen in der Nutzung der Energieressourcen, sei es der Nahrungsproduk-tion oder letztendlich der Gewinnung fossiler oder nuklearer Energiequellen, welche die Maschinen der industriellen Revolu-tion antreiben. Unsere kulturellen Erfindungen erweiterten peri-odisch und ziemlich unvermittelt unsere Ressourcengrundlage, und kurz danach stieg immer die Bevölkerung an.

Das Bevölkerungswachstum hing völlig von Änderungen der Art und Weise ab, wie wir unseren ökonomischen Notwendig-keiten nachkamen. Es ist keine Frage: Der durch Ackerbau und Viehzucht mögliche Beginn eines seßhaften Lebens veränderte den Lauf der ökonomischen Anpassungen des Menschen für alle Zeiten (sehen wir von nuklearen Holocaustszenarien ab, die außer einigen technisch unbedarften Menschen, die dann viel-leicht eine neue Phase menschlicher Existenz begännen, alles vernichten würden). Aber vor diesem entscheidendem Über-gang zum Ackerbau lebte der Mensch als Jäger. Und wir haben eindrucksvolle Beweise dafür, daß die Menschen viel mit dem

Untergang der Großtiere des späten Pleistozän zu tun hatten – dem der Riesenbisons, der Elefanten, der Nashörner – Geschöpfe, die damals Gegenden weit außerhalb Afrikas durchstreiften, etwa Nordamerika, in einigen Fällen bis vor nur 8 000 oder 9 000 Jahren.

Paul Martin, ein Anthropologe an der University of Arizona widmete Jahre dem Studium der Auswirkungen der Besiedlung von Nord- und Südamerika auf die letzte pleistozäne Fauna. Zwar befürworten einige die Vorstellung, die Menschen hätten die gletscherfreie Landbrücke, die Asien und das westliche Nordamerika verband, schon vor 35 000 Jahren überquert, doch es existieren kaum stichhaltige und überzeugende Beweise für eine weit über 18 000 Jahre hinausgehende Besiedlung. Das Schutzdach von Meadowcroft, das kürzlich durch eine Gruppe von Archäologen und Geologen eingehend untersucht wurde, dokumentiert die Anwesenheit von Paläo-Indianern im heutigen Pennsylvania vor rund 18 000 Jahren. Aber eindeutige Hinweise auf die Anwesenheit von Menschen in der Neuen Welt in nennenswerter Anzahl sind nicht älter als 12 000 Jahre.

Besonders aufschlußreich ist eine der frühesten bekannten archäologischen Fundstätten Nordamerikas: In der Nähe von Clovis in New Mexico fand man die Überreste eines Bisons mit einer zwischen seinen Rippen liegenden Speerspitze. Es gibt auch nachdrückliche Beweise dafür, daß die ersten Menschen in der Neuen Welt die gleichen Tricks kannten wie frühere Jäger aus dem oberen Pleistozän in der Alten: Sie trieben Säugetierherden in Sackgassen und sogar über die Ränder von Abhängen hinweg, um sie, wenn auch nicht unbedingt mühelos, so doch verhältnismäßig gefahrlos töten zu können. Die Menschen entwickelten sehr wirkungsvolle Jagdtechniken. Paul Martin trug viele Argumente zusammen, um zu beweisen, daß unsere jagenden Vorfahren ein mehr als nebensächlicher Faktor beim Auslöschen vieler großer Säuger des späten Pleistozän waren.

Martin bezeichnete dieses Phänomen mit dem deutschen Ausdruck „Blitzkrieg" oder dem englischen „*Pleistocene overkill*".

Besonders wenn Menschen die Szene neu bevölkern, können sie eine Katastrophe für die Arten des jagdbaren Wildes werden. Der anfänglich vorhandene große Bestand leicht erreichbarer Beute konnte leicht zu einem explosionsartigen Wachstum der Jägerpopulation führen. Selbstverständlich bestehen Probleme, dem Menschen das Aussterben direkt zuzuschreiben. (Es gibt immer Probleme, will man Fragen, die sich auf die Vergangenheit, ja sogar auf die verhältnismäßig junge Vergangenheit beziehen, klären). Wir wissen natürlich, daß im Pleistozän schon vorher große Säugetiere verschwunden waren – soweit wir sagen können, ohne Zutun des Menschen. Und als sich die letzten Eisdecken plötzlich zurückzogen, gab es wieder einmal einen radikalen Klimawandel. (Die *letzten* bedeutet in diesem Fall die jüngsten – denn der nächste Eisvorstoß ist überfällig, und wenn er kommt, könnte er durchaus all das überwinden, was wir zur globalen Erwärmung beitragen.)

Doch wie steht es mit den kleineren Säugetierarten – beispielsweise den verschiedenen Mäusen, von denen viele ebenfalls etwa zu dieser Zeit ausstarben? Es ist kaum vorstellbar, daß die Menschen sie mit dem gleichen Eifer verfolgten, mit dem sie, wie wir wissen, Bisons und möglicherweise viele andere große Tiere jagten. Einige andere Aussterbefälle lassen sich natürlich mit der Jagdhypothese verknüpfen: Sicher jagten die Menschen nicht systematisch Wölfe und Säbelzahnkatzen, obgleich sie diese zweifellos gerne getötet hätten, wären sie dazu in der Lage gewesen. Diese großen Fleischfresser, die von den Pflanzenfressern abhingen, mußten in dem Blitzkriegszenarium ihrer Beute auf dem Weg ins Aussterben gefolgt sein – nichts weiter als unabsichtliche Opfer von deren Vernichtung. Sie waren möglicherweise einfach die Verlierer der neuen Konkurrenz mit den Menschen um die Beutetiere. Nach Martin waren die menschlichen Jäger so tüchtig, daß sie sogar ihre Beutetierarten total ausrotteten.

Normalerweise treiben Verfolger ihre Beute nicht bis zum völligen Verlöschen. Das wäre auch unklug. Erinnern wir uns, daß im klassischen Räuber-Beute-Zyklus der Anstieg der Räuberpopulationen immer dem der Beutetiere folgt. Der Räuberaufschwung dezimiert dann wieder die Beute, so daß schließlich auch die Populationen der Räuber wieder total zusammenbrechen. So geht es vermutlich immer weiter.

Aber Menschen, *jagende* Menschen, sind Opportunisten und ökologische Generalisten. Wir nehmen alles, was wir bekommen können, und unsere verschiedenen Techniken eignen sich für die Gewinnung der unterschiedlichsten Nahrung. Die Buschmänner (die Kung) der Kalahari jagen Wild aller Formen und Größen, und es gibt gute Gründe anzunehmen, daß auch unsere Vorfahren aus dem oberen Pleistozän in sehr effektiver Weise auf die Jagd gegangen sind. Daher ist es durchaus im Bereich des Möglichen, daß wir jede nutzbare Nahrungsquelle vernichten. Das taten wir mit dem in jüngerer Zeit ausgestorbenen Riesenalk (der bereitwillig, wenn auch töricht, die ihm angebotenen Planken in ganzen Horden hinauflief, um den Seefahrern im weiteren Verlauf ihrer Fahrt als Nahrungsreserve zu dienen). Wir löschten auch die letzten, heute viel betrauerten Wandertauben aus, die buchstäblich zu Tode gejagt wurden, obgleich sie anfänglich in Millionenstärke vorhanden waren. Wir wissen, daß wir Arten durch die Jagd vernichten können (was uns in moderner Zeit auch schon gelang). Nach Martins Ansicht haben unsere Vorfahren dies in großem Maßstab getan, als sich das Pleistozän seinem Ende näherte.

Es gibt einige Gründe, dies sehr ernst zu nehmen. Der Säugetierpaläontologe Ross McPhee dokumentierte, wie eng korreliert das Aussterben im späten Pleistozän mit der Ankunft des Menschen war. Der Mensch erreichte Nordamerika erst in verhältnismäßig junger Zeit von Asien her. Schon kurz danach gelangte er nach Südamerika. Die Besiedlung der vorgelagerten Inseln, etwa der Antillen in der Karibik, verlief allerdings etwas langsamer. Die Chronologie des Aussterbens der Großtiere im Pleistozän ist wirklich gestaffelt: Das Aussterben betraf erst die Alte Welt (in geringem Umfang sogar Afrika, wo die Megafau na ja noch existiert), bevor es in der Neuen zuschlug. Und das Großwild scheint nirgends vor der Ankunft des Menschen erloschen zu sein. Eine weitere Beziehung, die auf einen ursächlichen Zusammenhang verweist.

Wir sollten jedoch niemals den Einfluß des Klimas vergessen, sowie das Schrumpfen und die Neuordnung von Lebensräumen, die wirklich eng mit dem Aussterben verbunden zu sein scheinen. Afrika liegt über dem Äquator und seine Großtierfauna überlebte, während andere ausgelöscht wurden. Die Menschen entwickelten sich in Afrika und mußten nicht erst dorthin wandern; dennoch war die afrikanische Megafauna nicht die erste, sondern wird die letzte sein, die von der reichen Großtierwelt des oberen Pleistozän verschwindet.

Zweifellos war der Mensch in gewissem Ausmaß am Aussterben einiger Elemente der Megafauna des oberen Pleistozän beteiligt. Aber unser Einfluß, wie schwerwiegend er auch immer war, scheint mir doch mehr eine Angelegenheit von Fall zu Fall und von Art zu Art gewesen zu sein. Unverfroren und unbekümmert vernichteten wir den Riesenalk. Aber diese Art, die bei weitem größte und pinguinähnlichste der Alken, konnte nicht fliegen. Die flugfähigen Papageitaucher, Tordalken, Lummen und Schopfalken jagten wir nicht bis zur Vernichtung.

Einige über den Globus verteilte Völker, selbst am Rande des Aussterbens, leben noch als Jäger und Sammler. Warum drohen sie auszusterben? Ihre Lebensräume schrumpfen. Und warum schrumpfen sie? Die Angehörigen technologisch überlegener Gesellschaften verändern deren Natur unter den Augen ihrer ursprünglichen Bewohner. Das ist der Schlüssel zum Verständnis der tatsächlichen Beteiligung des Menschen am Aussterben. Zweifellos jagte der Mensch zu viel und zu opportunistisch, wodurch manche Beute endgültig vernichtet wurde, was in den meisten Räuber-Beute-Situationen niemals eintritt. Wir sind aber einfach zu geschickt darin, die verschiedenartigsten Geschöpfe zu töten. Daher hat es vom Standpunkt der Energiegewinnung keine praktisch spürbaren negativen Folgen, wenn wir in einem Blitzkrieg einige wenige Arten überjagen und vernichten.

Es waren also nicht die technologischen Fortschritte der modernen Menschen bei der Jagd, die uns in das Aussterben hineinzogen. Die Jäger erweisen sich in den meisten gut dokumentierten Jäger-Sammler-Situationen nicht als Vernichter ihrer Beute. Wie die Mbuti in Zaire sind sie noch viel zu sehr Bestandteil ihrer natürlichen Umwelt. Es ist nicht die Jagd, wenigstens wenn sie nur der Existenz wegen betrieben wird (das Debakel der Wandertaube war die Folge einer gedankenlosen „sportlichen" Schlächterei), sondern vielmehr die auf die technische Revolution folgende jeweils nächste Energiekrise, wie es Harris ausdrückte, die *Homo sapiens* in die „große Zeit" des Aussterbens hineinzog.

Als wir uns niedergelassen hatten und Bauern geworden waren (oberflächlich eine weit weniger blutdürstige Beschäftigung), wurden wir tatsächlich zu einer Bedrohung der Umwelt, wie es unsere früheren Vorfahren nie auch nur annähernd gewesen waren. Wir begannen Lebensraum statt unmittelbar Arten zu vernichten. In der Jagd können wir nur schwer die Ursache des völligen Zusammenbruchs gesamter Ökosysteme sehen: Jagd trägt mehr zum Hintergrund- als zum echten Massenaussterben bei. Aber zweifellos begann *Homo sapiens* mit seiner weiträumigen Veränderung der Lebensräume, die er vor allem für die Landwirtschaft vornahm, das zu imitieren, was in den vorhergehenden Äonen der geologischen Zeit vor allem die Domäne klimatischen Wandels und des gelegentlichen Einschlags eines extraterrestrischen Körpers war.

Wir haben gesehen, daß Massenaussterben das direkte Ergebnis großflächiger Veränderungen der Lebensräume sind, und daß diese immer wieder aus rein physischen Gründen ohne unser Zutun eintraten. Nun, zum ersten Mal in der 4,55 Milliarden Jahre alten Erdgeschichte ist *Homo sapiens* in der Lage, weit über die gelegentliche Beeinflussung des Hintergrundaussterbens hinauszugehen, die wir und andere Arten, wie die Braune

Nachtbaumnatter auf Guam, schon immer von Zeit zu Zeit erzielten. Zum ersten Mal gibt es auf der Erde eine Art, welche die Lebensräume so nachdrücklich verändert, daß die Auswirkungen an echtes Massenaussterben grenzen.

8

Das Lied des Kanarienvogels: Landnutzung, Lebensraumreduktion und Aussterben

Madagaskar ist eine Anomalie in den Annalen der Menschheitsgeschichte. Unsere Art, die sich irgendwann in den vergangenen 100 000 Jahren über die Grenzen Afrikas hinweg ausbreitete, übersah aus irgendeinem Grund diese rund 1 600 Kilometer lange Insel direkt vor der afrikanischen Südostküste. Wir erreichten ziemlich rasch die äußersten Enden von Asien und Indonesien auf den Spuren unseres Vorfahren *Homo erectus*, der diese Reise schon beinahe eine Million Jahre früher unternommen hatte. In Australien gibt es Menschen seit wenigstens 40 000 und in Amerika höchstwahrscheinlich seit mindestens 20 000 Jahren.

Aber an Madagaskar gingen wir vorbei. Dort leben Menschen erst seit 2 000 Jahren. Wir kamen erst auf einem Rückweg dorthin: Die Bevölkerung von Madagaskar, eine Gruppe von etwa 19 Stammeseinheiten, ist durch ein gemeinsames Sprachsystem kulturell geeint, das ganz deutlich Beziehungen zu Indonesien erkennen läßt. Die Kultivierung von Reis, sowie Elemente ihrer religiösen Praktiken (vor allem bei den Bestattungen) erinnern ebenfalls lebhaft an den indonesischen Ursprung der Madagassen, obgleich eine gesunde Mischung mit aus Afrika stammenden Bräuchen und in den körperlichen Merkmalen des Volkes selbst herrscht.

Die Geschichte Madagaskars ist also durch eine gewisse doppelte Isolierung geprägt. Eine physische Isolierung während des größten Teiles des oberen Mesozoikum und des Tertiärs ließ einem einzigartigen Spektrum von Tieren und Pflanzen genügend Zeit, sich zu entwickeln, und erlaubte es charakteristischen und ungewöhnlichen Ökosystemen, dort Fuß zu fassen. Erinnern wir uns, daß es hier keine wirklich großen Raubtiere gibt, ebensowenig deren sonst übliche Beute: Die Löwen und Antilopen Afrikas fehlen einfach. An ihrer Stelle finden wir ein Spektrum an Lemuren und bodenbewohnenden Vögeln, das zum Teil die verhältnismäßige Sicherheit eines Terrains widerspiegelt, in dem Katzen- und Hundeartige fehlen. Aber die Tierwelt war bis vor 2 000 Jahren, die vollkommen in die Zeit der schriftlichen Überlieferung fallen, auch vom Menschen isoliert. Das ermöglicht uns abzuschätzen, welche Rolle die Menschen beim Aussterben in Madagaskars jüngster Vergangenheit spielten. Dies könnte wiederum einiges Licht auf die Folgen werfen, die unsere gegenwärtigen Aktivitäten für die gefährdeten Lebensgemeinschaften Madagaskars derzeit haben.

Fliegt man über das ausgedehnte und stellenweise tief eingeschnittene Hochland von Madagaskar hinweg, sieht man nur monotone Berge und Täler, die mit einer hauchdünnen Schicht von Sträuchern und Gräsern bedeckt sind. Die Vegetation reicht nicht aus, die tiefrote Farbe des darunterliegenden, harten und krustigen Bodens zu überdecken – des für tropisches Klima so typischen tonigen Laterits. Aus der Sicht der Bauern ist es ein schlechter Boden. Aber diese Böden sind weltweit die typische Grundlage tropischer Wälder und Gehölze. Nur gelegentliche, in Terrassen angelegte Reisfelder und – noch seltener – kleine Baumgruppen (viel eher importierter Eukalyptus als eine heimische Art) unterbrechen die Szenerie. Sowohl die Reisfelder als auch die Baumgruppen drängen sich gewöhnlich in kleine Täler zwischen den Bergen.

Jahrelang nahm man an, das zentrale Hochland sei ursprünglich ein Meer aus tropischer Vegetation gewesen, ein Wald, der
damals mit dem verbunden war, was heute noch von den Trok-
kenwäldern an manchen Orten im Westen übrigblieb, und mit
dem Regenwald, der sich an die Ränder der tiefen, steilen Ab-
hänge klammert, die das Zentralplateau von dem schmalen
Flachlandstreifen an Madagaskars Ostküste trennen. Man nahm
lange Zeit an, die Ankunft des Menschen hätte eine Welle von
Holzeinschlag und Brandrodung ausgelöst, die unvermindert bis
heute anhält.

Tatsächlich war die Zerstörung in jüngster Zeit erheblich:
Nach einem kürzlichen Bericht der Wissenschaftler Glen M.
Green und Robert W. Sussman ging die Hälfte des Regenwaldes
im Osten infolge der Abholzung durch den Menschen in der
Zeit von 1950 bis 1985 verloren: Jetzt bedeckt er noch 3,8
Millionen Hektar, 1950 waren es 7,6 Millionen – auch schon
weit weniger als der ursprüngliche Bestand vor der Besiedlung
durch den Menschen, der auf 11,2 Millionen Hektar geschätzt
wird. Green und Sussman verweisen darauf, daß die Zerstörung
in den flacheren und tiefer liegenden Gebieten am schnellsten
voranschritt – Orte, die am besten für die Landwirtschaft geeignet sind. Aber wie gegenwärtige Besuche von Madagaskar zeigen, wird auch an den steilsten Berghängen an den heutigen
Rändern des Regenwaldes eifrig Holz gefällt und Wald abge-
brannt. Die Aussichten für die Zukunft sind absolut trostlos, da
nichts getan wird, dieser massiven Zerstörung von Lebensraum
entgegenzuwirken.

Doch sogar hier auf Madagaskar sind die Beweise dafür nicht
gerade überwältigend, daß die Entwaldung in der Vergangenheit
allein, oder auch nur überwiegend, das Werk des Menschen war.
Der Säugetierkundler Ross McPhee, der mit Kollegen aus der
Geologie, Botanik und Anthropologie zusammenarbeitet, stellte
die Vorstellung in Frage, das Feuer sei erst mit den Menschen
nach Madagaskar gekommen: Es gibt zahlreiche Hinweise auf
Holzkohlelager, die viele Jahrtausende vor der Ankunft des

Menschen entstanden. Das Zentralplateau war an vielen Stellen von Gräsern und von Bäumen bedeckt, wie sie für echte Wälder untypisch sind. Die Arbeitsgruppe schloß den guten alten Klimawandel als Ursache von Veränderungen der Vegetation nicht aus. Es gibt einige Hinweise darauf, daß das madagassische Klima während der vergangenen Jahrtausende stärkere jahreszeitliche Unterschiede entwickelte – und solche Unterschiede erfordern, unabhängig von der Umgebungstemperatur, eine mehr eurytope Strategie der dort vorkommenen Lebewesen. Bei gesteigerter Ausprägung von Jahreszeiten sollten sich die Lebewesen also mehr wie eurytope Organismen höherer Breiten verhalten, als es die gleichbleibenden Bedingungen der Tropen gewöhnlich notwendig machen. Diese Saisonalität könnte durchaus den Wandel von einer waldbedeckten Landschaft zu einer solchen mit Gebüsch und Grasland hervorgerufen haben, wie es auch für Ostafrika postuliert wurde. Ein globaler Temperaturabfall soll dort einen radikalen Wandel der Vegetation von Wäldern zu offenen Savannen bewirkt haben.

McPhees Interesse an Madagaskar stammt von seiner Untersuchung der Aussterbemuster auf Inseln. Wie er berichtet, verlor Madagaskar während der vergangenen tausend Jahre (wir wissen nicht genau wann) mindestens 17 seiner größten Säuger-, Vogel- und Reptilienarten. Mehrere Arten der riesigen Elefantenvögel zogen noch bis vor nicht allzu langer Zeit über die Insel. Sie führten das Thema der Flugunfähigkeit bei madagassischen Vögeln zu einem Extrem und waren so massige Geschöpfe, daß sie die Strauße und sogar die ausgestorbenen neuseeländischen Moas wenn nicht gerade klein, so doch vergleichsweise recht kümmerlich erscheinen lassen. Es gab ein Zwergflußpferd (wie ich bereits bemerkte, eines der wenigen madagassischen Zugeständnisse an die afrikanische Nachbarschaft), desgleichen eine Fossa; diese war weit größer als jene Art dieser zibetkatzenähnlichen Raubtiere, die noch heute Madagaskars Wälder durchstreift. Es gab drei Gattungen großer Lemuren, die ebenfalls erst kürzlich ausstarben. Der größte von allen war *Megaladapis edwardsi*, der mehr als 120 Pfund gewogen haben mag.

Im oberen Pleistozän fielen immer die größeren Arten dem Aussterben zum Opfer, besonders unter den Säugern. Auf Madagaskar tötete die letzte Vernichtungswelle fast alle großen Tiere. Dies sieht ganz und gar nach einem Fall von Paul Martins Blitzkrieg aus: Die Menschen kamen dorthin, sahen, welche leicht zugängliche Eiweißquelle die großen und oft behäbigen Tiere waren, und jagten sie bis zur Ausrottung. Aber genauso wie das Entwaldungsszenarium auf den zweiten Blick nicht allein auf menschlichen Aktivitäten beruht, sind sich McPhee und seine Kollegen auch nicht sicher, ob der Verlust von über 17 großen Tierarten auf Madagaskar allein die übermäßige Bejagung durch den Menschen widerspiegelt. Denn eines ist sicher, viele Faunenelemente überlebten bis nahezu in die moderne Zeit – weit bis nach dem Beginn regelmäßiger Kontakte mit der der westlichen Welt.

Die frühen Naturforscher wurden mit manchen Geschichten von eigentümlichen großen Tieren empfangen, die tief in den wilden und von Menschen unbewohnten Gebieten des Landes leben sollten. Den Beschreibungen zufolge könnten die Tiere einige der großen Lemuren gewesen sein, die man sonst allein durch an manchen Stellen im Boden gefundene Knochen kannte. Obgleich diese Geschichten natürlich schon sehr alt sein mochten, läßt sich dennoch nicht ausschließen, daß die ausgestorbenen Lemuren noch vor kurzer Zeit am Leben waren. Madagaskar ist noch immer spärlich erforscht, jedenfalls durch in westlicher Wissenschaft geübte Augen. Allein in den achtziger Jahren wurden zwei Lemurenarten entdeckt und benannt, und zahlreiche Begegnungen mit Lemuren und anderen Lebewesen außerhalb der Gegenden, von wo wir sie kennen, zeigen, wie unvollständig unser Wissen darüber ist, was dort tatsächlich alles lebt.

Natürlich spricht das Überleben dieser Arten bis in die jüngste Zeit hinein, sollte es wirklich so gewesen sein, die Menschen nicht von ihrer Schuld frei. Aber es verschiebt den Schwerpunkt von der Jagd auf die Zerstörung des Lebensraumes als der Ursache des von Menschen ausgelösten Verschwindens von Arten. Und die Menschen müssen nicht allein für die völlige Umgestaltung der madagassischen Landschaft verantwortlich sein, die von einer weitgehenden Waldbedeckung hin zu großflächigen, mit Buschwerk bestandenen Trockengebieten verlief – falls die Wälder tatsächlich jemals (innerhalb der vergangenen 10 000 Jahre) so ausgedehnt waren, wie manche annehmen. Wir sehen, was heute vor sich geht: eine massive Veränderung des Lebensraumes; denn die madagassischen Bauern schlagen auch weiterhin immer mehr Wald und brennen ihn ab. Ganz sicher rodeten sie auch in der Vergangenheit die Wälder. Desgleichen müssen sie wenigstens einige der größeren Arten gejagt haben. Und ihre Katzen, Hunde und Schweine beeinflußten zweifellos die einheimische Tierwelt, so wie es überall auf der Welt geschah.

Die Veränderung des Lebensraumes und das darauffolgende Aussterben der größeren Lebewesen Madagakars in der jüngeren Vergangenheit läßt sich auch gut auf „natürliche" Weise erklären. Es gibt aber auch eindeutige Hinweise (einschließlich der sich heute vollziehenden Aktivitäten), die den Finger deutlich auf die Tätigkeit des Menschen richten, die wesentlich zu diesem Aussterben beigetragen haben könnte und wohl noch viel dazu beitragen wird; denn ein Großteil der heutigen Fauna scheint am Rande des Aussterbens zu stehen, oder doch beinahe dort. Wir befinden uns zweifellos inmitten dieser letzten Welle madagassischen Aussterbens, und die Situation wird eher schlechter als besser.

Dieser madagassische Mikrokosmos steht für die ganze Welt. Besucher aus der westlichen Hemisphäre kehren von Madagaskar aus meistens über den Flughafen Charles de Gaulle in der Nähe von Paris heim. Ich muß wohl kaum erwähnen, daß die Start- und Landepisten hier nicht von gemischten Laubwäldern, sondern von Straßen und vielen Hektar Ackerland umgeben sind. Die Auswirkungen der Kultivierung sind von Hektar zu Hektar um so größer, je mehr man sich den Tropen nähert, weil hier sowohl die Kleinstlebensräume als auch die Verbreitungsgebiete ganzer Arten weit weniger Platz einnehmen als in mittleren und höheren Breiten.

Selbst dort, wo die besten Daten verfügbar sind (wie über das Aussterben in jüngster Vergangenheit auf Madagaskar), gibt es immer noch Unklarheiten. Aber es sieht sehr danach aus, zumindest in meinen Augen, als würden die Auswirkungen von natürlichen Klimaänderungen auf die Lebensräume (die, wie wir gesehen haben, durchaus schon allein Massenaussterben auslösen können) durch die Tätigkeit des Menschen noch sehr verstärkt. Und so reizvoll Martins Blitzkrieghypothese auch sein mag, tatsächlich sind es das Abholzen der Wälder, kleinerer Baumbestände und sogar die Urbarmachung von Wüsten, wodurch die Menschen begannen, den Kreislauf der Natur ernsthaft zu stören. Nicht durch die Auswirkung auf diese oder jene Art, sondern durch die großflächige Vernichtung natürlichen Lebensraumes bedroht der Mensch viele Arten.

Wir müssen nicht lange nach den Anzeichen, den Vorboten des Aussterbens suchen. Daß der Kanarienvogel sehr krank ist, sollte nun jedem klar sein. Der Evolutionsbiologe E. O. Wilson schätzt, daß jährlich etwa 17 500 landlebende Arten tropischer Lebewesen verlöschen. Das macht zwischen einer und zwei Arten pro 1 000 lebenden, vorausgesetzt es existieren heute zehn Millionen Arten, was eine vernünftige Annahme ist. Wilsons Schätzung beruht auf der gemessenen Geschwindigkeit der Zerstörung der Lebensräume in den tropischen Wäldern und der Größe der Verbreitungsgebiete tropischer Arten, die, wie in Kapitel 2 gesehen, im allgemeinen ziemlich klein sind.

David Western von der New York Zoological Society schreibt, allein menschliche Tätigkeit sei für die Zerstörung von 200 Quadratkilometern tropischen Waldes und von 100 000 Quadratkilometern unbewaldeten Landes verantwortlich. Seine Schätzungen des Artenverlusts sind etwas bescheidener als diejenigen von Wilson: Hunderte, vielleicht auch Tausende pro Jahr. Was wichtiger ist, Western verweist darauf, daß wir unseren eigenen Lebensraum zerstören. Jährlich würden 150 000 Quadratkilometer Ackerland (also Lebensraum, der schon für die ökonomische Nutzung durch den Menschen verändert ist) zerstört, weil 75 Milliarden Tonnen Bodendecke der Erosion zum Opfer fallen.

Es ist schwierig zu beurteilen, ob wir in eine neue Phase des Massenaussterbens eintreten oder ob wir nur die Ereignisse aus dem Pleistozän fortsetzen und verschärfen. Als das Pleistozän begann, waren unsere Hominidenvorfahren den gleichen Störungen der Umwelt ausgesetzt wie andere Arten auch. Unsere bewegte Geschichte von Aussterben und Artbildung liest sich, wenigstens bis zum Erscheinen des *Homo erectus*, wie diejenige irgendeines anderen großen landbewohnenden Säugetieres. Heute, da wir zweifellos selbst die Lebensräume in gewaltigem Ausmaß verändern und zum Untergang von Arten beitragen, und zwar mit Geschwindigkeiten, die weit höher sind, als bei irgendeinem normalen Hintergrundaussterben, sollten wir dennoch nicht vergessen, daß sich auch gegenwärtig die Umwelt selbst ständig wandelt. Und menschliche von natürlichen klimatischen Effekten zu unterscheiden, kann zumindest sehr schwierig sein.

Nehmen wir das Problem der globalen Erwärmung. Wie wir in Kapitel 7 gesehen haben, stieg der Kohlendioxidgehalt der Atmosphäre ständig an, Schritt für Schritt begleitet vom Wachstum der Weltbevölkerung. Zweifellos wird die ständige Anreicherung solcher gasförmigen Nebenprodukte menschlicher Aktivitäten, verläuft sie weiter ungehemmt, durch den Treibhauseffekt zum Anstieg der Welttemperatur führen. Die Gase fangen Sonnenenergie ein und unterbinden so deren Reflektion von der Erdoberfläche zurück in den Weltraum. Aber wie sollen wir die kürzliche Serie milder Winter und heißer Sommer interpretieren, die viele Bewohner der nördlichen Hemisphäre im vergangenen Jahrzehnt erlebten? Sind wir Zeuge der ersten spürbaren

Stadien globaler Erwärmung, oder handelt es sich nur normale Oszillationen, die beispielsweise durch vorübergehende Verlagerungen des Jetstream entstanden? Die Meteorologen können sich bisher nicht darüber einig werden. Doch ihre Meinungsverschiedenheiten sind nur die kleine Ausgabe des allgemeineren Problems, wie man die Auswirkungen menschlicher Aktivität und physische Ursachen von Umweltveränderungen auseinanderhalten soll.

Wie schon erwähnt ist ein weiterer Eisvorstoß offenbar überfällig. Die berühmten Gemälde von Brueghel aus dem 16. Jahrhundert mit Winterszenen von Schlittschuhläufern auf gefrorenen Kanälen halten den letzten geringfügigen Gletschervorstoß fest, die sogenannte kleine Eiszeit. Seitdem wurde es wieder wärmer, offenbar aus natürlichen Ursachen. Möglicherweise setzt die letzte Phase der Erwärmung einfach diese Tendenz fort. Nach Ansicht anderer werden die Auswirkungen globaler Erwärmung durch natürliche Faktoren gedämpft, denn diese würden derzeit die globale Temperatur herabsetzen, wirkte ihnen nicht die globale Erwärmung entgegen. Ebenso wie wir Schwierigkeiten damit hatten zu entscheiden, wieviel vom Aussterben im späten Pleistozän ein Werk von *Homo sapiens* war und wieviel durch Klimawandel verursacht wurde, genauso schwierig ist es, menschliche und andere Faktoren, welche die gegenwärtige Zerstörung der Umwelt herbeiführen, auseinanderzuhalten. Nichtsdestoweniger scheinen die generellen Dimensionen und Ursachen unserer gegenwärtigen mißlichen Lage hinreichend klar zu sein, um die folgende Einschätzung zu erlauben.

Homo sapiens und der globale Naturhaushalt: Eine persönliche Einschätzung

Die wichtigste Schlußfolgerung aus diesem Buch ist, daß Veränderungen in der Größe und Lage von Lebensräumen die Ursache der meisten Aussterbevorgänge sind; diese reichen vom Verschwinden isolierter Arten bis zu den gewaltigsten Katastrophen. Weltweiter Klimawandel, insbesondere globale Abkühlung, scheint die Hauptursache der Zerstörung von Lebensräumen zu sein. Heute haben wir unsere eigenen Aktivitäten der Liste physischer Faktoren hinzugefügt, welche den Lebensraum verändern.

Jetzt ist es Zeit, uns mit einigen komplizierteren Problemen auseinanderzusetzen, die schon sporadisch im Verlauf unserer Erzählung auftauchten. Wie schlimm ist unser Einfluß auf die Umwelt? Müssen wir uns wirklich über unseren Beitrag zum Artensterben Gedanken machen? Vor allem, was können wir in dieser Hinsicht unternehmen? Immerhin sind wir eine vernunftbegabte Art. Wir sollten unsere Situation analysieren und herausfinden, mit welchen Schritten wir den Übeln begegnen können, die unser globaler Kanarienvogel offenbart – jedenfalls soweit sie das Ergebnis menschlicher Aktivitäten sind. Wir sollten niemals so eitel sein und uns einbilden, wir seien die alleinige Ursache irgendeines Vorgangs in der Natur, oder gar die einzige Ursache des Aussterbens.

Was nun folgt, sind meine eigenen Gedanken zu diesen schwierigen Problemen. Schließlich sind Wissenschaftler Menschen, die in der Öffentlichkeit stehen; sie haben nicht nur das Recht, sondern vielleicht sogar die Pflicht, die politischen Folgerungen aus ihren Analysen zu ziehen. Für mich sind die Schlüsse geradlinig; sie wurden nach den gleichen Vernunftregeln gewonnen, wie meine Schlußfolgerung, extraterrestrische Körper allein könnten niemals eine allgemeine Theorie des Massenaussterbens liefern.

Wissenschaft funktioniert über die Lösung von Konflikten. Viele Probleme, einschließlich der Häufigkeit und Bedeutung des Einschlags von Himmelskörpern als Auslöser von Massenvernichtungen, oder die relative Wichtigkeit klimatischen Wandels, werden immer noch ganz unterschiedlich eingeschätzt. Ich habe alle Seiten dieser Kontroversen dargelegt und mit eigenen Auffassungen nicht hinterm Berg gehalten. In diesem Sinne äußere ich jetzt meine Gedanken zu unseren gegenwärtigen Umweltproblemen, wobei ich mir voll bewußt bin, daß diese Ansichten nicht die einzigen sind, die man hierzu äußern kann.

Aussterben, das auf der Anwesenheit seßhafter, ackerbautreibender Menschen beruht, ist für die moderne Welt genau das, was ein Asteroid (oder ein Schwarm von Asteroiden, oder was auch immer das Iridium vor 65 Millionen Jahren in die K-T-Grenze brachte) für die Ökosysteme am Ende der Kreidezeit war. Wir gleichen ungesicherten Kanonen und können alleine schon großen Schaden anrichten. Besonders gefährlich werden wir, wenn unser Einfluß mit den physisch bedingten Veränderungen zusammenwirkt, die zum Aussterben führen. Mit globalem klimatischem Wandel, besonders einem Absinken der Temperatur oder der Zunahme der Saisonalität, scheint sich die gewaltige Mehrheit des Aussterbens während der vergangenen 600 Millionen Jahren mehr als nur erklären zu lassen. Aber wie wir gesehen haben, kommt es gelegentlich zu einer Verkettung von Faktoren, die aus einer sonst nur schwierigen Situation eine Katastrophe machen. Für sich genommen kann jeder Faktor ernsthafte Auswirkungen haben.

Gerade heute ist man versucht zu sagen, es seien in erster Linie menschliche Aktivitäten, die einige Arten ins Aussterben treiben und viele andere bedrohen. Wie wir gerade gesehen haben, ist es schwierig zu erkennen, ob die jüngsten klimatischen Schwankungen des oberen Pleistozän sich noch fortsetzen und zur gegenwärtigen Aussterberate beitragen; obgleich ich glaube, daß die Situation auf Madagaskar auf eine Verkettung mehrerer Faktoren hinweist und nicht ausschließlich auf

Menschenhand beruht. Uns gibt es dort noch nicht lange genug, als daß wir alle Schuld an dem tragen könnten, was seit 600 Millionen Jahren abläuft. Aber es ist ebensowenig zu bezweifeln, daß die von uns ausgehende Bedrohung gegenwärtig die gefährlichste ist, zumindest kurzfristig. Wir scheinen dazu in der Lage zu sein, mehr Umweltveränderungen pro Zeiteinheit zu verursachen als irgendein anderer Faktor, der jemals als Ursache einer Aussterbewelle vorgeschlagen wurde – mit der einzigen Ausnahme der katastrophalsten Szenarien der Folgen des Einschlags von Himmelskörpern.

Aussterben gab es ohne jegliches Zutun unsererseits. Für den größten Teil unserer Entwicklungsgeschichte während der vergangenen vier Millionen Jahre waren wir mehr Opfer als Täter in den Episoden des Aussterbens. Als Mitglieder lokaler Ökosysteme waren wir vom globalen Klimawechsel und seinen Konsequenzen betroffen. Aber im Verlauf des Pleistozän, als sich unsere eigene Art herausbildete, wurden wir weit mehr an diesen Vorgängen beteiligt. Unsere in hohem Maße auf der Kultur beruhenden Anpassungen führten uns über die Rolle eines bloßen Akteurs in einem örtlichen Lebensraum hinaus. Wir sind heute eine globale Art. Und was noch wichtiger ist, wir bilden ein weltweites ökonomisches System. Unsere sozialen Verbindungen sind wirklich global.

Es ist scheinheilig, die Völker aufstrebender, insbesondere tropischer Nationen dafür zu kritisieren, daß sie unserem eigenen zerstörerischen Weg der Lebensraumumwandlung folgen. Es ist eine Selbsttäuschung, nicht anzuerkennen, daß wir es sind, die Angehörigen technologisch fortgeschrittener Gesellschaften, die südamerikanisches Fleisch für Hamburger und in Tropenwäldern geschlagenes Holz kaufen. Unsere Art hat durch ihre ökonomischen Vernetzungen Auswirkungen auf die ganze Welt. Nur die äußerst wenigen übriggebliebenen Gruppen von Jägern und Sammlern, die noch nicht in die Weltwirtschaft integriert sind, führen noch ein Leben in der Natur. Unseres wurde immer mehr ein Leben ohne – oder gegen – die Natur.

Die einschneidendste Frage, die wir hierzu stellen können, lautet: Ist dies unbedingt etwas Schlimmes? Ganz klar, auf einer gewissen Ebene muß ich denken, daß es schlimm ist. Sonst hätte ich mir nicht die Mühe gemacht, dieses Buch zu schreiben. Aber es trifft auch zu, daß das eigentliche Wesen unserer Strategie des Umgangs mit der Natur darin besteht, aus ihr unseren Lebensunterhalt zu gewinnen, sie zum Untertan zu machen und zu beherrschen, wie es in der Bibel heißt. Dies haben wir immer mehr vervollkommnet. Und nicht wenige meinen, was auch immer die Folgen für die übrige physische, geschweige denn die biotische Welt seien, uns selbst gäbe es besser nicht.

Wie wir gesehen haben, fragte George Bushs Innenminister Manuel Lujan gerade im letzten einer langen Serie von Kommentaren ähnlicher Art von Offiziellen der US-Regierung, ob wir wirklich jede Eichhörnchenart retten müssen, wenn die Kosten (Kosten in Form von Dollars menschlichen Profits) »zu hoch« würden. Einige Fürsprecher der technischen Entwicklung, nahmen Lujan beim Wort und behaupteten, die Natur habe sich nach dem Aussterben immer ganz von allein mit neuen Arten aufgefüllt, so daß wir uns keineswegs über den gelegentlichen Verlust von Arten Gedanken machen sollten, wie er bei unserer Jagd nach dem allmächtigen Dollar eben nun mal eintritt.

Das ist natürlich auf lange Sicht richtig. Evolution ersetzt nicht nur Fehlendes, sondern ist nach dem Aussterben sogar am kreativsten. Je umfangreicher das Aussterben, desto größer war der Unterschied zwischen den Organismen, welche die früheren, und denen, welche die nachfolgenden Ökosysteme ausstatteten. Aussterben stellt die evolutionäre Uhr neu. Das heutige Problem ist aber: Wieweit ist das globale ökonomische und soziale System westlichen Stiles wirklich noch ein Bestandteil der Natur?

Die einfache Wahrheit ist, daß wir tatsächlich unsere Stellung in der Natur verändert haben, ihr aber keinesfalls entgangen sind. Örtliche Vertreter aller anderen Arten sind in ihre lokalen

Ökosysteme integriert. Nur eine Handvoll menschlicher Gesellschaften kann diesen Status noch für sich beanspruchen. Die technologisch begründeten Gesellschaften haben sich über die traditionelle Beziehung zwischen lokalen Untergruppen einer Art und ihrer unmittelbaren Umwelt hinweggesetzt. Aber dies befreit uns noch nicht völlig von den Fesseln: Global nähern wir uns einem gemeinsamen Ganzen, einer Art, die kraft ihrer sozioökonomischen Organisation als Einheit nicht mehr mit lokalen, sondern immer mehr mit dem globalen Ökosystem in Wechselbeziehung tritt. Statt daß jede Gemeinschaft einen Teil ihres lokalen Ökosystems bildet, verhalten wir uns wie ein einziger Organismus, dessen Teile durch die Ökonomie untereinander verknüpft sind und der selbst großflächig in das Netzwerk der Beziehungen in der unbelebten und belebten Welt eingebunden ist.

Selbstverständlich müssen wir der natürlichen Welt ihre Ressourcen abringen. Darin liegt für die Entwicklungsspezialisten unser Ziel, für die Naturschützer unsere Gefahr. Tatsächlich scheint es sich hierbei um ein sehr einseitiges Verhältnis zu handeln: Wir nehmen, und dabei plündern und vernichten wir. Schwerer einzuschätzen und als völlig selbstverständlich hingenommen ist der sehr reale Nutzen, den wir ständig erzielen, ohne überhaupt nach irgend etwas zu greifen oder etwas zu zerstören: der Sauerstoff, den wir atmen, ständig erneuert durch die Photosynthese des Meeresplanktons und der Wälder, der Wasserkreislauf, der nahezu vollständig von physischen Kräften kontrolliert wird, aber sehr eng mit den biologischen Aktivitäten in lokalen Ökosystemen verknüpft ist; die Stabilität der physischen Umwelt, die durch die natürliche Pflanzendecke gesichert wird; sowie die Stabilität der Populationsgrößen verschiedener Geschöpfe, die, würden sie nicht in Schach gehalten, eine wirkliche Plage wären. Die Kammerjäger, die in den Hinterhöfen der Vororte ausräuchern und Insekten einfangen, werden von all den Amphibien, Reptilien und Vögeln in den Schatten gestellt, die gewaltige Mengen davon verschlingen.

Für die langfristige Existenz unserer Art in einer technisierten Welt scheint es überhaupt nichts auszumachen, ob irgendeine andere Art – außer einer kleinen Handvoll – weiterexistiert. Aber es macht etwas aus, ob die Ökosysteme der Welt überleben oder nicht. Das globale Ökosystem ist nicht mehr als die Summe seiner Teile – jener örtlichen Lebensraumausschnitte, die für Vernetzungen des Energieflusses sorgen und Mischungen lokaler Populationen der verschiedensten Pflanzen, Tiere, Pilze und Mikroorganismen beherbergen, die als lokale ökonomische Maschinen wirken, die ständig Stoff und Energie umsetzen. Wir haben die örtlichen Ökosysteme verlassen, nur um uns als Teil eines großen globalen Ökoystems wiederzufinden. Wir sind der Natur nicht entflohen – wir denken das nur, weil wir die gewöhnliche Rolle, in lokale Ökosysteme intergriert zu sein, aufgegeben haben.

Für unser Überleben müssen wir das globale Ökosystem erhalten, was darauf hinausläuft, soviel wie möglich der natürlichen Ökosysteme der Welt zu bewahren. Es geht eigentlich gar nicht um die Frage des Überlebens von Arten (außer unserer eigenen). Es ist vollkommen richtig, daß nur diejenigen von uns, welche die Natur lieben, betroffen wären, wenn der Flekkenkauz der alten Wälder des amerikanischen Nordwestens wegen der Zerstörung seines Lebensraumes wirklich aussterben müßte. Der Entschluß, bestimmte Arten zu erhalten, beruht zum Teil mehr auf ästhetischen als auf ökonomischen Gründen. Aber die Vertreter der Holzwirtschaft haben völlig recht, wenn sie die Naturschützer beschuldigen, sie wollten weniger die Eule, als vielmehr den Wald selbst retten. Der Forst – jene Bestände großartiger Douglasien und anderer Baumarten – steht hier für den Lebensraum, für das Ökosystem selbst.

Der Schutz gefährdeter Arten ist tatsächlich das wirkungsvollste politische Mittel, das bisher gefunden wurde, um öffentliche Unterstützung für die wirklichen Aufgaben zu erreichen: Erhaltung der Ökosysteme, Schutz des Lebensraumes und schließlich ganze Gebiete vor jener Ausbeutung zu bewahren, die zur totalen Verwüstung und Zerstörung führt. Dieses Ziel ist natürlich rein egoistisch: Es verlangt, genug von den natürlichen Ökosystemen intakt zu lassen, so daß der globale Naturhaushalt erkennbar das bleibt, was er während der Geschichte unserer eigenen Art war, so daß wir als Art überleben können. Globale Veränderungen aus natürlichen Ursachen – Erwärmung in Zwischeneiszeiten, Abkühlung während des Vordringens der Gletscher – sind, auch ohne unsere Einflußnahme über Treibhauseffekte, die wir durch Schornsteine und Autoabgase hervorrufen, im Bereich des Möglichen. Mit ihnen werden die Eisfelder wachsen und schrumpfen, und der Meeresspiegel wird sinken und steigen. Mit all diesen Auswirkungen, die sich im zeitlichen Maßstab natürlicher klimatischer Veränderungen zeigen, kämen wir weit besser zurecht, würden wir sie nicht noch durch unsere eigenen Handlungen begünstigen: Sollte beispielsweise der Treibhauseffekt tatsächlich mit einer normalen weltweiten Erwärmung zusammenwirken, dann wird der Meeresspiegel vermutlich um ein Vielfaches schneller ansteigen als in der Vergangenheit, und mit den Folgen wird weit schwieriger umzugehen sein.

Wir mögen nicht jede Eichhörnchenart benötigen, aber wir brauchen möglichst viele – man kann sogar sagen *alle* – lokale Ökosysteme, die noch funktionieren. Prärien durch Weizenfelder zu ersetzen oder vielfältige tropische Wälder durch monotone Eukalyptuskulturen, wird uns auf Dauer nicht helfen. Die globale Ökosphäre bleibt nur in dem Maße erhalten, wie die ökologischen Systeme, aus denen sie sich zusammensetzt, gedeihen und funktionieren. Die Bestandteile dieser lokalen Systeme – die örtlichen Vertreter eines gewaltigen Spektrums verschiedener Arten – müssen am Leben erhalten werden. Arten wirken als genetische Reservoire; sie stellen ständig Individuen bereit, welche die entscheidenden ökonomischen Rollen in den Ökosystemen spielen, die durch die immerwährend eintretenden natürlichen Katastrophen verwüstet oder völlig vernichtet wurden. Arten sind wichtig, weil sie die letztendliche Quelle für die

Akteure in der Arena der Ökosysteme bilden. Sie halten die Ökosysteme intakt. Da dies eine unmittelbare Notwendigkeit für uns ist, also in unserem eigenen Interesse liegt, sollten wir uns alle zu weltweiten Aktionen vereinen, um die Lebensräume zu retten und so die Ökosysteme intakt zu halten. Daher ist es auch schon seit langem das Motto der Naturschützer: »Global denken, lokal handeln.«

Die Naturschützer haben viel Zeit und Energie darauf verwendet herauszufinden, wieviel Raum ein intaktes Ökosystem erfordert. Oft läuft diese Frage darauf hinaus, welche Fläche für irgendeine Art oder kleine Gruppe von Arten erforderlich ist, damit sie überleben und sich fortpflanzen können. Das Problem ist verzwickt, weil sich Arten in ihren Arealansprüchen sehr unterscheiden. Da nicht nur die Arten der Tropen generell von denen der höheren Breiten in dieser Hinsicht abweichen, sondern auch der Raumbedarf solcher Arten, die dasselbe örtliche Ökosystem in einer bestimmten Region ausstatten, sehr differiert, ist es wirklich schwierig, ein Optimum, geschweige denn ein Minumum, für die Größe eines Reservats anzugeben – gehen wir davon aus, daß keine Aussicht besteht, das ganze Gebiet der betreffenden Lebensgemeinschaft zu erhalten. Die Lösung wird für jedes Gebiet vom Ergebnis verschiedenster sorgfältiger biologischer Analysen abhängen, die sowohl Ökologen als auch Systematiker vornehmen sollten, sowie von der aktuellen politischen Sachlage. Diese ist gewöhnlich der Faktor, der letztendlich darüber entscheidet, wieviel Lebensraum wirklich geschützt werden kann. Natürlich muß die Faustregel vom biologischen Standpunkt aus lauten: soviel wie möglich.

Daß wir immer noch ein Teil der Natur, aber – abgeschirmt durch unsere Kultur – in größerem Ausmaß von den alltäglichen Ereignissen der lokalen Ökosysteme entfernt sind, scheint sich in einer wachsenden Sensibilität dafür zu zeigen, daß tatsächlich etwas mit unserer ökonomischen Anpassungsstrategie nicht in Ordnung ist. Diese Sensibilität entwickelt sich zur bewußten Erkenntnis und erreicht so die Arena der Politik. Greenpeace ist die augenfälligste und energischste einer Anzahl aktiver Umweltorganisationen. Vielleicht zeigt sich die wachsende Erkenntnis, daß wir noch immer weitgehend ein Teil der Natur sind, noch deutlicher in der politischen Seite der grünen Bewegung: Besonders in Europa entstanden grüne Parteien und brachten ihre Kanditaten erfolgreich in nationale Parlamente.

Die politischen Probleme sind enorm. Die Erhaltung von Ökosystemen bedeutet den Schutz von Lebensräumen. Das heißt wiederum, die ungezügelte menschliche Nutzung weiter Landstriche zu unterbinden. Für jene wenigen Gegenden, die bisher noch nicht nennenswert besiedelt sind, ist das kein Problem. Der Wildbiologe George Schaller beispielsweise war wesentlich am Aufbau des als größtes Wildreservat der Welt geplanten Schutzgebiets in einem abgelegenen Tal hoch im tibetanischen Himalaja beteiligt. Aber wir müssen uns auch mit Lebensräumen an anderen Orten befassen. Das heißt, wir müssen die Dorfbewohner von Madagaskar dazu anhalten, den Kahlschlag und die Brandrodung der geringen verbliebenen Reste des Regenwaldes im Osten der Insel einzustellen. Doch wer sind wir eigentlich, daß wir jemandem so etwas sagen dürfen?

Moralpredigten und Zwangsmaßnahmen werden nichts bewirken. Der altehrwürdige Weg, ökonomische Konflikte zu lösen, besteht darin, Projekte so zu gestalten, daß auch jene Menschen etwas davon haben, um deren Land es geht. Schuldenerlaß dafür, daß ein Staat etwas von seinem Boden verkauft und dessen Schutz und Erhaltung zustimmt, ist ein verhältnismäßig neues Vorgehen, womit sich dieses Ziel zumindest teilweise erreichen läßt. Die Schwierigkeit dabei ist nur, daß die direkt betroffenen Menschen meistens nicht unmittelbar von diesem Handel profitieren. Ihnen bleibt das entscheidende Problem überlassen, trotz der Ressourcen, die ihnen verlorengingen, weiter zu überleben.

Aussichtsreicher ist die Politik, sich direkt an diese Menschen vor Ort zu wenden: Der Ökologe Dan Janzen, der sein MacArthur-Stipendium dazu benutzte, einen Nationalpark in Costa

Rica einzurichten (eine phantastisches, anschauliches Beispiel dafür, wie man nicht nur nach seinen primären Bedürfnissen, sondern nach seinem Herzen leben kann), beteiligte viele der Ortsansässigen direkt am Betrieb des Parkes. Viele wurden zu Spezialisten der örtlichen Fauna und Flora und dienen nun als Wildhüter und Führer für die Touristen, die kommen, um die Vögel und die übrige Natur zu bewundern. Sie sehen das Land so wie es ist – ohne „Fortschritte" – als nutzbare Ressource, die Profit bringt, aber gleichzeitig geschützt wird.

Wird die ortsansässige Bevölkerung nicht an solchen Plänen beteiligt, wird sie immer Widerstand leisten. Die Menschen werden wildern und auf andere Weise den Lebensraum illegal zerstören, den sie als ihnen von Geburt aus zustehend betrachten. Auch ist der Tourismus nicht immer eine effektive Antwort auf das Problem, wie man die Ortsansässigen in großmaßstäbliche Bemühungen um den Naturschutz einbinden kann: Oft müssen die traditionellen Praktiken in einer regulierten, aber nicht unwesentlichen Weise fortgeführt werden. Bodenständigen Bauern wird weltweit gezeigt, wie sie um die Schutzgebiete herum und manchmal sogar in ihnen selbst weiterhin Pflanzenbau betreiben können, so daß die negativen Auswirkungen minimal bleiben und weiterhin Menschen in der Umgebung leben können.

Diese Probleme betreffen nicht nur die Tropen und sind auch nicht auf die Dritte Welt beschränkt. In den Vereinigten Staaten gibt es immer Zusammenstöße zwischen den Geschäftemachern, die viele der jeweils Ortsansässigen beschäftigen, und den Naturschützern. Die Auseinandersetzung zwischen der Holzindustrie und den Naturschützern, die für den Fleckenkauz in den Wäldern des pazifischen Nordwestens kämpfen, ist einer der bekanntesten Fälle.

Es geht nicht unbedingt darum, die Hochfinanz völlig daran zu hindern, natürliche Ressourcen auszubeuten. Die Adirondackberge im US-Bundesstaat New York wurden im 19. Jahrhundert zum Nationalpark erklärt. Seine 2,4 Millionen

Hektar machen ihn zum größten Park der kontinentalen Vereinigten Staaten. Gegenwärtig gehören 1,2 Millionen Hektar dem Volk des Staates New York. Der Rest ist in Privathand. Von Zeit zu Zeit flackern Konflikte darüber auf, wer darüber zu bestimmen hat, was in den Adirondacks getan werden darf und was nicht. Mit ihren verarmten Böden und den rauhen Wintern eignete sich diese Gegend nie gut für die Landwirtschaft. Tatsächlich ist die Wildnis dort so undurchdringlich und so widerspenstig, daß die Indianer sie offensichtlich niemals ständig bewohnten, sondern sie nur während des Sommers zum Jagen aufsuchten. Gerberei, Holzeinschlag, Pelztierfang und später der Tourismus waren die ökonomischen Hauptstützen der Region.

Drei Gruppen von Menschen besitzen in den Adirondacks Land. Es gibt die großen Gesellschaften, die Abbaurechte für Mineralien innehaben, Baumbestände für den Holzeinschlag besitzen oder (die in letzter Zeit üblichen Bedenken abschüttelnd) Gelände für den Bau von Erholungseinrichtungen (einschließlich Eigentumswohnungen). Dann gibt es dort die Zweitwohnsitze von Leuten, die die Berge lieben, die Täler, die Seen und Flüsse sowie die reichhaltige Tierwelt, die in den tiefen Wäldern noch zu finden ist. Schließlich, und das ist das Wichtigste, leben dort die ständigen Bewohner, von denen die meisten hier geboren und aufgewachsen sind. Alle müssen sie dem unergiebigen Land irgendwie ihren Lebensunterhalt abringen. Dabei haben sie sich mit den vielen Bestimmungen auseinanderzusetzen, die den Zugang zu den Ressourcen erschweren. Im allgemeinen würden sich die Ortsansässigen mehr Freiheiten in der Landnutzung wünschen (auch – aber natürlich nicht nur – durch den Verkauf von Land an Unternehmer); Außenstehende, einschließlich vieler der Saisongäste sähen lieber mehr Kontrolle und Beschränkung der Nutzung der Adirondacks durch den Menschen.

Die Adirondacks verkörpern ein grundlegendes menschliches Problem – eines das ich hier berühre, um die Vorstellung zu zerstreuen, hiermit hätten allein die Nationen der Dritten Welt zu tun. Die Adirondacks sind eines der letzten großen Gebiete, in denen ziehende Singvögel in den östlichen Vereinigten Staaten brüten. Sie müssen einfach so unberührt erhalten werden wie möglich. Aber es geht einem gegen den Strich, wenn die ökonomischen Bedürfnisse und Rechte der Bürger der Adirondacks engstirnig und arrogant übergangen werden. Dies ist nicht nur ungerecht, sondern auch gefährlich: Die Ortsansässigen lieben ihr Land mindestens genauso, wie diejenigen, die es aus der Ferne schützen möchten. Es muß nur einfach ein Weg gefunden werden, wie die begrenzte Nutzung der Ressourcen fortgesetzt und vielleicht in mancher Hinsicht ein wenig ausgedehnt werden kann. Ich weiß keine einfache Formel dafür, wie sich dies erreichen ließe, aber dieses Beispiel konfrontiert uns mit der größten und fundamentalsten aller Fragen.

Wir begegneten schon der Vorstellung des Anthropologen Marvin Harris, man könne die Menschheitsgeschichte als eine Serie erfolgreicher Auseinandersetzungen mit Energiekrisen auffassen. Die Populationen sind durch die verfügbaren Ressourcen begrenzt. Immer, wenn in der Vergangenheit bei einer bestimmten Lebensweise die Populationsgröße ihre Grenze erreichte, tauchten neue Technologien auf, die anfänglich scheinbar unbegrenzte Ressourcen erschlossen. Ganz gewiß hatte der Ackerbau diese Auswirkung: In den letzten paar tausend Jahren explodierte die menschliche Bevölkerung, allein weil wir uns nun effektiver ernähren konnten.

Von diesem Konzept des Wachtums, der zunehmenden Ausbeutung der Ressourcen (die unausweichlich in Bevölkerungswachstum einmündet) scheinen wir uns nicht lösen zu können. Jeder von uns will mehr, meint, er brauche mehr – mehr Geld oder einfach die Gelegenheit, mehr Ressourcen zu erlangen. Es gibt keine dem entgegenwirkende Vorstellung von einem „Genug". Wie mir scheint, sollte beispielsweise in Dörfern in der Nähe von geschützten Lebensräumen ein Gleichgewicht gefunden werden zwischen den gegenwärtigen (und traditionellen) Tätigkeiten der örtlichen Bevölkerung und der Notwendigkeit, bestimmte Handlungen zu unterbinden, die das lokale Ökosystem weiter zerstören. Der Gleichgewichtspunkt sollte das Konzept eines Genug enthalten: Uneingeschränktes Wachstum wird gestoppt, einfach, um das System zu bewahren. Die vernünftigste Form eines Kompromisses wäre wohl ein Ausmaß menschlicher ökonomischer Aktivitäten, das ausreichte, die gegenwärtige menschliche Bevölkerung zu erhalten, aber mit der ausdrücklichen Einsicht, daß sie nicht weiter anwachsen sollte.

Tausende Male wurde schon gesagt, unser eigenes ungehemmtes Wachtum – eine Zunahme in der Nutzung und Ausbeutung von Ressourcen, die schließlich zum Wachstum unserer Bevölkerung führt –, würde die größte Bedrohung des globalen Ökosystems bedeuten, und damit ironischerweise auch unseres eigenen Überlebens. Gewöhnlich sind starke Populationen gegen das Aussterben immun. Allerdings gilt das für Arten, die es schafften, in einer Vielzahl verschiedener lokaler Ökosysteme integriert zu bleiben.

Das ist uns nicht gelungen. Wir leben global und stehen in großem Umfang mit dem globalen Ökosystem in Wechselbeziehung. Für sechs, sieben oder zehn Milliarden Menschen wird auf der Erde kein Platz sein, sich zurückzuziehen. Es wird immer unwahrscheinlicher, daß es einmal – sollte eine Katastrophe über die Erde hereinbrechen – einen genügend großen Landstrich geben wird, den die Übriggebliebenen unserer Art bewohnen und von dem aus sie die Erde neu bevölkern können.

Einige abschließende Gedanken

Ohne Frage ist der Kanarienvogel sehr krank. Gestern sah er ein bißchen kränklich aus, und morgen mag er durchaus tot sein. Ziehende Singvögel, unsere globalen Kanarienvögel, werden immer weniger – in den letzten Jahren in geradezu alarmierender Weise. Holzeinschlag und Abbrennen ihrer Winterquartiere in den Tropen tragen zweifellos dazu bei, aber auch die kontinuierliche Entwicklung bei uns, wohin sie jedes Jahr zum Brüten kommen. Ein verkommenes kleines Waldstück mit seinen Bierdosen und kränkelnden Bäumen, mit den Katzen und Hunden in der Nachbarschaft, eingezwängt zwischen Vorstädten oder an deren Rand gedrängt, wird nicht genügen. Die meisten dieser Arten brauchen größere Flächen relativ ungestörten Lebensraumes, um zu leben und sich fortzupflanzen. Die Vögel sind unser Indikator, der uns anzeigt, was ganz allgemein vor sich geht. Und es sieht nicht gut aus.

Wir wissen, daß es in der Vergangenheit Episoden des Aussterbens gab, von denen einige sehr schwerwiegend waren. Wir wissen auch, daß klimatischer Wandel, vor allem, weil er die Größe und Verteilung der Lebensräume ändert, die Verbreitung von Tieren und Pflanzen verschiebt; das führt zum Aussterben einiger und zur Evolution anderer. Diese Vorgänge sind ganz offensichtlich natürlich. Es gibt sie schon, seit auf der Erde Leben existiert. Vermutlich werden solche natürlichen Prozesse manchmal durch außergewöhnliche Umstände verstärkt – wie uns das Iridium oberhalb der Kreidezeitablagerungen zu sagen scheint. Ohne Zweifel haben wir mit unserer Ozonzerstörung, unserem Treibhauseffekt und unseren großflächigen Rodungen zur landwirtschaftlichen Nutzung tatsächlich die Rolle dieser kreidezeitlichen Asteroiden übernommen. Wir arbeiten mit natürlichen Vorgängen der Umwelt zusammen, die bereits im Gange sind, und könnten durchaus den Vormarsch auf das nächste Massenaussterben zu beschleunigen.

Tatsächlich befinden wir uns schon inmitten dieses Vorgangs, wenn wir nach der alarmierenden Zahl von Arten urteilen, die jeden Tag verschwindet. Es sei daran erinnert, daß wir das Aussterben an den verlorenen Arten messen. Aber tatsächlich handelt es sich bei diesem Prozeß um die Zerstörung von Ökosystemen. Ich persönlich, als jemand aus der ständig zunehmenden Gemeinschaft der Naturliebhaber, werde das Verschwinden einer jeden Art bedauern. Aber hierum geht es nicht. Dies ist nicht das, was ich Ihnen auf den Weg geben möchte. Die Art, um deren Erhalt es letztlich geht, ist unsere eigene. Dieser Erhalt ist nur möglich, wenn wir erkennen, daß wir uns – obgleich sich die Regeln verändert haben – niemals unseren engen Beziehungen mit der übrigen Biosphäre entziehen können. Nur verlaufen diese Wechselbeziehungen heute mehr auf globaler und weniger auf lokaler Ebene. Dieses globale System bewahren wir, indem wir die Teile erhalten, aus denen es sich zusammensetzt: nicht nur die auf Madagaskar und nicht nur die in den Adirondacks, sondern auch die von New York City. Der dortige Central Park ist eine phantastischer Sammelpunkt für Zugvögel und ein sehr wichtiger Rastplatz für zahllose Vögel in jedem Herbst und Frühjahr. Retten wir diese Lebensräume, und die Arten – nicht alle, aber viele – werden ebenfalls gerettet sein.

Eines meiner Lieblingsbücher ist *After Man* von dem verschrobenen, paläontologisch gebildeten schottischen Maler und Schriftsteller Dougal Dixon. Er zeigt uns die Welt, wie er sie sich in 50 Millionen Jahren vorstellt, wenn *Homo sapiens* schon längst ausgestorben sein und sich eine seltsame neue Tierwelt herausgebildet haben wird, die dann die Ökosysteme ausstattet. Es ist durchaus vernünftig zu behaupten, es sei der natürliche Verlauf der Dinge, daß Ökosysteme zusammenbrechen und Arten aussterben – und daß neue Lebensgemeinschaften mit neuen Arten an ihre Stelle treten. Wir sollten uns auch keine Gedanken darüber machen, daß einige Massenaussterben, wie das wirklich gewaltige am Ende des Perm, das Leben beinahe für immer auslöschten. Irgendwie hat es das Leben immer geschafft, weiter zu existieren und wieder aufzublühen.

Was ist also schon dabei, wenn dies wieder einmal geschieht? Die große Anthropologin Margaret Mead soll im Moment ihres Dahinscheidens zu ihrer Pflegerin gesagt haben: »Schwester, ich glaube, ich sterbe.« Die Pflegerin beruhigte sie: »Ja, ja, meine Liebe, wir alle müssen einmal sterben.« Margaret Mead soll mit ihrer allerletzten Kraft zurückgefaucht haben: »Ja! Aber dies ist etwas anderes!« Dies *ist* etwas anderes. Hier geht es nicht um irgendein Ökosystem – es ist *unser* Ökosystem, unsere eigene Existenz als Art, die auf dem Spiel steht. Im Laufe der Zeit wird es ohne Zweifel einmal Lebensgemeinschaften geben, die unsere ersetzen, ob sie nun aussehen werden wie Dixons Phantasien oder nicht. Aber das ist später. *Wir leben jetzt.*

Kommentierte Bibliographie und Anregungen zum Weiterlesen

Etwa in den vergangen zehn Jahren stieg die Zahl der Publikationen sowohl über das Massenaussterben in der geologischen Vergangenheit als auch über die wachsende Gefahr auszusterben, der sich die heutigen Lebewesen gegenübersehen, anscheinend exponentiell an. Es gibt einen furchteinflößenden Berg von Informationen, den niemand mehr überwinden kann.

Dennoch bin ich beim Schreiben dieses Buches tief in diesen voluminösen Berg eingetaucht. Obgleich ich viele der (gewöhnlich sehr kurzen) Berichte gelesen habe, welche die Masse der wissenschaftlichen Primärliteratur ausmachen, zog ich auch ausgiebig einige der vielen Handbücher zu Rate, die verschiedene Aspekte des Aussterbens in übersichtlicher, summarischer Form behandeln. Alle diese Bände sind Sammlungen von Artikeln, die von Experten für gewisse Themenbereiche geschrieben wurden, mit denen sie sich besonders befaßt haben.

Ich werde die folgende Liste vor allem auf diese Quellen beschränken und angeben, für welches Buch spezielle im Text erwähnte Autoren solche Übersichtsartikel geschrieben haben. Außerdem werde ich auch einige weitere Schriften (in der Regel Bücher) über das Aussterben oder verwandte Themen anführen, die ich für besonders nützlich oder erhellend ansehe. Insgesamt sollten diese Quellen den Zugang zu der mehr fachlichen Literatur ermöglichen – für all jene, die sich tiefer mit dem Prozeß befassen wollen, welcher der Schaffung und Zerstörung biologischer Vielfalt zugrunde liegt.

Zwar habe ich dieses Buch so geschrieben, daß eine Verknüpfung der Phänomene des Massenaussterbens in der geologischen Vergangenheit mit jenen Geschehnissen, die unsere heutige Umwelt zerstören, möglich ist, doch die meisten Quellen konzentrieren sich entweder auf die eine oder die andere Seite des Aussterbeproblems. Der Einfachheit halber folge ich dieser Trennung in der nachstehenden Liste. Ich hoffe aber, daß der ernsthafte Leser die Probleme in beiden Bereichen biologischer Forschung weiter verfolgen wird.

Massenaussterben in der geologischen Vergangenheit

Briggs, D. E. G.; Crowther, P. R. (Hrsg.) *Palaeobiology. A Synthesis.* Oxford, England (Blackwell Scientific Publications) 1990.
Eine von mehreren Autoren verfaßte Enzyklopädie in einem Band, die einen großen Bereich paläontologischer Themen behandelt. M. A. S. McMenamin, P. J. Brenchley, G. R. Mc Ghee jr., D. H. Erwin, M. J. Benton, F. Surlyk, L. B. Halstead und E. R. Lundelius jr. schrieben Übersichten zu bestimmten Massenaussterben. Drei allgemeinere Artikel befassen sich mit der Kausalität von Massenaussterben: Anthony Hallam untersucht irdische Ursachen, besonders das Verhältnis von klimatischem Wandel zu Veränderungen der Fläche des Lebensraumes (er hält letzteres für wichtiger); David Jablonski liefert einen besonders umsichtigen Überblick über die Argumente für außerirdische Ursachen, und Jack Sepkoski gibt

eine Übersicht zum Problem der Periodizität des Massenaussterbens, auf deren vermutliche Existenz er durch seine umfangreichen vom Computer erfaßten Daten aus der fossilen Überlieferung stieß.

Donovan, S. K. (Hrsg.) *Mass Extinctions. Processes and Evidence.* New York (Columbia University Press) 1989.
Eine exellente Zusammenfassung über Massenaussterben in geologischer Vergangenheit. Sie enthält eine Einführung des Herausgebers, drei allgemeine Kapitel, denen neun Kapitel zu speziellen Aussterbeereignissen folgen. Von diesen Kapiteln benutzte ich besonders die von S. R. Westrop, P. J. Brenchley, G. R. McGhee jr., G. R. Upchurch jr., D. R. Prothero und A. D. Barnovsky, wie sie im Text zitiert wurden.

Eldredge, N. *Life Pulse. Episodes from the Story of the Fossil Record.* New York (Facts on File) 1987.
Ein Überblick über die Geschichte des Lebens und die Auswirkungen des Aussterbens auf die nachfolgende Evolution.

Nitecki, M. H. (Hrsg.) *Extinctions.* Chicago (The University of Chicago Press) 1984.
Eine Sammlung von acht Arbeiten, einschließlich *Ecosystem Decay of Amazon Forest Remnants* von Thomas Lovejoy und seinen Mitarbeitern. Besonders nützlich waren die Essays von David Raup (*Death of Species*), Steven Stanley (eine kritische Arbeit über die Rolle der Temperatur beim marinen Massenaussterben) und Paul Martin (über seine Blitzkrieg-Hypothese für das Pleistozän).

Raup, D. M. *Der schwarze Stern. Wie die Saurier ausstarben. Der Streit um die Nemesis-Hypothese.* Reinbek (Rowohlt) 1990. [Originaltitel: *The Nemesis Affair.* New York (Norton) 1986.]
Ein fesselnder und durchweg unterhaltsamer Bericht über die Entwicklung der Theorie über außerirdische Ursachen des

Massenaussterbens, geschrieben von einem ihrer wichtigsten Begründer.

Tattersall, I.; Delson, E.; Van Couvering, J. (Hrsg.) *Encyclopedia of Human Evolution and Prehistory.* New York (Garland Publishing) 1988.

Eine unverzichtbare Informationsquelle über die menschliche Stammesgeschichte sowie die Geologie, die Klimate und die Paläontologie der vergangenen fünf Millionen Jahre.

Stanley, S. M. *Krisen der Evolution. Artensterben in der Erdgeschichte.* Heidelberg (Spektrum der Wissenschaft) 1988. [Originaltitel: *Extinction.* New York (Scientific American Books) 1987.]

Eine schön illustrierte Übersicht über das Aussterben sowie Stanleys Ansichten über die Bedeutung klimatischen Wandels, insbesondere globaler Abkühlung, als allgemeiner Auslöser für Massenaussterben.

Vrba, E. S. *Late Pliocene Climatic Events and Hominid Evolution.* In Grine, F. E. (Hrsg.) *The Evolutionary History of the Robust Australopithecines.* New York (de Gruyter) 1988.

Die meisten Arbeiten der Paläobiologin Elisabeth Vrba über die Ökologie und Evolution der afrikanischen Antilopen als auch ihre theoretischen Vorstellungen (einschließlich der *turnover pulse*-Hypothese) erschienen nur in Fachzeitschriften. Die hier zitierte Arbeit ist ein idealer Ausgangspunkt, sich in ihre Ideen über Evolution, Vielfalt und Aussterben hineinzufinden.

Aussterben in der Gegenwart

Eldredge, N. (Hrsg.) *Systematics, Ecology and the Biodiversity Crisis.* New York (Columbia University Press) 1992.

Eine Sammlung von 17 Artikeln, welche die Beziehung zwischen ökologischen und systematischen Bemühungen untersuchen, die zum Verständnis der biologischen Vielfalt unternommen wurden; darunter ein Beitrag des Ökologen George Stevens über die lebenden Toten. Besonders betont wird die Bedeutung der Systematik (des Studiums natürlicher Gruppen von Lebewesen, wie sie der Evolutionsprozeß hervorbrachte) und die Rolle der Museen während der heutigen Krise der biologischen Vielfalt. Dieser Band basiert auf einem Symposium, das am American Museum of Natural History abgehalten wurde.

Harris, M. *Kannibalen und Könige. Die Wachstumsgrenzen der Hochkulturen.* Stuttgart (Klett-Cotta) 1990. [Originaltitel: *Cannibals and Kings.* New York (Random House) 1977.]

Der Anthropologe Harris hält die wesentlichen Ereignisse in der menschlichen Geschichte, insbesondere jene, die zu größerer Bevölkerungsdichte führten, für das Ergebnis des erfolgreichen Zurechtkommens mit Energiekrisen. Seine Perspektive läßt uns manches über die wechselnde Position des *Homo sapiens* in lokalen und schließlich globalen Ökosystemen erkennen.

Hoage, R. J.(Hrsg.) *Animal Extinctions. What Everyone Should Know.* Washington D. C. (Smithonian Institution Press) 1985.

Eine Zusammenstellung von zwölf Artikeln (einschließlich einem zum Massenaussterben von dem Palöobiologen Steven M. Stanley) über verschiedene Aspekte der Krise der biologischen Vielfalt. Sie enthält ein bissiges Kapitel des Anthropologen Colin M. Turnbull über die Auswirkungen der modernen Zivilisation auf den Kulturverlust, der dem menschlichen

293

Aussterben vorausgeht – und eine Menge Stoff zum Nachdenken über die Beziehung zwischen Jägern und Sammlern und ihren örtlichen Ökosystemen.

Leopold, A. *Am Anfang war die Erde. A Sand County Almanac. Plädoyer zur Umweltethik.* Von dem Knesebeck. 1992 [Originaltitel: *A Sand County Almanac.* New York (Oxford University Press) 1949.]
Beredsame Essays eines bedeutenden Naturschützers aus der Mitte der zwanziger Jahre – die es durchaus noch wert sind, gelesen zu werden.

Soulé, M. E.; Wilcox, B. E. (Hrsg.) *Conservation Biology. An Evolutionary-Ecological Perspective.* Sunderland, Mass. (Sinauer Associates) 1980.

Soulé, M. E. (Hrsg.) *Conservation Biology. The Science of Scarcity and Diversity.* Sunderland. Mass. (Sinauer Associates) 1986.
Diese beiden Bücher mit jeweils 19 beziehungsweise 25 Kapiteln geben einen zusammenfassenden Einblick in die Beziehung zwischen biologischer Theorie und praktischem Naturschutz. Sie enthalten viele Informationen über die Muster der Vielfalt, ihre Regelmechanismen und die Ursachen ihres Zerfalls.

Western, D.; Pearl, M. (Hrsg.) *Conservation for the Twenty-first Century.* New York (Oxford University Press) 1989.
33 Artikel mit besonderer Berücksichtigung praktischer Naturschutzmaßnahmen gegen drohendes Aussterben. Enthält mehrere Artikel über die Auswirkungen des Naturschutzes auf die lokale Ökonomie der Einheimischen.

Wilson, E. O. (Hrsg.) *Ende der Biologischen Vielfalt?* Heidelberg (Spektrum Akademischer Verlag) 1992. [Originaltitel:

Biodiversity. Washington, D. C. (National Academy Press) 1988.]

Eine umfassende Übersicht zu allen Aspekten der gegenwärtigen Bedrohung der Organismenwelt. Besonders berücksichtigt werden die ungewöhnlich stark bedrohten Regionen sowie Progamme und Strategien, die ersonnen wurden, um die fortwährende Zerstörung der Lebensräume und das Artensterben einzudämmen.

Die Zukunft

Dixon, D. *After Man.* New York (St. Martins Press) 1983.

Dixon läßt seiner paläontologisch vorgebildeten Vorstellungskraft darüber freien Lauf, wie die Lebewesen auf der Erde 50 Millionen Jahre nach dem Aussterben des *Homo sapiens* aussehen könnten. Seine Gemälde von diesem zukünftigen Bestiarium sind der Höhepunkt des Buches. Aber seine Botschaft über die Auswirkungen des Aussterbens auf die Evolution des Lebens zeugt von tiefer Einsicht, wie unwahrscheinlich seine spezifischen Vorhersagen auch sein mögen.

Index

Zu dieser Ausgabe

insel taschenbuch 1935
Niles Eldredge
Wendezeiten des Lebens

Der Text folgt der Ausgabe: Niles Eldredge, *Wendezeiten des Lebens. Katastrophen in Erdgeschichte und Evolution,* Spektrum Akademischer Verlag Heidelberg–Berlin–Oxford 1994. Die englische Originalausgabe erschien 1991 unter dem Titel *The Miner's Canary* bei Prentice Hall, New York (Simon & Schuster, Inc.). Die deutsche Übersetzung besorgte Erich Lange. Umschlagabbildung: Mark Lampitt/Science Photo Library/Focus.